KB040907

세상의 시작, 118개의 원소 이야기

세상의 시작,
118개의 원소 이야기

118
ELEMENTS
STORY

석원경 지음

생각의힘

차례

지은이의 말   7

들어가기 전에   11

우리말 원소 이름에 대한 일러두기   21

1장 기원전부터 사용된 원소   27

2장 라부아지에의 『화학 요론』에 수록된 원소   67

3장 멘델레예프의 주기율표에 포함된 원소   121

4장 『화학 체계의 개요』에 기록되었지만 1820년 이후에 확인된 원소   183

5장 천연 상태에서 발견된 나머지 원소   229

6장 인공적으로 만들어졌지만 천연 상태에서도 발견된 원소   303

7장 인위적으로만 얻어진 원소   325

원소 발견의 미래   359

결정 구조   363

참고자료   365

찾아보기   367

주기율표

족\주기	1	2	3	4	5	6	7	8	9	10	11	12	13	14	15	16	17	18
1	1 H 1.008																	2 He 4.003
2	3 Li 6.94	4 Be 9.01											5 B 10.81	6 C 12.01	7 N 14.01	8 O 16.00	9 F 19.00	10 Ne 20.18
3	11 Na 22.99	12 Mg 24.30											13 Al 26.98	14 Si 28.09	15 P 30.97	16 S 32.06	17 Cl 35.45	18 Ar 39.95
4	19 K 39.10	20 Ca 40.08	21 Sc 44.96	22 Ti 47.87	23 V 50.94	24 Cr 52.00	25 Mn 54.94	26 Fe 55.85	27 Co 58.93	28 Ni 58.69	29 Cu 63.55	30 Zn 65.38	31 Ga 69.72	32 Ge 72.63	33 As 74.92	34 Se 78.97	35 Br 79.90	36 Kr 83.80
5	37 Rb 85.47	38 Sr 87.62	39 Y 88.91	40 Zr 91.22	41 Nb 92.91	42 Mo 95.95	43 Tc -	44 Ru 101.1	45 Rh 102.9	46 Pd 106.4	47 Ag 107.9	48 Cd 112.4	49 In 114.8	50 Sn 118.7	51 Sb 121.8	52 Te 127.6	53 I 126.9	54 Xe 131.3
6	55 Cs 132.9	56 Ba 137.3	57-71	72 Hf 178.5	73 Ta 180.9	74 W 183.8	75 Re 186.2	76 Os 190.2	77 Ir 192.2	78 Pt 195.1	79 Au 197.0	80 Hg 200.6	81 Tl 204.4	82 Pb 207.2	83 Bi 209.0	84 Po -	85 At -	86 Rn -
7	87 Fr -	88 Ra -	89-103	104 Rf -	105 Db -	106 Sg -	107 Bh -	108 Hs -	109 Mt -	110 Ds -	111 Rg -	112 Cn -	113 Nh -	114 Fl -	115 Mc -	116 Lv -	117 †Ts -	118 Og -

†금속성, 준금속성, 비금속성이 아직 명확히 밝혀지지 않음.

*란타넘족

57 La 138.9	58 Ce 140.1	59 Pr 140.9	60 Nd 144.2	61 Pm -	62 Sm 150.4	63 Eu 152.0	64 Gd 157.3	65 Tb 158.9	66 Dy 162.5	67 Ho 164.9	68 Er 167.3	69 Tm 168.9	70 Yb 173.0	71 Lu 175.0

**악티늄족

89 Ac -	90 Th 232.0	91 Pa 231.0	92 U 238.0	93 Np -	94 Pu -	95 Am -	96 Cm -	97 Bk -	98 Cf -	99 Es -	100 Fm -	101 Md -	102 No -	103 Lr -

2004년 일본의 이화학 연구소에서는 비스무트와 아연을 충돌시킨 핵융합 반응으로 새로운 원소 1개를 발견하였다. 2005년에 이 원소를 추가로 얻었으며, 2012년에는 이 원자가 붕괴하면 원자 번호 101번의 멘델레븀이 된다는 증거를 확보하였다. 이로써 일본은 아시아에서 처음으로 새로운 원소의 이름을 명명할 권리를 갖게 되었다. 일본은 13족에 속하며 원자 번호 113번인 이 원소의 이름을 자국의 명칭에서 따와 'Nihonium'으로 국제 순수 응용 화학 연합회(International Union of Pure and Applied Chemistry, IUPAC)에 제출하였고, 2016년 6월 8일에 그대로 확정되었다. 일본 언론은 이를 '노벨상 수상에 필적할 성과'로 대서특필하였다.

당시 우리 언론에서는 일본의 발표 자료를 그대로 인용하며 '니호니움'으로 보도하였는데, 2012년에 국립국어원에서 채택하고 대한화학회가 제정한 우리말 원소 이름과 그 규정에 따른다면, '니호늄'으로 표기하였어야 했다. 그리고 보도 내용에 언급된 '창연(蒼鉛)'도 '비스무트'로 표기하여야 마땅하다.

우리는 일상생활에서 원소에 대한 글을 흔히 접할 수 있다. 자유백과사전 '위키피디아'에는 주기율표에 있는 모든 원소들에 대해 전문적으로 기술되어 있고, 우리나라에서도 박준우 선생께서 오랫동안 혼신의 노력을 다하여 각 원소에 대해 방대하고 자세한 내용을 '네이버'에 게재했다. 또 원소의 발견, 합성, 역사, 발견자의 뒷이야기, 흥미로운 일화 등을 다룬 일반 서적들도 국내외에 많이 소개되어 있다. 그러나 지금까지 원소를 다룬 책들을 살펴보면 대부분 원자 번호 순으로 단순 나열하고, 여기에 화학 반응식을 함께 기술하여 읽기에 다소 딱딱하고 지루하다는 느낌을 받는다.

자연계에 존재하는 원소들을 발견한 시대순으로 그리고 역사적으로 중요한 분기점이 되는 저서나 주기율표에 근거하여 원소들을 모으거나, 인공적으로 만들어지는 원소들을 하나로 묶으면, 큰 테두리 안에서 각 원소를 일목요연하게 조감할 수 있다고 여긴다. 여기에 원소의 물리적, 화학적 성질과 용도를 함께 살펴본다면 화학을 전문적으로 이해하는 데 많은 도움이 될 것이다. 이렇게 하면 흥미에만 치우치지 않으면서도 원소에 대한 과학적 지식을 전달할 수 있지 않을까 생각된다.

이를 위해 이 책에서는 지구 곳곳에서 사용되는 탄소를 시작으로 하여, 청동기 시대와 철기 시대와 관련된 물질 등 자연 상태에서 쉽게 얻을 수 있어 도구나 보석으로 사용된 원소들을 하나로 묶어 가장 먼저 다루었다. 이어서 물질이 타는 현상, 즉 연소를 어떤 물질에서 플로지스톤이 빠져나가는 것으로 설명한 플로지스톤설을 일축하고, 질량 보존 법칙에 근거하여 이는 산소와 결합하는 변화이며 이 결과로 무게가 증가한다는 연소설을 주창한 라부아지에의 저서『화학 요론』에 거론된 수소, 질소, 산소와 같은 기체에서 마그네슘까지의 원소들을 알아보았다.

다음으로 화학 혁명 이후 발견된 원소들로부터 화학을 예측 가능한 학문으로 만든 멘델레예프의 주기율표와 그의 저서『화학 체계의 개요』에 포함된 원소를 다루었다. 놀랍게도 그는 원소의 주기율표를 만들면서 그 당시 발견되지 않았던 많은 원소들의 원자 번호를 포함한 여러 성질을 예언하였는데, 갈륨부터 스웨덴의 작은 마을 이테르비와 연관된 여러 원소들과 아스타틴까지의 천연 상태에서 발견된 원소들을 살펴보았다.

초기에는 원자 번호 92번 우라늄 이전의 원소인 테크네튬과 프로메튬을 제외한 90개 원소만 자연계에서 발견되는 것으로 알려졌다. 하지만 천연 우라늄 광석에서 인공적으로 먼저 만들어진 우라늄 이후의 원자 번호 93~98번의 원소들도 천연계에 미량 존재하는 것으로 밝혀졌는데 이들을 하나로 묶어 다루었다.

마지막으로, 미국의 로렌스 버클리 국립연구소와 로렌스 리버모어 국립연구소, 러시아의 합동핵 연구소, 독일의 중이온 연구소, 스웨덴의 노벨 물리학 연구소, 일본의 이화학 연구소에서 인공적으로 합성한 20개의 원소를 소개하고, 여기에 미래에 만들어질 원소에 대한 여러 과학자들의 생각을 덧붙였다.

2016년 12월에는 원소와 관련하여 기쁜 소식이 있었는데, IUPAC이 잠정적으로 명명한 원자 번호 113번, 115번, 117번, 118번 원소의 새로운 이름을 확정함으로써 주기율표의 일곱 번째 줄을 채우게 되었다. 이것은 모든 물질의 가장 기본이 되는 원소의 세계를 온전히 이해하는 데 큰 도움을 줄 것으로 기대된다. 이 책이 원소에 대한 기본 지식을 바탕으로 과학의 즐거움에 더 가까이 다가가는 데 조금이나마 도움이 될 수 있기를 바란다. 아울러 이 책을 좀 더 충실하게 만들어 준 생각의힘 편집부에 감사를 드린다.

2017년 8월
지은이 석원경

들어가기 전에

'세상 만물은 무엇으로 이루어졌는가?' 그리고 '어떻게 생성되었는 가?'라는 질문은 '우리는 어디에서 왔는가?'와 연관된 중요한 문제 제기이다. 그 질문에 가장 먼저 답한 철학자는 고대 그리스의 탈레스 Thales이다. 그는 '물(水)'이 모든 자연 현상의 기본이라고 주장하였다. 즉 물이 증발하여 하늘로 올라가 구름이 되고, 이 구름이 응축되어 비가 되어 지상에 떨어진다는 생각이다. 이후 '공기', '불', '수(數)' 등 이 만물의 근본 요소라고 주장한 철학자들이 있었으며, 기원전 450 년경에 엠페도클레스Empedocles가 이를 통합하여 '공기, 물, 불, 흙'의 4원소설을 제안하였다.

　　20년 후 실존 인물이 아니었을 가능성이 큰 레우키포스Leucippus 와 그의 제자 데모크리토스Democritus는 모든 물질은 영원히 더 이상 쪼갤 수 없는 성질이 있으면서 끊임없이 움직이는 원자로 이루어졌 으며, 현실에서 감각의 차이는 이러한 원자의 결합과 배열의 다름으 로 생겨났다고 주장하였다. 그러나 이것은 오늘날의 원자 개념과는 크게 다르다. 게다가 이 이론은 경험 세계의 연구를 거부한 플라톤

Plato의 견해에 직면하면서 더 이상 발전할 수 없게 되었다.

수학을 중요시한 플라톤은 공기는 8면체, 물은 20면체, 불은 4면체, 흙은 6면체의 형태를 가진다고 주장하였다. 나아가 그의 제자 아리스토텔레스Aristotle는 이러한 요소들을 촉감으로 느낄 수 있어야 하므로, 공기는 '따뜻하고 습한 성질', 물은 '차고 습한 성질', 불은 '따뜻하고 건조한 성질', 흙은 '차갑고 따뜻한 성질'을 가지며, 천상은 에테르(aether)로 이루어졌다고 주장하였다. 아리스토텔레스의 주장은 엠페도클레스의 4원소설과 달리 원소들은 상호 변환이 가능하다는 것을 알 수 있다.

아리스토텔레스의 5원소설은 거의 천 년 동안 서양의 물질관을 지배하였다. 아라비아인들은 이 이론을 바탕으로 하여 물과 흙에서 수은을 얻은 후, 이 원소를 불과 공기에서 얻은 황과 혼합하면 금속이 된다고 생각하였다. 이어 적절한 비율로 혼합된 물질을 변화시킬 수 있는 '철학자의 돌(philosopher's stone)'-지금의 촉매(catalyst)-을 발견하기만 하면 금을 만들 수 있다는 연금술(alchemy)을 창안하였다.

연금술은 값싼 금속을 귀한 금속으로 바꿀 수 있다는 신비롭고 마술적인 매력 때문에 오랫동안 중세 사람들을 현혹시키며 관심의 대상이 되었다. 당시에 하나의 물질을 다른 물질로 변화시킬 수 있는 가장 쉬운 방법은 가열하는 것이기에 '불타는 것'의 그리스어 'phlogistos'에서 따온 슈탈G. E. Stahl의 '플로지스톤(phlogiston)' 설이 중요한 이론으로 대두되었다. 그는 플로지스톤이라는 원소는 매우 가벼워 온도를 높이면 이것이 물체로부터 튀어 나간다고 생각하였으며, 플로지스톤을 많이 포함하고 있는 물질일수록 불에 잘 탄다고 생각하였다.

또 재를 남기지 않는 숯은 그 자체로 플로지스톤이라고 생각하였다.

보일R. Boyle은 이러한 주장에 의문을 제기하고, 물질을 더 이상 간단한 물질로 분해될 수 없는 원소와 그렇지 않는 화합물로 구분하였다. 또한 그는 이론뿐만 아니라 실험을 강조해서 연금술을 화학으로 변모시키는 데 크게 기여하였다. 이후 실험적으로 여러 증거가 제시되었는데, 특히 캐번디시H. Cavendish는 강산에 넣은 금속에서 기체를 얻고, 이 '가연성 공기'가 공기 중의 일부와 반응하여 물이 된다는 중요한 발견을 하였다.

성직자이자 과학자인 영국의 프리스틀리J. Priestley는 공기의 조성을 과학적으로 이해하였지만, 연금술에 근거하여 이를 '플로지스톤화 공기(질소)'와 '탈플로지스톤화 공기(산소)'의 혼합물이라고 주장하였다. 프리스틀리의 주장은 1789년에 프랑스의 라부아지에A. Lavoisier의 연소설이 등장하면서 막을 내렸는데, 라부아지에는 플로지스톤이 관여하는 것이 아니라 공기 중의 산소와의 결합으로 물질이 탄다는 것을 확인해 주었다.

1787년에 라부아지에는 화학적 용어를 주제로 한 『화학 명명법의 방법 (Méthode d'une Nomenclature Chimque)』을 출간하여 화학 발전에 지대한 공헌을 하였으며, 1789년에는 『화학 요론 (Traité Élémentaire de Chimie)』에서 물질을 이루는 33개의 원소들을 제시하였

라부아지에의 『화학 요론』

다. 이후 스웨덴의 베르셀리우스J. J. Berzelius가 원소 기호를 창안하고, 각 원소의 상대적인 질량인 원자량을 결정하였다. 러시아의 멘델레예프D. Mendeleev는 그 당시 알려진 66개의 원소들의 주기율표를 만들면서 기존에 알려진 몇 가지 원소들의 원자량을 과감히 수정하였을 뿐만 아니라, 심지어 알려지지 않은 여러 원소들의 원자량과 성질을 예언함으로써 화학이 과학으로 자리매김하는 데 중요한 역할을 하였다.

1803년에 영국의 돌턴J. Dalton은 철학적 관점이 아닌 세심한 측정과 관찰 결과를 바탕으로 한 『화학 철학의 새로운 체계(New System of Chemical Philosophy)』를 출간하였다. 그는 모든 물질은 '더 이상 나누어지거나 쪼갤 수 없다'라는 뜻의 그리스어 'atomon'에서 온 '원자(atom)'로 구성되어 있다고 보았다. 그리고 특정한 원소 내의 모든 원자들은 동일한 질량과 성질을 갖고 있으며, 둘 이상의 서로 다른 원자가 결합하면 화합물이 얻어지고, 원자들은 화학 반응의 결과로 재배열된다는 원자론을 주장하였다. 그는 여러 해 동안 실험한 결과를 바탕으로 원자 무게에 따른 원소들의 목록을 발표하여 '원자론의 아버지'로 알려져 있다.

원자의 실체도 서서히 밝혀지기 시작하였는데, 1897년에 영국의 캐번디시 연구소 소장 톰슨J. J. Thomson은 유명한 캐소드 선 관*(cathode

----

* 흔히 cathode ray는 음극선으로 번역되어 알려져 왔으나, 캐소드(전자가 소모되고 양이온 (cation)이 향하는 전극)와 애노드(anode, 전자가 발생하고 음이온(anion)이 향하는 전극)는 전극에서 진행되는 방향, 양극과 음극은 전지의 극성으로 정의되며, 특히 전지에서는 충전과 방전에 따라 캐소드의 음극과 양극이 바뀌므로, 여기에서는 그 혼란을 막기 위해 캐소드 선으로 표기한다.

ray tube) 실험에서 캐소드에서 애노드로 빨려 들어가는 '불꽃 없는 빛'을 발견하였다. 그는 이 관에 다른 가스를 주입하고, 주변에 자석을 배치하였더니, 그 궤도가 타원형이 된다는 사실을 알아냈다. 또한 이 작은 음 전하로 이루어진 입자는 물질 중 가장 가벼운 수소보다도 훨씬 가볍고, 어떤 종류의 기체에서 방출되더라도 그 성질이 같다는 사실을 발견하였다. 미립자(corpuscle)라고 처음에 부른 이 입자가 바로 오늘날의 전자(electron)이다. 전자를 발견한 톰슨은 전기적으로 중성인 원자의 구조를 '양의 전하를 띠는 젤리에 음의 전하를 띠는 전자가 건포도처럼 박혀 있는' 건포도 푸딩 모델을 제안하였다.

같은 연구소의 뉴질랜드 출신 과학자 러더퍼드E. Rutherford는 1911년에 자신의 제자인 마스던E. Marsden과 함께 수행한 알파 입자 산란(a particle scattering) 실험에서, 양전하를 가진 알파 입자를 $45°$의 비스듬한 각도로 금박에 분사하였더니 이 중 일부가 튕겨 나오는 현상을 관찰하였다. 이것은 같은 전하를 가지는 입자 사이의 충돌 때문으로, 이는 원자의 중심에 양전하를 띠는 핵의 존재를 가정하지 않고서는 설명이 불가능하였다. 그는 원자의 구조를 행성이 항성 주위를 도는 천체에 비유하여, 음전하를 띠는 전자들이 양전하를 띠는 원자핵을 중심으로 회전하고 있다고 생각하였다. 그는 봉인한 놋쇠 상자 안에 작은 유리관을 넣은 뒤에 한쪽 끝을 황화 아연 판으로 막고, 그 상자에 질소를 가득 채운 다음 유리관을 통해 라듐의 방사선인 헬륨 원자핵을 투과시켰더니 산소와 어떤 입자가 튀어나오는 것을 발견하고, 이 입자를 양성자(proton, ^{1}H)라고 명명하였다.

러더퍼드는 런던 왕립학회에서 주관하는 베이커 강연회에서 미래의 작업에 관해 이야기하면서 전자와 양성자 외에 전하가 중성인 제3의 구성 인자가 존재할 가능성이 있다라고 하였다. 즉 "이것은 핵과 합하여 있을 수도 있고, 강력한 장에 의해 분리되어 있을 수도 있으며, 물질 사이를 자유롭게 통과하므로 찾아볼 만한 충분한 가치가 있다."라는 의미심장한 예언을 하였는데, 이는 새로운 물질을 찾는 도화선이 되었다. 러더퍼드는 캐번디시 연구소에서 맨체스터 대학 물리학과로 옮기고 나서 맨체스터 문학 철학 협회에서 원자의 기본 구조에 대한 강연을 할 기회가 있었는데, 이때 청중이던 채드윅J. Chadwick은 러더퍼드의 강연을 평생 잊지 못하였다고 한다. 이후에 채드윅은 자신의 바람대로 맨체스터 대학에 입학하였으며, 러더퍼드와 함께 연구를 하였다.

당시 독일의 보테W. Bothe는 리튬과 산소에 알파 입자를 쏠 때 나오는 감마선을 연구하였는데, 이상한 것은 그 입자에 의해 붕괴되지 않는 베릴륨에서도 감마선이 발생한다는 사실이었다. 만약 감마선이 빛이라면 전구에서 흘러나오는 빛과 같이 사방으로 널리 퍼져 나가야 하지만, 입자라면 들어오는 알파 입자 방향으로 굴절될 가능성이 있기 때문이다. 채드윅은 여러 다른 물질에 알파 입자를 쪼여서 조사한 결과, 1932년에 원자핵에 전기적으로 중성인 또 다른 입자가 있다는 사실을 발표하고, 이를 중성자(neutron)라고 명명하였다. 이로써 원자핵이 양성자와 중성자로 이루어졌다는 사실과 원자핵의 양성자 수는 전자 수와 같다는 것이 판명되었다. 질량수(mass number)는 양성자와 중성자 수의 합이며, 양성자 수는 원자 번호(atomic number)로 나타내는 것으로 정의하였다. 이로써 중성자 수가 다른 동위 원소

(isotope)를 설명할 수 있게 되면서 돌턴이 주장한 원자론을 수정할 수밖에 없게 되었다.

1913년에 러더퍼드 실험실의 모즐리H. Mosley는 결정에 의한 회절 현상을 이용하여 각 원소의 X선 파장을 정확히 측정하고, 이로부터 원자핵의 전하를 결정하였는데, 이것이 바로 원자 번호의 바탕이 되었다. X선 분광학의 개척자이며 당시 강력한 노벨상 후보였던 그는 안타깝게도 제일 차 세계 대전 때 영국 육군에 지원하여 28세의 젊은 나이로 전사하였다.

1950년대 들어 입자 가속기(particle accelerator)가 개발되면서 새로운 입자들이 발견되었다. 전자, 전자 뉴트리노(electron neutrino), 뮤온(muon), 뮤온 뉴트리노(muon neutrino), 타우(tau), 타우 뉴트리노(tau neutrino)와 같은 가벼운 렙톤(lepton), 양성자와 중성자와 같은 질량이 큰 배리온(baryon), 양성자와 중성자 사이를 왔다 갔다 하며 이 둘을 묶어 주는 역할을 하는 중간자(meson) 등이 대표적이다. 이후에도 많은 소립자(elementary particle)가 발견되었는데, 겔만M. Gell-Mann은 대칭성이 있는 이러한 입자들을 수학에서 얻은 개념인 위(up), 아래(down), 매력적(charm), 묘함(strange), 꼭대기(top), 바닥(bottom)의 6개의 쿼크(quark)라고 부르는 입자들과 연관시킬 수 있다는 사실에 근거하여 '모든 물질은 쿼크와 렙톤으로 이루어졌다.'라고 규정하였다. 이어 1977년에 실험을 통해 위 쿼크는 2/3의 전하를, 아래 쿼크는 -1/3의 전하를 가지는 것을 확인하였다. 이로부터 양성자는 위 쿼크 두 개와 아래 쿼크 하나로 이루어져 있어 전하가 +1인 반면에 중성자는 위 쿼크 하나와 아래 쿼크 두 개로 되어 있어 전하가 0이

됨을 알 수 있었다.

그렇다면 원소는 어떻게 만들어졌을까? 1948년에 가모G. Gamow와 알퍼A. Alper는 우주의 모든 물질이 한때 높은 온도(~10^{32} K)와 큰 밀도(~10^{96} g/cm^3)의 점으로 존재하였으며, 138억 년 전 어느 순간에 대폭발(big bang)하여 에너지와 물질이 우주 공간으로 균일하게 퍼져나가면서 우주의 팽창이 시작되었다고 주장하였다. 원소는 대폭발 핵합성, 항성 핵합성, 초신성 핵합성의 단계를 거쳐 생성된다고 여겨진다.

대폭발 후 10^{-36}초가 지나자 우주의 크기는 10100배로 급팽창하였고, 10^{-5}초 후에는 온도가 1.4×10^{14} K로 내려가면서 소립자를 구성하는 쿼크에서 양성자, 중성자, 전자가 만들어졌다. 약 30만 년이 지나 우주의 온도가 3000도까지 내려가자 수소 원자핵과 전자가 결합하여 수소가 만들어졌고, 강한 핵력으로 두 양성자가 융합하여 동위 원소 중수소(deuterium)가, 다시 중수소와 양성자의 결합으로 동위 원소 삼중수소(tritium) 또는 헬륨-3이, 계속하여 헬륨-3이 양성자와 융합하여 더욱 안정한 헬륨-4가 만들어졌다. 헬륨-3과 헬륨-4의 반응으로 얻어지는 극미량의 베릴륨-7은 삼중수소와 마찬가지로 불안정하여 리튬-7로 바뀐다. 우주가 팽창하고 식으면서 폭발 3분 후에는 핵합성이 멈추어 우주 질량의 25%는 헬륨으로 전환되고, 약 75%는 수소 원자핵인 양성자로 남게 되었으며, 약간의 중수소와 리튬도 존재하게 되었다.

대폭발 후 약 10억 년이 지난 시점에 급격하게 팽창한 우주에 수소와 헬륨이 모여들어 항성 핵합성에 의해 별이 탄생하였고, 이러한 별들이 거대한 집단을 이루어 은하계가 만들어졌다. 별 내부의 온도가 올라감에 따라 수소는 헬륨으로, 2개의 헬륨은 융합하여 베릴륨-8로, 3개의 헬륨은 융합하여 탄소로, 이 탄소는 헬륨과 결합하여 산소로 바뀌었다. 또한 탄소는 네온, 소듐, 마그네슘으로, 산소는 마그네슘, 규소, 황으로 안정한 상태의 무거운 원자핵으로 융합되다가 마지막에는 철에 이르게 된다. 철보다 무거워지면 오히려 에너지가 더 높아져서 철 이후의 원자는 초신성 핵합성에 의해 만들어진다.

초신성 폭발로 양성자가 붕괴되어 중성자가 만들어질 때 엄청난 양의 에너지가 발생하는데, 이때 폭발성이 있는 산소와 규소가 연소하면서 무거운 니켈까지의 원자핵이 생성된다. 니켈보다 무거운 원소들은 빠른 중성자 포획 후의 베타(β) 붕괴나 빠른 양성자 포획으로 만들어지며, 그러한 원소들은 새로운 별을 만드는 재료로도 쓰인다. 적색 거성에서는 철이 중성자를 포획하고 베타 붕괴를 하면서 느린 속도로 무거운 원자핵으로 바뀌는데, 비스무트는 이 경로로 만들어진 것이다. 원자 번호 82번의 납 이후의 원소들은 안정한 동위 원소가 없고 방사성 붕괴를 하므로 이 폭발의 종말이 어디까지인지는 알 수 없지만, 현재로서는 92번의 우라늄까지로 알려져 있다. 여러 가벼운 원소인 헬륨-3, 리튬, 베릴륨, 붕소는 역으로 탄소, 질소, 산소 원자핵이 우주 공간에서 우주 선(cosmic ray)에 의하여 파쇄되어 만들어진 것으로도 여겨진다.

1937년에는 몰리브데넘 표적에 중수소 원자핵을 쪼여 원자 번호 43번의 테크네튬을 최초로 얻었다. 이 원소는 원자력 발전에서 핵분열 생성물의 하나이며, 사용후핵연료의 약 6%를 차지한다. 1940

년에는 비스무트에 알파 입자를 쪼여 원자 번호 85번의 아스타틴을 얻었다. 초우라늄 원소들 중 멘델레븀까지는 우라늄이나 플루토늄에 가속된 중성자를 쪼여서 합성하였으나, 그 이후의 원소들은 입자 가속기를 사용하여 적절한 원소의 표적에 다른 이온을 충돌시키는 핵융합을 통해 얻는다. 대부분의 동위 원소들은 인공적으로 만들어졌는데, 이들 원소들은 방사성 붕괴를 하므로 합성 방사성 동위 원소라고 한다.

우리말 원소 이름에 대한 일러두기

우리는 일상생활에서 수소, 탄소, 질소, 산소, 플루오린(플루오르, 불소), 네온, 나트륨(소듐), 마그네슘, 알루미늄, 규소, 인, 황, 염소, 아르곤, 칼륨(포타슘), 칼슘, 철, 니켈, 구리, 아연, 브로민, 은, 주석, 아이오딘, 텅스텐, 백금, 금, 수은, 납, 라듐, 우라늄, 플루토늄 등 수많은 원소들과 관련된 물질들을 접할 수 있다. 대부분의 화학 교과서 표지 앞면이나 뒷면에도 원소들이 나열된 주기율표가 제시되어 있어, 고등학교 학생 이상이라면 다양한 원소들의 이름을 기억하고 있을 것이다.

　외국에서는 이러한 원소나 주기율표와 관련된 서적(심지어 소설도 있음)이 많이 출간되어 있는데 반해, 우리나라에서는 상대적으로 그 수가 적은 편이다. 그런데 최근 몇 년간 다양한 시각에서 원소를 다루는 책들이 출간되고 있어, 화학 전공자로서 더욱 확대되길 바라는 마음이 크다. 한편, 번역서든 저작물이든 기술하다 보면 늘 마주치는 문제가 있는데, 바로 혼란스러운 우리말 원소 이름이다. 개개인의 이름이 자신의 정체성을 대표하는 것처럼 원소 이름에도 그것과 더불어 역사성이 함축되어 있다. 우리나라의 경우, 지금은 개명 절차가 간단해졌지만, 얼마 전까지만 해도 그 절차가 매우 까다로웠다. 특히 원소 이름을 바꾸는 일은 더욱 어려운데, 이것은 사회와의 약속이며, 관련되는 과학, 공학, 의약, 약학, 인문사회 등의 분야뿐만 아니라 관습까지도 고려해야 하기 때문이다. 따라서 원소 이름을 바꿀 때에는 매우 신중을 기할 필요가 있다.

새로운 연소설로 플로지스톤설을 혁파하여 화학 혁명을 이룬 라부아지에는 연소에 중요하게 관여하는 원소가 신맛을 가지며 산을 이루는 기본 물질이라고 하여 'Oxygen'이라고 명명하였다. 우리말 원소 이름 '산소(酸素)'는 여기에서 온 것인데, 문제는 염산(HCl)은 산이지만 산소가 들어 있지 않으며, 금속 양이온과 붕소를 포함하는 다양한 화합물 역시 산소가 포함되어 있지 않지만 산이라고 부른다는 사실이다. 이것을 고려해 보면, 산소도 잘못 붙여진 이름이라고 할 수 있다. 그렇다고 18세기 말부터 사용해 온 산소라는 이름을 바꾸는 것은 쉽지 않다.

우리나라에서는 과학 수업이 시작된 일제 식민지 시절의 용어를 우리말 원소 이름으로 많이 사용해 왔는데, 앞의 산소를 포함하여 수소, 탄소, 질소, 불소, 규소 등이 그것이다. 이들 원소 이름은 어원에 근거한 일본식 원소 이름의 한자 훈을 발음나는 대로 표기한 것이다. '산소'라는 원소 이름을 잘못 정의되었다는 이유로 바꿀 수 없는 것처럼, 지금에 와서 이들 원소의 이름을 바꾸는 것은 또 다른 큰 혼란을 가져올 수 있다. 예를 들면, 불소는 한때 플루오르로 개명했다가 다시 플루오린으로 바뀌었지만, 실생활의 많은 분야에서는 옛 이름들이 그대로 통용되고 있어 오히려 혼란만 가중시킨 면도 없지 않다.

2012년 이전에 명명되어 한동안 사용하였던 우리말 원소 이름 중 '지구'를 뜻하는 라틴어 'tellus'에서 온 '텔루르', 그리스 신화에서 강하고 거대한 신의 종족 'Titans'에서 온 '티탄', 제우스의 아들 'Tantalus'에서 온 '탄탈', 달의 여신 'Selene'에서 온 '셀렌', '색깔'을 뜻하는 그리스어 'chroma'에서 온 '크롬', '숨어 있는'이란 뜻의 그리스어 'lanthano'에서 온 '란탄', '악취'의 그리스어 'bromos'에 근거한 'brôme'에서 온 '브롬', '홀로 있는 것을 싫어한다(anti + monos)'를 뜻하는 그리스어에서 온 '안티몬', 탄탈루스의 딸 'Niobe'에서 온 '니오브', '흐른다'라는 라틴어 'fluore'에서 온 '플루오르' 등을 살펴보자. 이러한 원소 이름은 모두 어원에만 근거하여 명명되었고, 오랫동안 전 세계 과학계에 큰 영향을 미쳤던 독일식 명명법을 그대로 차용한 일본식 명명법에 근거하여 표기된 것이다.

우리말 원소 이름을 결정하는 대한화학회에서는 IUPAC이 권고한 원소 이름을 채택하여 쓰고 있는데, 때마다 문제가 되는 것은 외국어일 수밖에 없는 이들을 어떻게 표기하는가이다. 가령 'Ti'과 'Nb'의 경우 좀 더 외국인의 발음에 가깝다고 여긴 '타이타늄'과 '나이오븀'을 택하였지만, 실제로는 '타이테니엄'과 '나이오비엄'으로 발음되고 있다. 마찬가지로 'Te', 'Cr', 'La', 'Sb', 'Tl', 'Ac', 'At', 'Ra'의 경우, 약간의 차이는 있겠지만(강세를 고려하면 더욱 복잡하겠지만) 각각 '텔루리엄', '크로미엄', '랜써넘', '앤티모니', '쌜리엄', '액티니엄', '애스터틴', '레이디엄'으로 발음한다. 이렇듯 영어 발음에 따른 표기에 우리가 어떤 원칙을 정하는 것은 대단히 어려운 일이다.

그렇다고 그 혼란을 내버려 둘 수는 없으므로, 외국어의 우리말 원소 이름의 표기로 (1) 라틴어식 발음에 근거하며, 금속을 나타내는 접미어 '-ium'을 앞 자음과 합쳐 '귬', '늄', '륨', '뮴', '븀', '슘', '튬', '퓸'으로 표기한다는 규칙을 정하였으면 한다. 그렇다면 각각 '텔루륨', '셀레늄', '크로뮴', '탈륨', '악티늄', '라듐' 등의 표기는 합리화될 수 있을 것이다. 그리고 이 표기법을 그대로 적용하면 개정된 원소 이름 중에서 단지 '타이타늄'과 '나이오븀'을 '티타늄'과 '니오븀'으로 바꾸면 된다.

이전에 사용한 원소 이름인 '게르마늄', '크세논', '테르븀', '에르븀', '이테르븀'은 각각 로마 시대 독일의 옛 지역 이름 'germania'에서 따온 'Germanium', '낯선'을 뜻하는 그리스어 'xenos'를 딴 'Xenon', 스웨덴의 '이테르비(ytterby)' 마을 이름의 부분에 각각 금속을 나타내는 접미어를 합한 'Terbium', 'Erbium', 'Ytterbium'을 그 지역의 발음을 존중하여 채택하였다. 그런데 영어식 발음에 근거하여 이들을 '저마늄', '제논', '터븀', '어븀', '이더븀'으로 개성하였다가, 최근 이 중 '테르븀', '에르븀', '이테르븀'만 바꾸어 확정하였다. 이를 위해 (2) 발견된 지역에 근거하여 표기된 원소 이름은 그 지역의 원음을 존중한다는 규칙을 추가하였으면 한다. 그렇게 하면 개정된 원소 이름을 예전에 표기한 이름으로 되돌리기만 하면 된다.

그리고 금속을 나타내는 또 다른 접미어를 사용하여 마무리짓는 몇 원소들은 비록 규칙 (1)에는 벗어나지만, 규칙 (3) '-um'으로 끝맺는 원소의 경우, 앞 자음과 합쳐 '넘', '럼' 등으로 표기한다는 규

칙을 추가하였으면 한다. 그렇다면 'Mo', 'La', 'Ta'의 경우, '몰리브데
넘', '란타넘', '탄탈럼'과 같이 표기할 수 있을 것이다. 통계적으로 보
면 2년에 한 개씩 새로운 원소가 인공적으로 만들어지는데, 이러한
(1)~(3) 규칙에 근거하여 우리말 원소 이름을 나타내면 어느 정도
혼란이 줄어들 것으로 생각된다. 물론 공론화 과정을 거쳐야 하며,
다른 좋은 대안이 나오리라 기대하지만, 이러한 우리말 원소 이름 표
기법 규칙이 앞으로의 명명법 제정에 도움이 되었으면 한다. 본 책에서
는 혼란을 막기 위해 대한화학회가 정한 명명법을 따르기로 하였다.

    2016년 12월 IUPAC은 원자 번호 113번, 115번, 117번, 118
번의 원소 이름을 각각 'Nihonium', 'Moscovium', 'Tennessine',
'Oganesson'으로 확정하였다. 드디어 주기율표에 7번째 열의 원소가
모두 채워진 것이다. 이 경우 앞의 규칙에 의거하여 '니호늄', '모스코
븀', '테네신', '오가네손'으로 우리말 원소 이름을 사용하면 될 것이
고 그렇게 확정되었다. 더불어 몇 개 되지 않는 우리말 원소 '구리'와
'납'에, 쉽지 않겠지만 '쇠'(철 대신에)를 추가하면 어떨까라는 사족을
덧붙인다.

1장

기원전부터
사용된 원소

높은 온도에서의 제련업이 발달되지 않았던 고대에는 자연 상태에서 쉽게 얻을 수 있는 물질을 도구나 장식용으로 사용하였을 것이다. 여기에서는 어느 특정 지역에서 발견되지 않고 지구 곳곳에 널리 분포되어 있는 탄소를 비롯하여 청동기 시대와 철기 시대와 관련된 물질, 그리고 보석으로 사용된 금과 은을 포함하여 비소까지, 기원전부터 사용된 11개의 원소를 알아보자.

원자 번호 6

탄소

인류가 불을 발견한 이래, 이를 통해 얻은 숯(목탄, charcoal)과 검댕(soot)은 선사 시대부터 사용되어 왔다. 또한 구성 성분이 탄소로만 이루어진 흑연*은 토기나 도기에 그림을 그리는 데 사용되었고, 탄소의 동소체(allotrope, 같은 원소로 되어 있으나 구조와 성질이 다른 물질)인 다이아몬드**는 장식용 보석으로 수천 년 동안 사용되어 왔다. 다이아몬드는 각 탄소 원자가 4개의 다른 탄소 원자와 정사면체 형태의 결합 구조를 하고 있는 반면, 숯, 검댕, 활성탄(activated carbon) 등은 무정형 상태이다.

1772년에 라부아지에는 같은 양의 숯과 다이아몬드를 각각 태우면 같은 양의 이산화 탄소가 얻어지는 것을 발견하고, 이들이 같은 원소로 이루어졌음을 확인하였으며, 1779년에 셸레C. Scheele는 당시 납(鉛)의 일종으로 잘못 알고 있었던 흑연이 탄소의 다른 형태임을 알아냈다. 이에 근거하여 1789년에 라부아지에는 탄소를 '목탄'을 뜻하는 라틴어 'carbo'에서 따와 'Carbon'이라고 명명하였다. 원소 기호

....
* 흑연의 영어명인 'graphite'는 '쓰다'를 뜻하는 그리스어 'graphein'에서 온 것인 반면에 한자어 黑鉛(검은 납)은 'black lead'에서 왔으며, 이는 방연석(검은색의 납)과 혼동한 것이다.
** 'diamond'는 '투명하다'를 뜻하는 그리스어 'diaphanes'와 이 이상 단단한 물질이 없어 '굴복되지 않는 것'을 뜻하는 그리스어 'adamas'의 복합어로 여겨진다.

는 'C'이다. 흑연은 중국, 인도, 브라질, 북한 등에서, 다이아몬드는 보츠와나, 러시아, 호주, 남아프리카공화국, 콩고민주공화국 등에서 생산된다.

1980년대에는 또 다른 탄소의 동소체인 풀러렌(fullerene, 축구공 모양의 이 물질은 이러한 형태의 돔을 설계한 풀러R. B. Fuller의 이름에서 따왔다)이 분광학적으로 발견되었고, 뒤이어 탄소 전극을 이용한 전기 방전 실험을 통해 인공적으로 만드는 데도 성공하였다. 운석에도 존재하는 것으로 밝혀진 풀러렌은 탄소 원자들이 오각형, 육각형, 칠각형으로 이루어져 있으면서 분자의 탄소 수에 따라 C_{60}, C_{70}, C_{120}, C_{540} 등으로 명명된 버키볼과 속이 빈 실린더 벽면을 이루는 구조의 탄소 나노 튜브의 2가지가 있다.

흑연은 각 탄소 원자가 3개의 다른 탄소 원자와 결합하여 육각형을 이루면서 같은 평면에 놓여 있으며, 이러한 탄소 판이 약한 힘으로 층

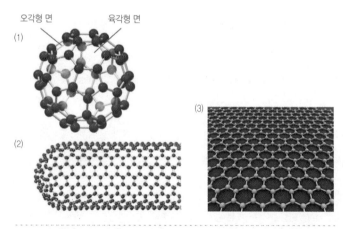

탄소의 새로운 동소체 (1) 12개의 오각형 면과 20개의 육각형 면을 갖는 축구공과 같은 모양의 분자성 고체 C_{60} (2) 지름이 2~30나노미터 정도의 탄소 나노 튜브 (3) 2차원의 그래핀(Wikipedia)

층이 쌓여 있는 구조를 하고 있다. 이 때문에 흑연은 무르고, 각 층이 쉽게 미끄러지며 전기가 잘 통한다. 2004년에 흑연에서 하나의 층으로 이루어진 탄소 판을 접착 테이프를 이용하여 간단히 떼어내는 방법이 고안되었는데, 이렇게 얻은 물질의 이름을 원자 1개 두께의 탄소 판을 뜻하는 'graphite'와 이중 결합을 뜻하는 접미어 '-ene'을 합하여 '그래핀(graphene)'이라고 명명하였다. 이는 인공적으로 만든 또 다른 탄소의 동소체이다.

원자 번호 6번 탄소는 지각에서는 15번째, 우주에서는 수소, 헬륨, 산소 다음으로 4번째의 큰 질량을 차지한다. 탄소는 모든 생명체의 구성 원소로, 인체 무게의 18.5%를 차지하며, 대기에서는 이산화 탄소의 형태로, 광물에서는 탄산염의 형태로 존재한다. 석탄, 석유, 천연가스의 주된 구성 원소이기도 하다. 밀도는 각 동소체에 따라 다른데, 무정형 탄소는 1.8~2.1 g/cm³, 흑연은 2.267 g/cm³, 다이아몬드는 3.5159 g/cm³이다. 자연계에 존재하는 탄소의 동위 원소로 ^{12}C(98.93%), ^{13}C(1.07%), ^{14}C(약 1×10^{-10}%)가 있다.

1962년에 IUPAC은 ^{12}C 원자 1개 질량의 1/12을 원자 질량 단위(atomic mass unit, amu)로 채택하여 원자 질량의 기준으로 정하였다. 특히 초기에 존재하는 핵이 반으로 붕괴되는 데 걸리는 시간인 반감기(half-life)는 물질이 만들어진 연대를 알 수 있는 중요한 과학적 근거를 제공한다. 탄소의 경우에 ^{14}C는 반감기가 5730년인 방사성 동위 원소로서 베타 붕괴 후 ^{14}N로 바뀌는데, 대기와 살아 있는 생명체에서는 탄소가 계속 교환되므로 여기에 들어 있는 ^{14}C와 ^{12}C의 비는 일정하게 유지된다. 그런데 생명체가 죽은 후에는 그 교환이 멈추지만 ^{14}C의 방사능 붕괴는 계속 일어나므로 그 비가 감소하게 된다. 그러한 비율로 탄소를 포함하는 물질의 약 6만 년까지의 연대를 비교적 정확하게 알 수 있다. 현재까지 반감기가 1.987×10^{-21}초로 가장 짧게 존재하는 ^{8}C부터 ^{19}C까지, 15가지의 탄소 동위 원소가 알려져 있으며, ^{13}C 동위 원소는 탄소를 포함하는 다양한 유기 화합물의 구조를 확인하는 데 도움이 된다. 한편, 탄소는 실온에서는 안정하지만 높은 온도에서는 산소와 반응을 일으키기도 한다.

석탄을 건류시켜 얻은 코크스(cokes)는 철광석에서 산소를 제거하고 용광로의 온도를 높게 유지하는 데 이용되며, 카본 블랙(carbon black)은 타이어의 충진제, 안료, 인쇄 잉크 재료로 사용된다. 목재, 석탄, 석유 피치 등에서 얻는 활성탄은 다공성이 있으므로 흡착성이 좋아 기체나 물을 정화하는 데 많이 쓰이고, 흑연은 주로 내화물, 윤활제, 주물, 브레이크 라이닝, 연필심 등으로 사용된다.

1896년에는 에치슨A. Acheson이 실리카와 코크스를 2500도로 가열시켜 얻은 합성 흑연은 도가니, 전지, 전기 분해조의 전극을 만드는 데 쓰인다. 천연 다이아몬드는 9000 K의 높은 온도와 $6{\sim}10 \times 10^6$ 기압의 고압에서 수십억 년이 지나 자연적으로 형성되었으며 화산 폭발과 함께 지구 표면으로 튀어나오게 되었다. 고온 고압 또는 화학 증기 증착법(chemical vapor deposition)으로 만들어지는 합성 다이아몬드는 미국에서 약 30% 소비되며, 보석뿐만 아니라 절삭 공구, 연마제, 부도체로서의 전자 제품 등에 사용된다. 특히 탄소는 다른 원소와 결합으로 많은 종류의 화합물을 만드는데, 거의 1000만 개의 탄소 화합물들이 자연계에 존재하거나 인공적으로 얻어지는 것으로 알려져 있다.

원자 번호 29
구리

기원전 9000년경 이라크에서 구리 구슬이 발견된 것으로 보아 최소 1만 년 전부터 사용되었을 것으로 여겨지는 천연 구리는 이후 기원전 7500년경에 불에 구운 구리 광석을 숯과 함께 가열한 구리 야금법이 개발됨으로써 그 시대가 활짝 열렸다. 구리와 주석의 합금인 청동은 구리보다 매우 단단한데, 기원전 4000~3000년경에 수메르인이 처음 만든 것으로 알려져 있고, 이로부터 청동기 시대가 시작되었다.

영어 원소 이름 'Copper'는 고대 로마인들이 주로 구리를 채굴한 키프러스(Cyprus) 섬에서의 금속이라는 의미의 라틴어 'cuprum'에서 왔으며, 원소 기호는 'Cu'이다. 구리는 '금과 같다(金 + 同)'는 의미의 한자어 원소 이름인 '동(銅)'으로도 우리에게 알려져 있으며, 광산업계에서는 아직도 이 이름을 사용하고 있다. 구리는 전세계 1/3 정도가 칠레에서 공급되며, 미국, 인도네시아, 페루가 그 뒤를 잇는다.

일반적으로 원소의 어원에 대한 견해는 대부분 불확실하고 잘못 알려져 있기는 하지만 우리말 원소 이름 '구리'와 관련된 여러 흥미로운 이야기가 있다. '구리'라는 이름은 삼국 시대 지명과 방언에서 보이는 누른색 '구이(kui)'에서 왔다는 설과 놋그릇에서 나는 냄새가 구리므로 그 '구릿내'에서 왔다는 설이 있다. 그리고 구리는 구리와 주석의 합금인 '놋그릇'을 일컬으며, 이는 고려(高麗), 구려(句麗), 구리(句黎 또는 九夷)와 같이 우리 민족의 옛 이름에도 반영되었다는 주장도 있다. 동이(東夷)족의 수장이 청동으로 만든 투구를 사용한 것으로 보아 우리 민족이 구리를 만든 구리(九夷)족이라는 근거가 된다는 것이다.

우리나라가 활판 인쇄용으로 구리를 가장 먼저 사용한 것은 분명하다. 활자의 재료로 단단한 나무, 납, 주석 등을 사용해 보았으나 대부분 성공하지 못하였고, 1403년에 세종대왕이 오늘날 보아서도 충격적인 특별 포고령*에서 구리 활자의 사용을 천명하였다. 그의 영에 따라 10만 개의 활자가 주조되었고, 10여 개의 서체가 개발되었으며, 그중 몇 가지 서체는 처음으로 인쇄술을 발명하였다고 알려진 구텐베르크의 그것보다 훨씬 앞섰다.

원자 번호 29번 구리는 원소 상태로 또는 황동석(chalcopyrite, $CuFeS_2$), 휘동석(chalcocite, Cu_2S), 남동석(azurite, $Cu_3(OH)_2(CO_3)_2$), 공작석($Cu_2(OH)_2CO_3$), 적동석(Cu_2O)과 같은 광석에 존재한다. 11족에 속하며, 밀도는 8.96 g/cm^3, 녹는점은 1084.62도, 끓는점은 2562도이며, +1과 +2의 산화 상태를 가진다. 자연 상태에서 ^{63}Cu(69.15%)와 ^{65}Cu(30.85%)로 있으며, 29가지 동위 원소가 존재한다.

기원전 4000년경에는 모닥불이 용광로를 대신하였으므로 충분

* 나라를 잘 다스리려면 법과 책의 지식을 널리 퍼뜨려 이성을 만족시키고, 인간의 악한 본성을 바로 잡아야 하며, 이로써 평화와 질서가 유지될 수 있다. 목판은 쉽게 닳기 때문에 인쇄하기 어려우나, 구리로 글자를 만들어 사용하면 더 많은 책을 인쇄할 수 있고, 헤아릴 수 없을 만큼 큰 이득이 있을 것이다. 백성들이 그런 사업에 필요한 비용을 감당할 수 없으므로 국고로 충당할 것이다.

한 화력을 내지 못하였지만, 당시에도 밑에 불이 있고, 위에 항아리가 있는 도기 가마로부터는 1200도의 고온을 얻을 수 있어 상당한 제련 효과를 볼 수 있었다. 이 때문에 그 당시 구리 대장장이는 초인적인 능력을 지닌 존재로 간주되었다. 기원전 4000년대 말 무렵에는 2단 도기 가마가 발명되었다. 주석과 섞어 만든 청동은 구리보다 주조하기 쉬워 무기와 도구에 널리 사용되었으며, 주석 함유량이 9~10%일 경우 순수한 구리보다 70% 정도 강도가 높았다. 주석은 아시아나 중동에는 희소하고, 그나마 원소 상태로 존재하지 않고 산화물 상태로 존재하기 때문에 주석 광산이 몰려 있는 유럽은 전략적 요충지이기도 하였다.

이후 니켈과의 합금인 백동(cupro-nickel, 20% Ni/80% Cu)과 아연과의 합금인 황동이 만들어져 사용되었다. 황동은 함유량에 따라 다양한 형태로 얻어지는데, 35% Zn과 65% Cu를 섞은 것을 α형, 35~45% Zn과 55~65% Cu를 섞은 것을 $\alpha\beta$형, 45~50% Zn과 50~55% Cu를 섞은 것을 β형, 33~39% Zn과 61~69% Cu를 섞은 것을 γ형, 50% Zn과 50% Cu를 섞은 것을 백색형이라고 한다. 당시 금속의 주 용도는 단검, 거울, 주화의 제조였는데, 특히 구리에 주석 23~28%와 납 5~7%를 섞어서 만든 거울은 중국에서 인기가 높았다. 따라서 기원전 1400년경에 정점에 달한 청동기 시대는 합금의 시대라고도 부를 수 있을 것이다.

구리는 오래전부터 화폐, 무기, 건축 구조물, 생활 도구로 사용되어 왔으며, 오늘날에는 전선에 많이 이용된다. 특히 구리 및 구리 화합물은 표면에 생물들이 들러붙는 것을 방지하는 항균 작용이 있어, 살균제와 배의 밑바닥 처리에 활용되기도 한다. 구리는 지붕 재료로도 사용되었는데, 오래된 푸른색인 녹청($CuCO_3 \cdot Cu(OH)_2$)의 외부는 내부의 구리를 보호하는 역할을 한다.

구리 산화물은 고온 초전도체(superconductor) 분야에서 많은 관심을 받고 있는데, 특히 $Bi_2Sr_2CaCu_2O_{8+x}$와 $YBa_2Cu_3O_7$의 조성을 가진 물질이 많이 알려져 있다. 초전도체는 가열하거나 냉각시켜도 아무런 손실없이 전기를 전도하는 물질을 말한다. 이러한 물질은 초전도 상태가 되면, 그 물질의 내부에 침투해 있던 자기장이 외부로 밀려나면서 저항이 없는 마이스너 효과(Meissner effect)를 나타낸다. 초전도체에 이러한 성질은 자기부상열차, 자기 공명 영상(magnetic resonance imaging, MRI) 장치, 입자 가속기 등에 이용된다.

구리 화합물은 청색 또는 녹색 안료로 사용되었으나, 지금은 독성 때문에 거의 사용되지 않는다. 구리 프탈로시아닌(copper phthalocyanine)은 우수한 착색력과 안정성으로 플라스틱과 고무 섬유의 안료로 사용되었다. ^{64}Cu 동위 원소는 X선 촬영의 조영제로,

마이스너 효과

^{62}Cu 동위 원소는 양전자 단층 촬영(positron emission tomography, PET)의 방사성 추적자로 사용된다. 구리는 효소의 생산과 활성에 관여하고 호흡에도 필수적이다. 구리가 과다하여 초래되는 윌슨병(Wilson's disease)은 구리가 간이나 뇌 등에 축적되어 셀룰로플라스민(celluloplasmin) 혈청 내로 이동시킬 수 없어 생기는 병이며, 구리가 부족하면 적혈구 형성이 잘되지 않아 빈혈이 생긴다.

원자 번호 79

금

금은 부식되지 않고 가공이 쉬운 데다가 밝은 노란색을 띠고 있어 기원전부터 귀하게 취급되었다. '금'의 영어 원소 이름인 'Gold'는 '노란색'을 뜻하는 앵글로-색슨어 'geolo'에서 왔으며, 원소 기호 'Au'는 '빛나는 새벽'을 뜻하는 라틴어 'aurum'에서 온 것이다.

금은 남아프리카공화국, 러시아, 미국, 호주, 캐나다 등에서 생산되는데, 그중 남아프리카공화국의 트랜스발 지방에서 세계 총 생산량의 40%가 한때 산출되었지만, 지금은 중국이 최대 생산국이며, 가장 많이 소비하는 나라는 인도와 중국이다.

원자 번호 79번 금은 자연 상태에서 얻는 원소 중 지각에 4.0×10^{-7}% 존재한다. 11족에 속하며, 밀도는 19.30 g/cm^3, 녹는점은

1064.18도, 끓는점은 2856도이다. +1과 +3의 산화 상태를 가진다. 금은 굉장이 무거운 금속이나, 전성이 커 가로, 세로, 높이가 각각 2.54센티미터의 금을 약 10미터로 쉽게 펼 수 있으며, 1그램의 금에서 약 3000미터의 금실을 뽑을 수 있을 정도로 연성이 좋다.

금은 자연 상태에서 덩어리로 존재하기도 하지만, 대부분 석영맥에서 황철석, 방연석, 텅스텐 광물과 함께 산출되며, 이러한 산금(山金)이 풍화 침식되어 사금(砂金) 상태로 존재한다. 이런 금은 대부분 순금이 아니고 보통 6~10%의 은을 포함한 합금 상태이거나 때로는 텔루륨, 구리, 납, 아연 등 다른 원소와 섞여 존재하기도 한다. 은은 질산과 황산에 녹지만 금은 녹지 않기 때문에 이를 이용하여 순수한 금을 분리한다.

사금의 경우 금의 비중이 매우 높은 점을 이용하여 분리한다. 즉 금을 포함하는 덩어리인 함금사니를 그릇이나 체에 넣고 물속에서 좌우로 흔들면 가벼운 토사는 제거되고 무거운 금은 그릇에 남게 되는 요분법과 10여 개 연결한 홈통 안으로 물을 흘려보내면서 함금사니를 넣어 토사를 제거하는 홈통법이 그것이다. 이어 아말감법과 사이안화법을 이용하여 1차적으로 순수한 금을 분리한다. 아말감법은 금이 수은과 아말감을 잘 만드는 원리를 이용한 것으로, 금 광석을 물속에서 분쇄한 다음 수은으로 아말감을 형성한 구리판 표면 위를 흐르게 하여 금 아말감을 얻고 여기에서 수은을 증류하여 금을 얻는 방법이다. 사이안화법은 금 수용액(귀액)에 사이안화 소듐(NaCN) 수용액을 가한 후 공기를 불어넣으면서 휘저어 섞어 주어 금과 은을 사이아노착염으로 녹여 내고, 아연을 가하여 금을 석출하는

방법이다. 금을 얻을 때 이 방법을 단독으로 사용하는 경우는 ~
고, 두 방법을 병행한다. 이렇게 얻은 금의 순도는 85~98%이다.
어서 습식 공정인 전기 분해 과정을 거치거나, 용융 상태에서 염소
가스를 통과하는 건식 공정을 통해 높은 순도의 금을 얻는다.

이 밖에 회수된 금을 진한 염산과 진한 질산을 3:1로 혼합한 용
액인 왕수(王水, aqua regia)에 녹인 후, 고온에서 아황산 가스로 금을
선택적으로 환원시키는 방법도 있다. 바닷물에 녹아 있는 금(평균 추
정 농도 1 km^2당 10~30 g 또는 0.01~0.03 ppt)을 채취하기도 하며, 입자
가속기를 이용하여 얻은 중성자와의 반응으로 인공적인 금을 얻을
수도 있다. 그러나 이 방법으로 생성되는 금은 그 양도 적을 뿐만 아
니라, 비용을 고려하면 경제성이 전혀 없다. 금광석 1톤에서 금 7.4 g
과 은 214 g을 얻을 수 있으나, 폐 전화기 1대에서도 금 0.034 g, 은
0.2 g, 팔라듐 0.015 g, 구리 10.5 g, 코발트 6 g을 얻을 수 있으므로,
이를 모아두는 곳을 '도시 광산'이라고 부른다.

자연계에 존재하는 금은 ^{197}Au이며, 질량수 169~205의 방사성
동위 원소 36가지가 존재한다. 이 중 핵 붕괴 과정에서 얻어진 반감
기 186.1일의 ^{195}Au가 가장 안정하다. 금은 치과 의료용으로 쓰이며,
전도성이 좋아 전자 제품의 도선과 도선 연결 부품 및 집적 회로에
도 많이 쓰인다. 금은 무르고 비싸 보석 및 장식품의 경우 구리, 은,
백금 등의 합금으로 많이 사용되며, 그 비율은 캐럿(K)으로 표시한
다. 24K를 '순금'이라고 하며, 25% 구리와의 합금은 적갈색을 띠어
'적금', 알루미늄과의 14K 합금은 청동색을 띠어 '청금', 은과 14K 또
는 18K 합금은 황록색을 띠어 '녹금', 17.3% 니켈, 5.5% 아연, 2.2%

구리와 소량의 은을 섞은 18K 합금은 '백색 금'이라고 한다.

금은 적외선, 가시광선, 마이크로파 등의 전자파를 잘 반사하므로 인공 위성과 우주인 보호 코팅, 고급 CD의 반사판에 사용된다. 지름이 100나노미터 이하인 금이 물에 분산되어 콜로이드 상태에 놓여 있을 때, 이를 '금 나노 입자'라고 부르는데, 다양한 크기의 이 입자들은 동시에 여러 가지 색깔을 띤다. 금은 오래전부터 의약품으로 쓰였으며, 19세기에는 우울증, 간질, 두통 치료제로 사용되었다. 특히 금은 황을 포함하는 싸이올기(-SH)와 잘 결합하는데, 단백질 아미노산인 시스테인(cysteine)은 싸이올기가 있어 금과 잘 흡착한다. 이러한 성질을 이용하면 항암제가 부착된 금 나노 입자를 약물 운반체로 사용할 수 있다. 요즈음 금가루를 음식과 음료수에 넣어 먹기도 한다.

고대에는 조개 껍데기, 곡류, 가축 등이 화폐로 유통되었으나, 그 후 금, 은과 같은 귀금속이 그 기능을 대체하면서 화폐로서의 의미가 커졌다. 초기에는 금이나 은의 순도 및 중량을 일일이 재서 유통하여 이를 '칭량 화폐'라고 하였는데, 여러 가지 불편함이 있어 이들을 특정한 값으로 표시하고 일정한 형상으로 주조한 '표준 화폐' 또는 '본위 화폐'를 만들어 유통하였다. 특히 1816년에 금화만을 본위 화폐로 하는 금본위제도가 이탈리아에서 채용되어 다른 나라에 널리 보급되었다. 그 후 국제 간의 거래가 증가하여 금의 수요가 더욱 늘어나 공급이 수요를 만족시키지 못하게 되자, 파운드와 달러가 금의 수요을 보충하게 되었다. 1960년에 들어 국제수지에서 미국의 적자가 계속되자, 국제 수지 흑자국들은 달러로 미국의 금을 매입하기 시작하였다. 이 때문에 미국은 금의 해외 유출이 가파르게 증대되어 한때 금보유고가 100억 달러까지 감소하였고, 이로 인해 1976년 1월에 금과 달러를 교환하는 금본위제도를 폐지하였다. 2016년 기준 미국의 금 보유량은 8000톤 정도 되는 것으로 알려져 있다.

원자 번호 47

은

고대부터 금 다음으로 귀한 취급을 받은 은의 영어 원소 이름 'Silver' 는 앵글로-색슨어 'seolfor'에서, 원소 기호로 나타내는 'Ag'는 '빛나는' 또는 '흰색'을 뜻하는 그리스어 'argos'의 라틴어 'argentum'에서 각각 유래하였다. 금과 같이 사이안화법과 건식법으로 제련하기도 하며, 전해조에 수직으로 장착된 전극에 전기 분해 후 나뭇가지처럼 석출된 은을 긁어내거나 충격으로 떨어뜨려 모으기도 한다. 대부분의 나라에 은 광산이 있지만 까다로운 제련 과정과 비용 문제로 은만을 독립적으로 생산하지 않으며, 페루, 볼리비아, 멕시코, 중국, 호주가 주요 생산국이다.

원자 번호 47번 은은 지각에 1.0×10^{-5}% 존재한다. 11족에 속하며, 밀도는 10.49 g/cm³, 녹는점은 961.78도, 끓는점은 2162도이며, +1의 산화 상태를 가진다. 자연계에 존재하는 은의 동위 원소로

^{107}Ag(51.84%)와 ^{109}Ag(48.16%)가 알려져 있으며, 질량수 94~127의 28 가지 방사성 동위 원소가 확인되었다. 금과 마찬가지로 1그램의 은을 0.0015밀리미터 두께로 쉽게 펼 수 있으며, 1800미터 길이로 뽑을 수 있는 성질을 가지고 있다. 순수한 은은 무르지만 금보다는 단단하고, 주석, 수은 등과 실온에서 합금을 만들면 더 단단해지며, 한편으로 굉장히 무거운 금속이다.

초기에는 은 광석에서 분리하고 회수하였으나, 오래전에 그 광석은 고갈되어 지금은 구리, 니켈, 납, 아연 등의 광석에서 주 금속을 생산하고, 남은 찌꺼기를 화학 처리하여 소량으로 들어 있는 은을 녹여낸 용액을 전기 분해시켜 회수한다. 대부분의 은은 휘은석(Ag_2S), 각은광($AgCl$), 담홍은석(Ag_3AsS_3), 농홍은석(Ag_3SbS_3) 광석에 존재하며, 바닷물에 약 1.0×10^{-6}% 농도의 은이 녹아 있으리라 추정한다.

은은 전통적으로 화폐, 장신구, 고급 식기, 사진 등에 사용되었으며, 금보다 전기 전도도가 높고 열전도도 역시 금속 중 가장 높다. 또한 가시광선은 잘 반사시키지만 자외선은 반사시키지 않으므로, 유리 표면에 은을 입혀 거울을 만드는 데 사용한다. 산화은 전지는 무게당 에너지 밀도가 높고 오랜 시간 사용할 수 있어 보청기에 쓰인다. 은 아말감(Hg/Ag_3Sn)은 1826년부터 충치 치료 후 충진재로 사용되고 있다. 은은 물이나 산소와는 반응하지 않지만, 오존과 반응하면 검은색의 과산화 은(Ag_2O_2)으로, 황이나 황화 수소와 반응하면 검은색의 황화 은(Ag_2S)으로 변한다.

은 이온과 은 화합물은 박테리아, 바이러스, 조류, 곰팡이 등에 독성을 나타내지만 인체에는 해롭지 않다. 이처럼 은은 항균 및 항생

작용이 있어, 고대부터 물을 살균하고 음식물을 보존하는 데 사용되었다. 또 항생제가 개발되기 전에는 질산 은($AgNO_3$) 용액이 화상 치료에 널리 쓰였다. 요즘, 은 나노 입자가 함유된 천으로 만든 옷이나 신발도 생산되고 있는데, 이것은 냄새를 없애고 박테리아나 곰팡이에 의한 감염을 줄이는 데 큰 효과가 있다. 그러나 이 입자의 사용으로 하수 처리에 유익한 역할을 하는 미생물이 죽는 부작용이 발생하기도 하며, 장기간 사용하면 인체에 은이 침착되어 피부가 청회색 또는 회색을 띠는 색소 이상증인 은피증(argyria)이 유발되기도 한다. 하지만 건강에는 큰 문제를 일으키지 않는 것으로 알려져 있다.

원자 번호 82

납

BC 7000~6500년부터 사용된 납은 인류가 자연 상태에서 얻을 수 있는 금속 중 하나이다. BC 7000년경 이집트에서 납이 유약으로 사용된 도기와 BC 6400년경 터키에서 납 구슬이 발견되었으며, 청동기 시대 초기에는 안티모니, 비소와 함께 사용되었다. 로마인들은 납을 목욕탕이나 수도관 등의 배관으로 사용하였고 주석과의 합금은 식기로 쓰였다. 또 고대 그리스인들은 은을 제련할 때 얻은 부산물인 납을 이용한 백연($2PbCO_3 \cdot Pb(OH)_2$)과 연단(Pb_3O_4)을 페인트 안료로 사용하였다.

17세기까지는 납과 주석을 구분하지 않는 경우가 많아 납을 '검은 납(흑연)'으로, 주석을 '밝은 납'으로 부르기도 하였다. 영어 원소 이름 'lead'는 앵글로·색슨어 'laedan'에서, 원소 기호 'Pb'는 라틴어 'plumbum'에서 유래되었다. 산화 납(PbO)은 실온에서 정방정계 구조의 붉은색 α형과 488도 이상에서 사방정계 구조의 노란색 β형의 두 가지 안정한 형태가 있다. 비록 어원은 불확실하지만 납은 구리와 더불어 순수한 우리말 원소 이름이다. 납은 중국, 호주, 미국, 멕시코, 페루 등에서 생산되지만, 납 광석 매장량은 호주, 중국, 러시아, 페루, 멕시코, 미국 순이다.

원자 번호 82번 납은 안정한 원소 중 원자 번호가 가장 크며, 천연 방사성 동위 원소의 붕괴 과정에서 얻어지는 생성물로, 지각에는 무게 비로 약 1.4×10^{-3} % 분포되어 있다. 14족에 속하며, 밀도는 11.34 g/cm^3, 녹는점은 327.46도, 끓는점은 1749도이다. +2와 +4의 산화 상태를 가진다. 홀로 존재하는 경우는 매우 드물며 대부분 구리, 아연, 은 등과 같이 광석으로 존재한다.

자연계에 존재하는 납의 동위 원소로 ^{204}Pb(1.4%), ^{206}Pb(24.1%), ^{207}Pb(22.1%), ^{208}Pb(52.4%)이 있으며, 질량수 178~215인 인공 방사성 동위 원소 38가지가 발견되었는데 대부분 반감기가 매우 길다. 이 중 납-210의 반감기는 22.3년이지만, 주로 우라늄에 포함되어 있으면서 끊임없이 붕괴되고 재생성되므로 큰 문제를 일으키지 않는다. 특히 각각의 ^{238}U, ^{235}U, ^{232}Th의 방사성 붕괴 과정의 최종 생성물인 ^{206}Pb, ^{207}Pb, ^{208}Pb 동위 원소의 양은 다른 원소의 존재량에 따라 달라지므로 U, Th, Pb의 동위 원소 비로 암석의 연대를 알 수 있는데, 이를 우라늄(토륨)-납 연대 측정법이라고 한다.

납은 주로 방연석(galena, PbS)에서 얻는데, 부유 선광법으로 분별된 광석을 산소와 반응시켜 산화 납을 얻고 이를 코크스와 고온의 용광로에서 액체 납으로 환원시킨다. 이 납 덩어리에는 구리, 은, 금, 주석, 비소, 안티모니 등이 들어 있어 녹는점 차이를 이용하여 이들을 제거하며 최종적으로 전기 분해로 순수한 납을 얻는다.

흔히 납땜이라고 알려진 연납땜은 450도 이하의 녹는점을 가지는 보충물(일반적으로 63% 주석과 37% 납으로 이루어진 땜납)을 사용하여 끊어진 두 금속을 이어 주는 과정을 말한다. 납땜은 용접과 다르게 결합 중에 기본 금속이 녹지 않는데, 이는 결합할 부위를 가열하면 땜납이 녹아 모세관 작용에 의하여 결합 주위에 흡수되고 습윤 작용으로 결합되기 때문이다. 금속이 냉각되면 기본 금속만큼은 단단하지 않지만, 충격을 견디는 내성과 전기 전도도가 오랫동안 유지되므로 전자 부품의 인쇄 회로 기판의 조립, 배관의 연결, 판금에도 사용한다.

납은 대부분 납축전지 제조에 사용되는데, 1859년에 발명된 납축전지는 충전이 가능한 2차 전지로, 납, 이산화 납(PbO_2), 33.5% 황산으로 이루어져 있다. 예전에는 납축전지가 밀폐되어 있지 않아, 증발된 물을 보충해 주어야 했지만, 지금은 밀폐형으로 생산된다. 무게 또는 부피당 에너지 저장량은 적지만 출력이 크고 가격도 싸서 자동차 시동과 조명에 널리 사용된다. 납은 고압 전선의 피복제, X선 및 방사선의 차단제, 고속 핵반응로의 냉각제, 적외선 검출기로 쓰인다. 유리에서 사용하는 산화 칼슘(CaO)을 산화 납(PbO)으로 대체한 유리를 '납 유리'라고 하는데, 보통 그 함량이 12~40%이며, 이 중 최소 24%를 포함하는 '크리스털 유리'는 굴절률이 높고 가공 온도가 낮으며 밀도가 높아 장식용 유리로 사용된다. 또 전자파 투과율이 적은 점을 이용하여 전자 제품으로 활용되기도 한다.

납 화합물은 색깔이 다양하여 페인트 안료로 백색의 백연, 붉은 색의 연단, 노란색의 크로뮴산 납($PbCrO_4$), 주황색의 몰리브데넘산 납($PbMoO_4$) 등이 사용된다. 유기 납 화합물을 플럼베인(plumbane)이라고 하는데, 이 중 사메틸 납($Pb(CH_3)_4$)과 사에틸 납($Pb(C_2H_5)_4$)이 널리 알려져 있다. 이 화합물은 열이나 빛에 매우 불안정하여 쉽게 분해된다. 납은 음식물과 공기로 흡수되어 효소의 활동과 단백질 합성을 저해하는 것으로 알려져 있으며, 현재는 납의 환경 오염 문제로 그 사용이 많이 제한되어 있다.

원자 번호 50

주석

기원전 3000년경에 구리 광석 야금 작업 중에 우연히 구리와 비소 또는 구리와 주석의 합금이 더 단단하며 다루기 쉬운 성질이 있다는 것을 발견하였다. 그러나 비소는 치명적인 증기가 발생하므로, 비소보다 덜 위험한 주석이 본격적으로 사용되었을 것으로 여겨진다. 그리고 이와 함께 청동기 시대가 열렸다.

주석의 영어 원소 이름인 'Tin'은 네덜란드어로, 독일어 'zinn', 스웨덴어 'tenn' 등과 뿌리가 같은 것으로 여겨지며, 에트루리아 신화에 나오는 신 'tinia'에 기인한다. 원소 기호 'Sn'은 라틴어 'stannum'에서 왔는데, 원래는 '은과 납의 합금'을 의미하며 '같은 물질(stagnum)'이라는 뜻도 가지고 있다.

주석의 동소체로 회색 주석인 비금속성 α형과 백색 주석인 금속성 β형이 있으며, 실온 이상에서는 β형이 안정하다. 주석 막대나 판을 구부리면 높은 음조의 소리가 나는데, 이 현상은 결정의 부서짐에 의한 것으로 주석 울림(tin cry)이라고 한다. 재미있는 것은 13.2도 이하에서 β형은 느리게 α형으로 변하는데, 기온이 더 내려가면 그 변화가 가속된다는 점이다. 혹독한 겨울 교회에서 새로 들여놓은 오르간의 값비싼 주석 파이프가 첫 번째 건반을 누르자마자 재로 바뀌었다는 이야기가 그렇게 황당한 것만은 아니다. 초기에 주석 광석의 공급원은 영국이었지만 현재는 중국, 인도네시아, 브라질, 볼리비아 순으로 생산된다.

원자 번호 50번 주석은 지각에 약 2×10^{-4}% 분포되어 있으며, 14족에 속한다. 밀도는 회색 주석이 5.769 g/cm³, 백색 주석이 7.265 g/cm³이며, 녹는점은 231.93도, 끓는점은 2062도이다. +2와 +4의 산화 상태를 가진다. 천연 상태로 존재하지 않으며, 대부분 주석석(SnO_2)을 코크스로 환원시켜 얻는다. 자연계에 존재하는 주석의 동위 원소로 ^{112}Sn(0.97%), ^{114}Sn(0.66%), ^{115}Sn(0.34%), ^{116}Sn(14.54%), ^{117}Sn(7.68%), ^{118}Sn(24.22%), ^{119}Sn(8.59%), ^{120}Sn(32.58%), ^{122}Sn(4.63%),

^{124}Sn(5.79%)이 있다. 이들 외에 질량수 99~137의 방사성 동위 원소 29가지가 인공적으로 만들어졌으며, 이 중 반감기가 23만 년인 ^{126}Sn 이 가장 안정하다.

주석 식기와 장식품은 주로 주석 80~90%와 납의 합금으로서 퓨터(pewter)라고 불리는데, 중세 유럽에서는 은의 대용품으로 널리 사용되었다. 납 대신 안티모니, 구리, 비소 등이 쓰이기도 한다. 주석 은 판유리 제조에 이용되며, 자기 공명 영상 장치의 초전도 자석에 주석 합금이 전선으로 사용된다. 평면 티브이나 컴퓨터 모니터에 사 용되는 LCD의 투영 전극은 주석 인듐 산화물(Indium tin oxide, ITO, 90% In$_2$O$_3$/10% SnO$_2$)을 유리 표면에 입혀서 만든다.

유기 주석 화합물은 상대적으로 독성이 있는데, 이는 장점이 되 기도 하고 문제를 일으킬 수도 있다. 주로 살충제, 살균제, 배 안료의 첨가물 등으로 사용되는데. 이는 강이나 호수뿐만 아니라 바다의 환 경을 오염시켜 2003년부터 사용이 금지되었다.

원자 번호 51

안티모니

이집트 벽화를 보면 여성들이 눈 화장을 특히 강조하였다는 것을 알 수 있다. 당시에 여성들은 공작석이나 숯 등을 빻아서 만든 녹색이나 청색 안료로 눈가 위를 길게 그렸으며, 눈꺼풀과 속눈썹에는 휘안석(stibnite, Sb_2S_3)이 주 원료인 콜(kohl)을 진하게 발랐다. 안티모니는 눈물샘을 자극하여 사막에서 생기기 쉬운 눈의 염증을 예방할 뿐만 아니라 햇빛을 흡수하여 눈부심을 줄여주는 효과가 있지만, 중독의 원인이 될 수도 있다. BC 3100년경부터 사용된 안티모니는 비소와 유사한 중독 증상을 보이기는 하지만, 독성은 상대적으로 약하다.

영어 원소 이름 'Antimony'는 이 원소가 대부분 화합물로만 존재하기 때문에 '홀로 있는 것을 싫어한다(anti + monos)'는 뜻의 그리스어에서 비롯되었다. 원소 기호 'Sb'는 라틴어 'stibium'에서 유래되었지만, 이는 아랍어 또는 이집트어 'stm'에서 차용되었으며, 화장으로 인한 '큰 눈'을 뜻하는 그리스어 'stimmi'와도 관련이 있을 것으로 추측된다. 사실 안티모니는 희귀하기는 하지만 원소 상태로도 존재한다. 영어 이름의 어원은 승려(monochon)가 대부분이었던 초기 연금술사들이 한센병 치료제로 안티모니 화합물을 사용하였는데, 이 물질의 과다 사용으로 사망하는 경우가 많아 '승려를 죽이는 물질(anti + monachos)'에서 안티모니가 왔다는 설도 있다.

안티모니는 실온에서 안정한 은백색의 금속형 안티모니, 영하 90도에서 수소화 안티모니(SbH_3)의 산화로 생성되는 노란색 안티모니, 안티모니 증기를 빨리 식혀 얻는 검은색 안티모니, Sb^{3+} 용액을 전기 분해하여 얻는 폭발성 안티모니와 같은 4가지의 동소체가 있으며, 이 밖에 높은 압력에서 존재하는 두 가지 동소체가 있다. 대부분 중국에서 생산되는데, 매장량이 2010년 기준으로 겨우 13년을 지탱할 정도로 매우 적다.

원자 번호 51번 안티모니는 지각에 무게비로 약 2~5 × 10⁻⁵% 분포되어 있다. 15족에 속하며, 밀도는 6.697 g/cm³, 녹는점은 630.63도, 끓는점은 1635도이다. +3과 +5의 산화 상태를 가진다. 자연계에 존재하는 안티모니의 동위 원소로 ^{121}Sb(57.21%)와 ^{123}Sb(42.79%)가 있다. 질량수 103~139의 35가지 인공 방사성 동위 원소가 만들어졌으며, 이 중 반감기가 2.76년인 ^{125}Sb가 가장 안정하다.

가장 흔한 안티모니 광석으로 휘안석이 있지만, 울마나이트($NiSbS$), 리빙스토나이트($HgSb_4S_8$), 테트라헤드라이트(Cu_3SbS_3), 제임소나이트($FePb_4Sb_6S_{14}$) 등의 황화물 광석과 발레티나이트(Sb_2O_3), 세르반타이트(Sb_2O_4), 스티비코나이트($Sb_2O_4 \cdot H_2O$) 등의 산화물 광석도 있다. 안티모니가 적게 들어 있는(5~20%) 광석의 경우, 산화물로 만든 후 반사로에서 코크스와 가열한 다음, 알칼리 금속의 탄산염이나 황산염을 용제로 하여 용융과 정제를 거쳐 안티모니를 분리한다. 중간 정도의 양에 해당하는 안티모니를 포함하는(25~40%) 광석의 경우, 용광로에서 제련한 산화물을 코크스로 환원시켜서 분리하며, 안티모니가 많이 들어 있는(40% 이상) 광석의 경우, 비산화성 조건에서 가열하여 액체로 만든 후, 철과의 환원 반응으로 순수하게 분리한다. 이외에도 반도체 등에 사용되는 고순도의 안티모니는 1차로 전기 분해한 후 띠 정제(zone refining) 방법으로 다시 정련한다.

안티모니는 난연제로 주로 사용되는데, 그 이유는 연소 시 생성되어 연쇄 작용에 큰 역할을 하는 삼산화 안티모니(Sb_2O_3) 화합물이 소화기의 할로젠 성분과 반응하여 할로젠 안티모니 화합물로 바뀌면서 공기 중으로 사라지기 때문으로 여겨진다. 납축전지로 사용하는 안티모니는 납의 기계적 강도를 증가시킬 뿐만 아니라, 충전 시 수소 발생을 줄여주고, 자가 방전 속도도 빠르게 한다. 요즘 음료수병 재질로 널리 사용되는 PET(polyethylene terephthalate) 병 제조에 삼산화 안티모니와 아세트산 안티모니($Sb(OOCCH_3)_3$)가 촉매로 쓰이며, 삼산화 안티모니는 유리 산업에도 사용된다. 흰색의 안티모니 화이트(antimony white, Sb_2O_3), 검은색의 안티모니 블랙(antimony black, Sb_2S_3), 노란색의 안티모니 옐로(antimony yellow, $Pb(SbO_3)_2$/$Sb_3(Sb_3O_4)_2$), 붉은색의 안티모니 레드(antimony red, Sb_2S_5) 안료가 있다. 안티모니의 대표적 수소화물은 스티빈(SbH_3)인데, 열에 의해 쉽게 분해되어 반도체 산업에서 n형 혼입물로 사용된다.

원자 번호 16

황

고대에 황은 훈증 소독, 의약품, 표백제로 사용되었다. 현대에는 황산을 비롯한 화학 약품, 비료, 납축전지를 비롯하여 다양한 산업에서 중요한 원료로 사용되고 있다. 우리말 원소 이름 '황'은 그 원소의 특성적인 노란색에서, 영어 원소 이름 'Sulfur'는 산스크리트어 'sulvere'와 라틴어 'sulphur'에서 유래하였으며, 원소 기호는 'S'이다.

황은 많은 동소체를 가지고 있는데, 이는 황 원자들이 황과 황의 고리화 결합으로 30여 가지의 S_n(n = 2, 3, 6-12, 18, 20…) 형태의 분자를 만들고, 이들 분자가 쌓인 결정 역시 다양하기 때문이다. 즉 고리형의 사방정계 구조의 $\alpha - S_8$은 왕관 모양을 가지지만, 95.3도에서 천천히 단사정계 구조의 $\beta - S_8$으로 변환되며, 150도 이상에서는 단사정계 구조의 $\gamma - S_8$로 바뀐다. 일반적으로 황은 고리형을 일컬으며, 'S_8' 대신 일반적으로 'S'로만 적는다. 1777년에 라부아지에는 이렇게 다양한 황이 화합물이 아니고 원소라는 것을 밝혔다.

원자 번호 16번 황은 원소 상태로 화산 지역에 널리 분포하며, 지각에서는 16번째로 큰 질량을 차지한다. 자연계에 존재하는 황의 동위 원소로 ^{32}S(95.02%), ^{33}S(0.75%), ^{34}S(4.21%), ^{36}S(0.02%)이 있으며, 여러 방사성 동위 원소가 만들어졌으나, 이 중 반감기가 87일인 ^{35}S가 가장 안정하다. 16족에 속하며, 밀도는 α형은 2.07 g/cm^3, β형은 1.96 g/cm^3, γ형은 1.92 g/cm^{3}이며, 녹는점은 115.21도, 끓는점은 444.6도이다. -2, +4, +6의 산화 상태를 가진다.

천연가스에는 황화 수소(H_2S) 형태로 약 15~20% 포함되어 있으며, 원유와 석탄에 각각 3%와 1~2%의 황이 들어 있다. 황 함량이 높은 천연가스와 원유는 '사워(sour)', 함량이 낮은 것은 '스위트(sweet)'라고 한다. 금속 황화물 광석인 황철석(pyrite, FeS_2)은 '바보의 금'이라고 불리기도 하며, 공기 중에서 가열하여 얻는다. 생물체에서 필수적인 아미노산의 일종인 메싸이오닌(methionine)과 시스테인은 황을 포함하고 있어 썩은 달걀, 악취, 마늘 냄새 등을 풍긴다.

황화 수소는 아주 낮은 농도로도 강한 냄새를 풍기므로, 기체에 소량 첨가하여 누출을 감지하는 데 사용한다. 알칼리 금속 리튬 또는 소듐과 황의 반응으로 얻은 Li/S와 Na/S 전지는 기존 납축전지에 비해 무게당 축전 용량이 크기 때문에 대용량 축전지로 사용된다. 이산화 탄소에 대응하는 이황화 탄소(CS_2)는 알루미나를 촉매로 이용한 천연가스와 황의 반응으로 얻어지는데, 이 화합물은 지방, 수지, 고무 등을 잘 녹여 비스코스 레이온, 셀로판 등의 제조에 쓰인다. 그러나 중추 신경계에 영향을 미치기 때문에 사용에 주의해야 한다. 한편, 미국의 맥더미드A. MacDiamid와 히거A. Heeger는 S_4N를 가열하여 얻은 고분자 화합물$(SN)_n$이 실온에서는 철과 비슷한 전기 전도도를 가지나, 매우 낮은 온도에서는 초전도성을 가진다는 것을 보여 2000년에 일본의 시라카와H. Shirakawa와 공동으로 노벨 화학상을 수상하였다.

시스테인 단백질의 싸이올기는 이황화 결합(-S-S-)을 만들어 단백질의 접힘과 3차원적 구조를 만드는 데 중요한 역할을 한다. 이황화 결합은 머리카락 또는 깃털의 강도를 높이고 물에 잘 녹지 않도록 하는 성질이 있다. 이러한 성질을 이용한 '파마'는 먼저 싸이오글리콜산($HSCH_2CO_2H$) 등을 이용하여 머리카락의 케라틴을 환원시켜 이황화 결합을 끊어 주어 원하는 형태로 만든 후(즉 싸이올기로 바꾸고), 브로민산 소듐($NaBrO_3$) 등을 이용하여 다시 산화시켜(즉 이황화 결합을 만들어), 그 형태를 고정시키는 산화-환원 반응을 적용한 것이다. 황은 대부분 황산으로 제조되며, 흔히 한 국가의 황 소비량이 경제 개발 수준의 척도로 활용되기도 한다. 한편, 황은 스모그와 산성비의 원인이 되는 아황산 가스(SO_2)의 원천이기도 하다.

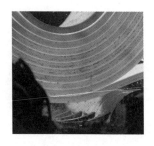

원자 번호 26

철

선사 시대부터 사용된 철은 '철기 시대'란 용어에서 볼 수 있듯이 인류 문명 역사의 중요한 위치를 차지하며, 일상생활에도 큰 영향을 끼치고 있다. 고고학자들은 인간의 시대를 석기, 청동기, 철기 순으로 분류하지만, 사실 최초로 인류가 사용한 금속은 약 30만 년 전의 철이었다고 한다. 이것은 장식용으로 사용된 황토색 진흙 오커(ocher)의 주요 성분이 산화 철이었다는 점에서 확인된다.

영어 원소 이름 'Iron'은 '강함'을 뜻하는 셀틱어 'isarnon'에서 온 것이며, 원소 기호 'Fe'는 '가져가다', '운반하다'의 'ferre'에서 온 것으로 추정되는 라틴어 'ferrum'에서 유래한다. 우리말 원소 이름으로 한자어 철(鐵)을 사용하고 있는데, 그 구성을 보면 쇠(金)에 방위 목적인 위(韋) 자와 창 과(戈) 자가 합쳐진 것으로, 이는 철이 쇠보다 강도가 강하다는 것을 뜻한다. 현재는 '金'의 원래 훈인 쇠보다 '鐵'의 훈으로 표기한다.

철은 4가지 동소체가 있는데, 용융된 철을 식히면 1538도에서 체심 입방 구조의 δ철, 1394도로 식히면 면심 입방 구조의 γ철, 912도에서는 다시 체심 입방 구조의 α철, 최종적으로 770도에서는 영구 자석으로서 외부에서 자기장을 걸어주면 그 자기장 방향으로 자화된 후, 외부의 자기장을 제거하여도 자화가 남아 있는 성질을 가진 강자성(ferromagnetic) 철이 된다.

기원전 5000년에 이집트에서 철을 사용한 유물이 발견되었지만, 본격적으로 철이 사용된 것은 기원전 1500년경 청동기 시대에 철광석이 풍부한 히타이트 연합이 최초로 철 야금 기술을 개발하면서부터이다. 히타이트인들이 수백 년 동안 철 야금 기술을 비밀로 유지하였기 때문에 당시에 철은 무척 귀하고, 금보다 값이 비싼 금속으로 취급되었다. 그러나 기원전 13세기 중반에 히타이트 연합이 시련기를 맞고, 결국 기원전 200년경에 이 비밀이 누설되어 제련 지식이 아시아 지역에 퍼지면서 본격적인 철기 시대가 도래하였고, 철은 더 이상 귀금속으로 간주되지 않게 되었다.

철광석에서 철을 분리하려면 구리에서보다 고온이 필요하며 용광로도 더 커야 한다. 그러나 실제로는 구리보다 제련하기가 덜 복잡하다. 송풍 장치와 흙이나 돌로 만든 노의 경우 그 온도가 1000도를 넘기 쉽지 않아서 다공성의 '스펀지 철(sponge iron)'이 얻어진다. 이 철 덩어리를 달구고 두드림을 반복하여 불순물을 제거하면 연철(wrought iron)이 되는데, 이를 계속 가열하고 물에 담금질하면 최종적인 강철(steel)이 얻어진다. 용광로의 송풍 방법을 개선하여 온도를 1130도로 올려서 얻은 좀 더 많은 탄소와 결합된 주철(cast iron)은 단단하기는 하지만 쉽게 부서진다. 용광로 아래에서 공기를 불어넣으면서 꼭대기에서 철광석, 연료, 석회석을 넣으면, 이들이 아래로 내려가면서 철광석이 환원되고 용융된 철이 아래로 내려와 '선철(pig iron)'이 된다. 이때 연료로 처음에는 목탄이, 이후 석탄이, 최종적으로 코크스가 사용되었다. 이후 1800년대 초에 용광로를 예열시키는 방법이 나와 효율이 크게 증대되었으며, 선철은 연철로 만들거나 강철로 만들어 사용하였다.

1855년에 베세머H. Bessemer가 선철을 강철로 전환시켜 주는 베세머 변환기를 개발함으로써 불순물을 쉽게 제거하고 금속 용융을 유지시켜 주면서 저렴한 비용으로 철강을 대량 생산할 수 있게 되었다. 19세기 말에는 합금강(alloy steel)이, 20세기 초에는 부식성이 해결된 스테인리스강(stainless steel)이 만들어졌다. 철광은 중국, 호주, 브라질, 인도 순으로 매장되어 있다.

원자 번호 26번 철은 별에서 일어나는 핵합성으로부터 얻어지는 가장 안정한 최종 원소로서, 지각에는 무게비로 약 5%가 있으며, 4번째로 많이 분포되어 있다. 8족에 속하며, 밀도는 7.874 g/cm³, 녹는점은 1538도, 끓는점은 2862도이다. -1~+6의 산화 상태를 가진다. 지구 핵은 거의 대부분 용융된 철로 이루어져 있어 지구 전체 무게의 약 35%를 차지한다. 자연계에 존재하는 철의 동위 원소로 ^{54}Fe(5.85%), ^{56}Fe(91.75%), ^{57}Fe(2.12%), ^{58}Fe(0.28%)이 있다. 질량수가 55, 59, 60인 방사성 동위 원소가 합성되었으며, 특히 ^{60}Fe는 반감기가 260만 년으로 태양계 생성 초기에는 존재하였으나 방사성 붕괴로 소멸되었다.

철은 기간 산업의 중추 역할을 하고 있으나 물, 산소, 전해질에 의해 전기화학적 과정으로 쉽게 부식되는 단점이 있다. 따라서 녹스는 것을 방지하기 위해서 페인트칠을 하거나 크로뮴산 염, 인산 염, 규산 염, 설폰산 염, 아질산 염과 같은 방청제와 같이 사용한다. 또 철보다 쉽게 산화하는 마그네슘이나 아연을 철에 붙여주어, 철보다 먼저 산화시켜(소위 희생 전극이 되어) 철을 보호하는 방법을 쓰기도 한다.

철 이온(Fe^{2+}, Fe^{3+})은 전자쌍을 제공하는 리간드와 결합하여 다양한 배위 화합물을 만든다. 특히 사이안화 이온(CN^-)이 배위된 $Fe^{II}[Fe^{III}Fe^{II}(CN)_6]_3$ 화합물은 '프러시안 블루(prussian blue)' 또는 '턴벌 블루(turnbull blue)'라고 하는데, 진한 청색 안료로서 물에 녹지 않으나 콜로이드를 만드는 성질이 있어, 검은색과 푸른색 잉크 및 페인트를 만드는 데 사용된다. 또한 탈륨과 세슘의 해독제로도 유용하다. 노란색의 $K_4[Fe^{II}(CN)_6]$ 화합물과 붉은색의 $K_3[Fe^{III}(CN)_6]$ 화합물은 철 이온의 프러시안 블루를 만드는 성질을 이용하여 각각 Fe^{2+}와 Fe^{3+} 이온을 검출하는 데 사용된다. 강자성 철 나노 입자가 액체에 안전하게 분산되어 자석의 뜨는 성질을 갖는 액체 자석(ferro fluid)은 외부 자기장에 의해 변형과 이동이 가능하여 하드디스크의 액체 봉인, 우주선의 고도 조절, 확성기에서의 열 분산 등에 이용된다. 의학적으로는 MRI 조영제, 암 조직 발견 및 치료로서의 활용도 기대된다.

철은 모든 생물에 필수적인 원소로, 생명 현상에 관여하는 단백질과 효소에도 포함되어 있다. 헤모글로빈, 미오글로빈, 사이토크롬 P-450 등에 들어 있으며 산소 기체 전달과 전자 전달에 관여하는 대표적인 헴(heme) 단백질, 과산화 수소 분해 효소 카탈레이즈(catalase), 불포화 지방산에 산소를 첨가시키는 데 관여하는 효소 리폭시게네이즈(lipoxygenase), 대기 중의 질소를 암모니아로 고정시키는 데 관여하는 질소 고정 효소(nitrgenase)에도 포함되어 있다. 체내에 들어온 철은 단백질 트랜스페린(transferrin)에 결합되어 운반되고 공급된다. 철을 과다 섭취하면 혈액 내에 결합되지 않은 철 이온의 농도가 증

중심 금속 철 주위에 포르피린(porphyrin)이 둘러싸인 헴의 구조

가하며, 이는 과산화물과 반응하여 반응성이 큰 자유 라디칼을 형성
하여 DNA, 단백질, 지질, 기타 세포 성분을 손상시킬 수 있다.

원자 번호 80

수은

기원전 1500년경부터 사용된 수은의 영어 원소 이름 'Mercury'는 '은
빛 나는 금속' 또는 '신들의 심부름꾼'이라는 뜻의 라틴어 'mercurius'
에서 온 것이다. 중세 유럽에서는 금·은·수은·구리·철·주석·납의 7종을
태양계에 속하는 별인 태양·달·수성·금성·화성·목성·토성에 대응시켰

는데, 3번째 수은은 수성과 관계가 있다.

원소 기호 'Hg'는 '물'을 뜻하는 그리스어 'hydra'와 '은'을 뜻하는 'gyros'의 복합어가 약간 변형된 라틴어 'hydra gyrum'에서 왔다. '빠르게 흐르는 은'이란 뜻으로 'quick silver'로도 불리는데, 원소 상태로 존재하는 경우는 희귀하다. 가장 흔한 수은 광석으로서 진한 붉은색 분말 상태로 존재하는 진사(HgS)는 색에 근거하여 '주사(朱砂)' 또는 '단사(丹砂)'라고도 불리며, 다른 수은 광석으로 리빙스토나이트($HgSb_4S_8$)와 코데로아이트($Hg_3S_2Cl_2$)가 있다. 대부분 중국에서 생산되며 키르기스스탄과 칠레에서도 산출된다. 멕시코, 중국, 키르기스스탄 등에 매장되어 있다.

원자 번호 80번 수은은 실온에서 액체인 유일한 금속으로서 그 특이한 특성 때문에 연금술사의 관심을 끌었으며, 특히 중국에서는 진시황이 불사약으로 사용하였다고 알려져 있다. 지각에는 무게비로 $5 \times 10^{-6}\%$ 분포되어 있으며, 12족에 속한다. 밀도는 13.534 g/cm^3, 녹는점은 영하 38.83도, 끓는점은 356.73도이며, +1과 +2의 산화 상태를 가진다. 자연계에 존재하는 수은의 동위 원소로는 ^{196}Hg(0.15%), ^{198}Hg(10.04%), ^{199}Hg(16.94%), ^{200}Hg(23.14%), ^{201}Hg(13.17%), ^{202}Hg(29.74%), ^{204}Hg(6.82%)가 있다. 질량수가 171~210인 33가지 인공 방사성 동위 원소가 만들어졌으며, 반감기가 444년인 ^{194}Hg가 가장 안정하다.

수은은 진사를 부유 선광법으로 분별한 후, 공기 중에서 가열하여 생성된 수은 증기를 응축하거나 진사를 철이나 석회(CaO)와 함께 가열하여 얻는다. 진사의 주된 구성 성분인 황화 수은은 자연계에서 육방정계 구조를 가지는 붉은색의 α-Hg로 발견되지만, 가끔은 섬아연석 (sphalerite, ZnS)의 구조를 갖는 검은색의 β-Hg으로 존재한다.

수은은 온도계, 기압계, 혈압계, 진공 펌프와 같은 과학 장치와 수은등, 형광등, 수은 전지, 치아 충진용 아말감, 전극, 의약품, 살충제, 페인트, 야금, 전자 제품, 촉매 등에 쓰인다. 미나마타(Minamata) 병이 일본에서 발견되면서 수은에 의한 환경 오염과 수은 중독에 대한 우려로 수은의 생산과 사용이 점차 줄고 있다. 그러나 고대에 의약품으로 쓰였고, 지금은 백신 보존제로 쓰이는 싸이오머살(thiomersal) 또는 싸이메로살(thimerosal, $C_9H_9OHgNaO_2S$), 상처 소독제 머큐로크로뮴 (mercurochrome), 이뇨제 염화 제1수은(Hg_2Cl_2), 매독 치료제 염화 제2수은($HgCl_2$)과 벤조산 수은($Hg(C_6H_5CO_2)_2$) 등의 예에서 볼 수 있는 것처럼 수은과 그 화합물은 오늘날에도 3000여 가지의 용도로 널리 사용되고 있다. 염화 제2수은은 PVC 제조에 있어서 중요한 단량체인 염화 비닐을 합성할 때 촉매로도 쓰인다.

수은은 소금물의 전기 분해 시 환원 전극으로 사용되는데, 이때 소듐 이온은 수은 전극에서 환원되어 소듐 아말감으로 되며, 이를 물로 씻어 수산화 소듐을 얻는다. 최근 수은의 독성으로 인해 이 방법은 격막법(diaphragm) 공정으로 대체되고 있다.

수은 증기에 전류를 통과시키면 수은에서 자외선이 나오고, 이것이 전등 내벽에 칠해진 형광체(phosphor)*에 닿으면 가시광선이 발

----

* 빛, X선, 전자, 또는 방사선 등을 쪼였을 때 빛을 내는 물질을 통틀어 말하며, 빛 방출이 수십 나노 초의 짧은 시간에 완료되는 형광체와 1밀리 초 이상 지속되는 인광체로 구분되지만 우리나라에서는 통칭하여 형광체라고 한다.

생하는데, 이 원리를 이용한 가시광선 형광등이 한때 널리 사용되기도 하였다. 수명이 다할 때까지 1.35 V의 일정한 전압을 유지하는 큰 장점을 가진 수은 전지도 잘 알려져 있다.

할로젠화 알킬 수은(RHgX) 또는 이알킬 수은(HgR_2)과 같이 수은-탄소의 결합을 갖는 유기 수은 화합물은 독성이 매우 크며, 특히 염화 메틸 수은(CH_3HgCl)은 물 1리터에 약 5그램이 녹으면서 생물에 축적되는 환경 독성 물질이다. 이 물질은 여러 산업 과정에서 직접 또는 간접으로 만들어지며, 수은을 포함하는 폐기물을 태울 때나, 강이나 호수 등에서 무기 수은 화합물이 혐기성 미생물에 의해 메틸화하여 생성되기도 한다. 어패류를 음식으로 섭취하면 장에서 거의 흡수된 후, 단백질에 있는 아미노산 시스테인의 싸이올기와 결합하여 체내의 다른 부위로 전달되어 중추 신경계에 영향을 주어 여러 중독 증상을 유발한다.

원자 번호 33

비소

비소 화합물에 대한 기록은 고대부터 전해지며, '독약의 왕' 또는 '왕의 독약'이라는 말에서처럼 독살용으로 널리 사용되었다. 낮은 농도의 삼산화 비소(비상, As_2O_3 또는 As_4O_6)는 오래전부터 암 치료제로 사용되었으며, 최근에는 급성 골수성 백혈병 치료제로 허가를 받기도 하였다.

비소의 영어 원소 이름 'Arsenic'은 '노란색'을 뜻하는 시리아어를 차용한 그리스어 'arsenikon'에서 왔으며, 원소 기호는 'As'이다. 비소의 동소체인 회색 비소 α형은 삼방정계 구조를 가지는 안정한 금속이며, 왁스처럼 부드럽고 정사면체 구조를 가지는 노란색 비소는 As_4 사합체로 존재하며 독성이 크고 빛에 의해 회색 비소로 바뀐다. 또 수소화 비소(AsH_3)를 열 분해하면 검은색 비소를 얻을 수 있다. 중국, 칠레, 모로코가 주요 생산국이며, 미국이나 유럽에서는 비소의 독성과 생산 과정에서의 환경 오염 문제로 채굴과 사용이 거의 중단된 상태이다.

원자 번호 33번 비소는 지각에 약 1.8×10^{-4}% 분포되어 있다. 14족에 속하며, 밀도는 상온에서는 5.727 g/cm^3이나 액체 상태에서는 5.22 g/cm^3, 녹는점은 816도, 1기압에서의 승화점은 615도이다. -3, +3, +5의 산화 상태를 가진다. 계관석(As_4S_4), 웅황(As_2S_3), 황비철광(FeSAs) 광석에서 발견되며, 천연 상태에서는 ^{75}As 동위 원소로만 존재한다. 이 외에 질량수 60~92의 다양한 방사성 동위 원소들이 인공적으로 만들어졌으며, 이 중 반감기가 80.3일인 ^{73}As가 가장 안정하다.

원소 상태의 비소는 1250년에 독일의 연금술사이자 성인으로 시성된 마그누스A. Magnus가 웅황을 비누와 함께 가열하여 분리하였고, 이후 독일의 슈레더J. Schroeder가 비소 산화물을 숯과 함께 가열하여 순수한 비소를 얻는 방법을 보고하였다. 즉 공기를 차단시키고 황비철광을 가열하면 증기 비소를 얻는데, 이를 응축시켜 만든다.

비소는 주로 납과의 합금으로 자동차 납축전지에 사용되며, 반도체 산업에서는 규소나 저마늄에 첨가한 n형 혼입물로 쓰인다. 또 GaAs 반도체가 개발되어 발광 다이오드로도 쓰인다. 이 밖에 다이오드 레이저, 트랜지스터, 태양 전지, 집적 회로 등에 사용되어 왔으며 살충제, 제초제, 살균제, 방부제로도 활용되었다. 비소를 중탄산 포타슘($KHCO_3$)에 녹인 파울러 용액(Fowler's solution)은 의약품으로 마른 버짐과 말라리아 치료제로 사용되었다.

에를리히P. Ehrlich가 합성한 비소를 포함하는 획기적인 매독 치료제인 살바르산(salvarsan, $(H_2N)(HO)C_6H_4$-As=As-$C_6H_4(OH)(NH_2)$)은 처음에는 비소 이합체로 밝혀졌지만, 실제로는 비소 삼합체와 오합체가 섞여 있는 것으로 판명났다. 이것은 60번째 그룹의 6번째 합성 물질로서 화합물 606으로도 알려져 있으며, 영어의 구제(salvation)와 비소(arsenic)의 합성어이다. 이 물질은 특정 질병에 효력을 갖는 화합물로서 근대 제약 화학의 효시에 해당된다.

살바르산은 물에 잘 녹고 독성이 약한 네오살바르산(neosalvarsan, $(H_2N)(HO)C_6H_4$-As = As-$C_6H_4(OH)(NHSO_2$-Na^+))으로 대체되었지만, 지금은 페니실린 항생제가 주로 쓰인다. 에를리히는 특정 세균의 침입에 대항하기 위해 인체가 분비하는 물질이 서로 다르다는 면역과 항생제의 원리를 발견한 업적으로 1908년에 노벨 생리의학상을 수상하였다.

비소와 비소 화합물은 메스꺼움, 구토, 설사, 심장 박동 이상 및 혈관 손상, 심한 통증을 일으키며, 비소가 들어 있는 증기를 마시면 폐암에, 그리고 비소로 오염된 물이나 식품을 장기간 복용하면 방광암, 피부암, 간암, 신장암 등에 걸릴 수 있기 때문에 대체가 가능한 경우는 그 사용이 대부분 금지되었다.

118
ELEMENTS
STORY

2장

라부아지에의
『화학 요론』에
수록된 원소

고대에는 플로지스톤설이 널리 받아들여졌다. 즉 가벼운 플로지스톤이 물체로부터 튀어 나가 불꽃이 생기며, 기름이나 황 같이 잘 타는 물질에는 플로지스톤이 많이 포함되어 있고, 금속류에는 적게 포함되어 있으며, 재가 남지 않는 숯은 그 자체가 플로지스톤이라고 생각하였다.

당시에는 기존의 5원소설과 겉보기 불꽃 현상을 플로지스톤설로 잘 설명할 수 있었다. 그런데 연소가 어떤 물질로부터 플로지스톤이 발생하는 것이라면, 가령 금속 재와 플로지스톤의 합으로 나타낼 수 있는 금속에 있어서 연소 후 금속 재의 무게가 늘어나는 이유를 설명할 수 있어야 하는데, 플로스지톤설로는 설명이 불가능하였다. 그렇다면 플로지스톤은 음의 무게를 가진 원소일까? 라부아지에는 수은을 가열하여 얻은 붉은색의 산화 수은을 더 높은 온도에서 다시 가열하여 원래의 수은으로 되돌리는 실험을 통해 플로지스톤설이 틀렸다는 것을 완벽하게 입증하였다. 질량 보존 법칙에 근거하여 연소는 물질이 공기 중의 한 성분과 결합하는 변화이며, 이로 인해 무게가 증가한다는 합리적인 설명으로 기존의 이론을 뒤집는 혁명적인 사고를 한 것이다. 라부아지에야말로 화학을 과학의 한 분야로 탄생시킨 위대한 화학자라고 할 수 있다.

여기에서는 고대부터 발견된 원소 이후, 1789년에 발표된 라부아지에의 저서 『화학 요론』에 거론된 수소, 질소, 산소와 같은 기체부터 마그네슘까지의 18개의 원소를 알아보자.

원자 번호 1
수소

수소는 지구에서는 분자 상태로, 우주에서는 플라스마 상태로 존재
한다. 특히 태양의 경우 수소의 핵융합으로 에너지가 방출되며, 결과
적으로 생성되는 빛에너지가 지구 식물의 광합성을 도와주고, 먹이
사슬을 통해 음식으로 제공되므로, 수소는 우리에게 필수적인 원소
라고 할 수 있다. 다행히도 수소는 우주의 3/4을 차지하는 가장 풍부
한 원소이기도 하다.

수소 기체는 16세기 초반에 연금술사가 산에 금속을 넣어 우연
히 얻었다. 1671년에는 보일이 철 충전제를 묽은 산에 넣어서 수소
를 생성시켰고, 1781년에 영국의 캐번디시가 좀 더 체계적으로 이
기체를 만들었으며, 동시에 공기와의 폭발적인 반응으로 물이 얻어
진다는 것을 알아냈다. 이 때문에 이 기체를 '가연성 공기'라고 불렀
다. 후에 프랑스의 라부아지에는 달구어진 철관과 물의 산화 반응에
서 생성된 이 기체가 물의 생성에 중요한 역할을 한다고 하여 '물'을
뜻하는 그리스어 'hydro'와 '생성함'을 뜻하는 그리스어 'genes'을 합
하여 'Hydrogen'으로 부를 것을 제안하여 지금까지 사용하고 있다.
원소 기호는 'H'이다.

자연계에서 수소는 3개의 동위 원소로 이루어져 있는데, 원자핵에 중성자는 없으며 하나의 양성자만 있는 수소(^{1}H 또는 H, proton)가 99.98%를 차지한다. 하나의 양성자와 1개의 중성자를 가지는 중수소(^{2}H 또는 D, deuteron*)는 대폭발로 생긴 것으로 여겨지며, 0.0156%를 차지한다. '두 번째'를 뜻하는 그리스어 'deuterous'에서 이름 붙여졌다. 하나의 양성자와 2개의 중성자로 이루어진 삼중수소(^{3}H 또는 T, triton**)는 성층권에서 대기와 우주 선의 핵반응으로 얻어지며, '세 번째'를 뜻하는 그리스어 'tritos'에서 온 것이다. 삼중수소는 자연계에 매우 희귀하게 존재하는 방사선 동위 원소로, 반감기 12.32(±0.02)년의 베타 붕괴로 헬륨-3을 내놓는다. 보다 무거운 질량수 4~7의 수소는 핵반응으로 만들어지며, 매우 불안정하여 자연계에서는 발견되지 않는다.

수소의 밀도는 0.08988 g/cm^3, 녹는점은 영하 259.16도(13.99 K), 끓는점은 영하 252.879도(20.271 K)이다. 수소 기체는 일반적으로 아연 금속을 묽은 산에 넣어 만들거나 물의 전기 분해로 얻는다. 공업적으로는 20기압의 고압하에서 700~1000도의 고온 수증기와 메테인(CH_4) 가스의 반응으로 얻어진다. 1898년에 듀워J. Dewar는 액체 수소를 만들고, 다음 해에 고체 수소를 제조하였다. 중수소는 1931년에 유리H. Urey에 의해 발견되었고, 삼중수소는 1934년에 러더퍼드, 올리펀트M. Oliphant, 하텍P. Harteck에 의해 만들어졌다. 순수한 수소-산소 불꽃은 자외선을 방출하며, 산소가 풍부하면 우주 왕복선의 주 엔진에서 보이는 것처럼 거의 색깔이 나타나지 않는다.

....
* deuterium의 핵.
** tritium의 핵.

수소의 가장 큰 용도는 질소와의 반응으로 얻어지는 암모니아 비료의 생산이다. 수소는 일산화 탄소와의 반응으로 메틸 알코올을 얻을 수 있으며, 산-염기 반응에도 중요하다. 또한 식물성 액체 기름을 고체 지방으로 변환시키는 데도 사용된다. 수소 기체는 매우 가벼운데, 1783년에 프랑스의 샤를J. Charles은 이러한 성질을 수소 충전 비행선에 활용하였다.

20세기 초반에 독일의 체펠린F. von Zeppelin과 에크너H. Eckener에 의해 개발된 체펠린 호(Zeppelins)는 본격적인 항공 교통 수단으로 활용되어, 제일 차 세계 대전 전까지 큰 사고 없이 약 3만5천 명의 탑승객을 운송하였다. 또 전쟁 중에는 정찰기나 폭격기로 이용되기도 하였다. 하지만 수소 경비행선으로서의 사용은 대서양 횡단용 힌덴부르크(Hindenburg) 사건으로 막을 내렸다. 1937년 5월에 이 비행선은 비행 도중 뉴욕 상공에서 폭발하였는데, 당시에는 새어 나온 수소에 불이 붙어 화재가 발생하였다고 여겨졌으나, 실제로는 알루미늄의 정전기로 화재가 일어났음이 판명되었다. 현재는 보다 안전한 헬륨으로 대체하여 사용하고 있다. 부피비로 4~74%의 수소와 5~95%의 염소로 이루어진 폭발성이 큰 혼합물 수소 기체는 스파크, 열, 또는 태양 빛에 의하여 점화된다.

수소는 전지로도 사용되었는데, 1977년에 미국 해군이 처음으로 사용한 니켈-수소 전지는 오늘날에도 우주 정거장과 화성 탐사선에 장착되어 쓰이고 있다. 수소는 발전기의 냉각제뿐만 아니라 반도체 산업에도 사용된다. 유기 화합물의 구조를 확인하는 데 화학자들이 가장 많이 사용하는 양성자 핵자기 공명 분광기(proton nuclear magnetic resonance spectroscopy, ^{1}H NMR)는 1/2의 핵스핀 양자수를 가진 수소가 자기장 내에서 두 가지 에너지 상태로 갈라질 때 일어나는 전이의 크기가 수소를 포함하는 화합물 주위의 화학적 환경에 따라 서로 달라 그 에너지 차이를 분석에 활용하는 기구이다. 대상 원자가 탄소인 경우 ^{13}C NMR, 인인 경우 ^{31}P NMR 분광기라고 한다.

수소 분자는 구성되는 두 양성자의 스핀이 평행이고 양자수가 1(1/2+1/2)인 오쏘-수소(ortho-hydrogen), 스핀이 반대 방향이고 양자수가 0(1/2-1/2)인 파라-수소(para-hydrogen)와 같은 이성질체로 존재한다. 표준 온도와 압력에서 수소는 75%의 오쏘와 25%의 파라형으로 이루어지는데, 오쏘-형은 높은 에너지를 가진 들뜬 상태여서 불안정하며, 오쏘와 파라의 평형비는 온도에 따라 달라진다. 낮은 온도에서는 평형 상태가 파라-형으로 쏠리며, 오쏘에서 파라로의 변환은 발열 반응으로 액체 수소를 증발시킬 만큼의 큰 열을 내놓는다.

수소와 산소의 반응에서 얻어지는 큰 에너지를 활용한 수소 자동차 내연 기관은 1806년에 스위스의 리바즈F. I. Rivaz에 의해 만들어졌으며, 최근 환경 문제가 부각되면서 큰 관심을 받고 있다. 하지만 수소는 가벼워서 무게 에너지 밀도가 아주 높은 반면, 액화하기가 매우 어려워 부피당 에너지 밀도는 다른 연료보다 낮다. 따라서 같은 부피에 많은 양의 수소를 저장하기 위해 팔라듐과 같은 금속을 사용한다. 그런데 이 경우에 가격이 싸지 않아, 수소 자동차를 대량으로 보급하기 위해서는 값싸고 저장 용량이 높은 금속이나 합금의 개발이 필요하다.

원자 번호 15
인

사람의 소변에서 원소 상태로 얻어지는 인은 그 이후 동물의 뼈나 이빨을 비롯하여 식물과 광물에서도 발견되었으며, 지금은 대부분 인광석에서 채광된다. 사람의 소변을 며칠간 방치한 후 끓여 농축액을 얻은 다음, 증류시키면 증기가 나오는데, 이를 식힌 물질이 공기 중에 노출되면 빛을 낸다. 1669년에 이 새로운 원소를 독일의 브란트H. Brandt가 '빛'과 '가져오는'의 그리스어 'phos'와 'phorous'를 합하여 'Phosphorous'로 명명했으며(행성 '금성'의 고대 그리스어이기도 하다), 원소 기호는 'P'이다. 지금은 인의 동소체 중 하나인 흰색 인(white phosphorous)으로 밝혀졌으며, 수명이 긴 들뜬 분자에서 나오는 빛 인광(phosphorescence)의 어원과 같지만, 실제로 흰색 인에서 나오는 빛은 산화 과정에서 얻어지는 중간 물질에서 발생되는 화학 발광(chemiluminescence)이다. 1769년에 스웨덴의 간J. G. Gahn과 셸레는 뼈에서 인산 칼슘($Ca_3(PO_4)_2$)을 발견하여 이로부터 순수한 인을 얻었으며, 라부아지에가 1777년에 인을 원소로 인정하였다.

인은 여러 동소체가 있는데, 일반적으로 인 원자 4개가 정사면체 꼭짓점에 위치한 P_4 분자로 존재한다. 800도 부근에서는 기체 또는 액체 상태로 존재하며, 삼중 결합($P \equiv P$)을 가지는 P_2 분자 2개로 분해된다. 이때 높은 온도에서 결정화되어 면심 입방 구조의 α형 흰색 인으로, 낮은 온도에서는 삼사정계 구조의 β형 흰색 인으로 존재한다. 흰색 인은 불안정하며 휘발성도 커서 붉게 보이며, 열이나 빛에 노출되면 흰색은 노란색으로 보이므로, 오래되거나 불순물이 섞인 흰색 인을 노란색 인이라고도 부른다. 흰색 인을 250~300도로 가열하거나 태양 빛을 쪼이면 사슬로 연결된 고분자 형태의 붉은색 인으로 바뀐다. 붉은색 인에 550도 이상의 열을 가하면 P_8과 P_9 원자단이 교대로 연결된 복잡한 단사정계 구조의 보라색 인으로 바뀐다. 그런 면에서 볼 때 붉은색 인은 동소체라기보다 흰색 인과 보라색 인의 중간체로 여겨진다. 붉은색 인에 12000기압의 압력과 200도의 열을 가하면 흑연과 유사한 육방정계 구조의 검은색 인으로 바뀐다. 이외에도 이황화 탄소에 녹인 흰색 인 용액을 태양 빛에 날려 보내서 생성되는 주홍색 인과 반응성이 매우 높은 인 이합체와 같은 동소체가 있다.

원자 번호 15번 인은 지각의 약 0.11%를 차지하며, 주로 인광석의 주성분인 아파타이트(apatite, $Ca_5(PO_4)_3X$ (X = F, Cl, OH))라고 하는 염의 형태로 존재한다. 질량수 24~46의 동위 원소 23가지가 있지만, 자연 상태에서는 가장 안정한 ^{31}P이 유일하게 존재한다. 밀도는 α형 흰색 인은 1.828 g/cm³, β형 흰색 인은 1.88 g/cm³, 붉은색 인은 2.2~2.34 g/cm³, 보라색 인은 2.36 g/cm³, 검은색 인은 2.69 g/cm³이다. 녹는점은 흰색 인은 44.2도, 붉은색 인은 610도이며, 흰색 인의 끓는점은 280.5도이다. -3, +3, +5의 산화 상태를 가진다.

인은 대부분 비료용 인산(H_3PO_4) 제조, 성냥, 농약, 반도체의 불순물 첨가제, 제철 생산의 성분으로 사용된다. ^{31}P NMR 분광기를 이용하여 인을 포함하는 화합물을 분석할 수 있다. 장기간 흰색 인에 노출되기 쉬운 환경의 성냥 공장에서 발견되어 직업병으로 알려진 뼈 괴사는 처음에는 치통으로 시작되나, 점차 턱뼈에 종기가 생기면서 빠르게 고사되며, 치명적인 뇌 손상도 일으킨다. 원래 화학전을 위해 제조되었지만 1994년에 도쿄 지하철 테러에도 사용된 사린(sarin, $[(CH_3)_2CHO]P(O)(CH_3)(F)$) 가스에서 보듯 인은 독성이 매우 강하다. 인은 생명체에 필수적이며, 세포막을 이루는 인지질, ATP, DNA, RNA 등의 구성 원소이기도 하다. 또한 식물들의 생장과 번식에도 반드시 필요하다.

원자 번호 30
아연

현재 루마니아 유적지에서 발견된 선사 시대의 조각상, 기원전 1400~1000년경 팔레스타인에서 발굴된 황동, 기원전 30년경 로마에서 사용한 주화와 무기 등에서 아연을 포함하는 유물에 대한 기록이 전해지고 있다. 13세기에 인도에서 금속 아연을 처음으로 얻었으며, 17세기 후반에 와서야 유럽에서 아연을 분리하기 시작하였다. 특히 1746년에 독일의 마르그라프A. S. Marggraf는 능아연석($ZnCO_3$)과 이

극석($Zn_4Si_2O_7(OH)_2 \cdot H_2O$)의 혼합 광석 칼라민(calamine)과 숯의 혼합물을 밀폐된 용기에서 가열하여 아연을 얻었다. 1758년에 섬아연석을 구워 얻은 산화 아연(ZnO)을 숯과 반응시켜 순수한 아연을 얻는 방법이 개발되었다. 원소 이름 'Zinc'는 금속 아연의 모양이 톱니 또는 포크의 끝과 같아 이를 뜻하는 독일어 'zinke'에서 왔거나, 주석과 비슷하여 주석의 독일어 'zinn'에서 온 것으로 여겨진다. 원소 기호는 'Zn'이다. 우리말 원소 이름 아연(亞鉛)은 납(鉛)과 비슷하다는 것에서 온 것이며, 동소체는 없다. 중국, 호주, 페루가 주요 매장국이자 생산국이다.

원자 번호 30번 아연은 지각에 7.6×10^{-3}% 분포되어 있으며, 섬아연석, 능아연석, 이극석 광석에서 90% 이상 생산된다. 천연 상태에서 ^{64}Zn(49.2%), ^{66}Zn(27.7%), ^{67}Zn(4.0%), ^{68}Zn(18.5%), ^{70}Zn(0.6%)으로 존재하는 12족 원소로, 밀도는 7.14 g/cm^3, 녹는점은 419.5도이며, 끓는점은 907도이다. +2의 산화 상태를 가진다.

원소 상태의 아연은 섬아연석을 산화시켜 얻은 산화 아연을 코크스 또는 일산화 탄소로 환원시키는 고온 건식 야금법이나 산화 아연을 묽은 황산에 녹인 용액을 전기 분해하는 습식 야금법인 전해 채취 방법을 이용하여 얻는다.

황동은 통신 장비, 악기, 장식품, 선박과 기계 부품, 주화에, 그리고 철과의 합금인 함석은 건축 재료와 생활 용구의 제조에 쓰인다. 알루미늄, 구리, 마그네슘의 합금인 자막(zamak)은 베어링, 자동차 부품, 수도꼭지, 배관 이음쇠로 사용된다. 아연은 건전지, 연료 전지, 철 도금의 중요한 용도로, 그 화합물은 복사기, 흰색 및 발광성 페인트 안료, 인광체, 자외선 차단제, 탈취제, 샴푸 첨가제, 보존제, 농약, 곰 팡이 성장 억제제, 의약품 등에 쓰인다. 아연은 생명체에 필수적인 원소로 단백질, 핵산, 효소 등과 같은 생체 분자들의 합성과 분해, 성 장, 골격 형성, 생식, 면역에도 관여한다. 아연은 혈액 내에서 주로 알 부민(albumin)이나 트랜스페린과 결합하여 운반되는데, 이들은 철과 구리와도 결합하여 운반되므로 아연, 철, 구리는 서로 경쟁적인 관계 에 있다. 따라서 아연이 과다할 때는 철과 구리의 결핍을 초래하여 불규칙한 근육 기능, 무기력증, 위장 장애가 초래될 수 있다.

원자 번호 78

백금

약 2000년 전 남아메리카 콜롬비아와 에콰도르 주민들이 사용한 가 공품과 기원전 7세기 이집트에서 출토된 장식함 등에서 백금 유물이 발견되었다. 16세기 중남미를 정복한 스페인은 귀금속을 마구 약탈 하였는데, 금이나 은에만 온통 정신이 팔려 가공하기 매우 어려운 백 금을 관심두지 않았다.

'작은 은'을 뜻하는 스페인어 'platina'에서 영어 원소 이름 'Platinum'이 왔으며, 원소 기호는 'Pt'이다. 백금을 최초로 발견한 사 람은 스페인의 군인이자 천문학자인 데울로아A. de Ulloa인데, 그는 백금의 채광과 사용에 관한 많은 기록을 남겼다. 영국의 브라운리그w. Brownrigg 역시 콜롬비아에서 가져온 백금을 포함하는 시료의 높은 녹는점을 관찰하고, 이 물질의 중요성을 학회에 보고하였다. 1752년에 스웨덴의 세퍼H. T. Scheffer는 비소에 용융된 흰색의 금속이 금보다 단단하며 동시에 내부식성이 있어 백색 금(white gold)이라고 불렀는데, 우리말 원소 이름인 백금도 여기에서 온 것으로 추정된다. 예전의 연금술사도 백금을 나타내는 기호를 은과 금을 합친 것(☽⊙)으로 나타내었다. 전 세계 매장량의 3/4 정도가 남아프리카 공화국의 화성암 층인 메렌스키 리프(Merensky Reef)에 있으며, 그리고 러시아, 캐나다, 짐바브웨에서도 생산된다.

원자 번호 78번 백금은 지각의 1×10^{-7}%를 차지할 정도로 희귀한 금속이다. 드물게 천연 상태로도 존재하지만, 대부분 다른 백금족 원소들과 합금 상태로 있으며, 쿠퍼라이트(cooperate, PtS)와 스페릴라이트(sperrylite, $PtAs_2$) 광석으로 발견된다. 천연 상태에서 ^{190}Pt(0.014%), ^{192}Pt(0.782%), ^{194}Pt(32.96%), ^{195}Pt(33.83%), ^{196}Pt(25.24%), ^{198}Pt(7.16%)으로 존재하는 11족 원소이며, 밀도는 21.45 g/cm^3, 녹는점은 1768.3도, 끓는점은 3825도이다. -3~+6의 산화 상태를 가지나 주로 +2와 +4 상태로 존재한다.

순수한 백금을 얻는 것은 쉽지 않으나 1772년에 독일의 지킹겐 C. von Sickingen은 니켈과 구리 제련의 부산물인 양극 전물(anodic slime)을 태우거나 녹여서 일부 불순물을 제거하고, 산 처리한 후 왕수에 녹인 용액에 염화 철을 가해 금을 침전시켰다. 이어 남아 있는 용액에 염화 암모늄을 가해 생성된 암모늄 육염화 백금(($NH_4)_2[PtCl_6]$)을

700~800도로 가열하여 얻은 백금 스펀지를 뜨거운 상태에서 두들겨 백금 도가니로 만들었다. 하지만 이 시료에는 아직 불순물이 포함된 상태였다. 1786년에 프랑스의 샤바뉴P. F. Chabaneau는 분말 야금법과 강한 가열 방법으로 순수한 백금을 분리하는 데 성공하였다. 백금은 공기 중에서는 쉽게 산화하지 않고 산에도 녹지 않지만, 뜨거운 왕수와 알칼리에는 녹는다.

백금은 자동차 배기가스에서 방출된 일산화 탄소를 이산화 탄소로, 그리고 연소되지 않은 탄화수소를 산화시키는 정화 장치인 3원 촉매 전환기(3-way catalytic converter)에 팔라듐과 함께 사용되었다. 오늘날에는 가솔린 촉매 전환기의 경우 대부분 상대적으로 싼 팔라듐만 사용하고, 디젤 전환기에는 백금이 반 정도 사용된다. 2007년에 독일의 에르틀G. Ertl은 촉매 전환기의 백금 표면에서 일어나는 일산화 탄소의 산화 촉매 반응 메커니즘을 규명한 업적으로 노벨 화학상을 수상하였다. 백금은 암모니아를 질산으로 전환하는 오스트발트 공정(Ostwald process)에서 촉매로 사용되며, 여러 화학 반응에서도 백금 화합물이 중요한 촉매로 사용된다.

평면 사각의 기하학적 구조를 가지는 시스플라틴(cisplatin, cis-$Pt(NH_3)_2Cl_2$)이 고환암과 난소암 치료제로 사용된 후, 시스 이성질체의 카보플라틴(carboplatin)과 옥살리플라틴(oxaliplatin)도 합성되어 항

시스플라틴   카보플라틴   옥살리플라틴

암제로 널리 사용되고 있다. 아울러 장신구, 전극, 인공심장 박동기, 내부식성 합금제, 치과 보철 재료 등에 쓰인다. 단기간 백금염에 노출되면 눈, 코, 목 등이 가려운 정도이지만, 오랫동안 노출되면 호흡과 피부에 알레르기를 일으킬 수 있다.

원자 번호 28

니켈

시리아 유적지에서 출토된 기원전 약 3500년경의 청동기와 기원전 3세기경 중국에서 쓰인 백동 등에서 니켈을 포함하는 유물이 전해지고 있다. 니켈은 코발트가 들어 있는 청색 안료인 코발트 블루(cobalt blue, $CoAl_2O_4$) 생산의 부산물로 얻다가, 19세기 중반 이후에야 니켈 광석에서 얻게 되었다.

영어 원소 이름 'Nickel'은 중세 독일 광부들이 비소화 니켈 (NiAs)이 주성분인 니콜라이트(niccolite) 광석에서 구리를 얻고자 노력하였지만 성공하지 못하고 오히려 유독한 증기 산화 비소(AsO_3)의 흡입으로 고생을 하여, 이를 '악마' 또는 '귀신'을 뜻하는 'Nick Alt'(또는 이와 유사한 nickel) 혹은 '악마의 구리'를 뜻하는 독일어 'kupfernickel'라고 부른 데서 유래한다. 1751년에 스웨덴의 크론스테트A. F. Cronstedt가 불순한 상태였지만 홍비니켈광(kupfernickel)에서 새로운 금속을 분리해 내고 '구리'의 독일어명 'kupfer'를 빼고 'Nickel'로 명명하였으며, 원소 기호는 'Ni'이다. 이후 1804년에 리히터 J. B. Richter도 순수한 니켈을 얻었다. 한편, 'kupfernickel' 또는 'Kupfer-Nickel'은 구리와 니켈의 합금을 나타낸다. 필리핀, 인도네시아, 러시아, 캐나다, 호주가 주요 생산국이며, 호주, 뉴칼레도니아, 브라질, 러시아, 쿠바, 인도네시아에 매장되어 있다.

원자 번호 28번 니켈은 지각에 0.01~0.02% 분포되어 있으며, 순수한 금속 상태로는 존재하지 않고, 펜틀란다이트(pentlandite, $(Ni,Fe)_9S_8$), 가니어라이트(garnierite, $H_4(Ni,Mg)_{36}Si_2O_9$), 함니켈 리모나이트(nickelferous limonite, $(Fe,Ni)(O)(OH) \cdot nH_2O$) 광석으로 발견된다. 천연 상태에서 $^{58}Ni(68.08\%)$, $^{60}Ni(26.22\%)$, $^{61}Ni(1.14\%)$, $^{62}Ni(3.64\%)$, $^{64}Ni(0.93\%)$로 존재하는 10족 원소이다. 밀도는 상온에서 8.908 g/cm³이나 액체상태에서는 7.81 g/cm³, 녹는점은 1455도, 끓는점은 약 2730도이다. 0~+4의 산화 상태를 가지나 +2가 가장 안정하다.

일반적으로 니켈 황화물 광석에 실리카를 첨가하고 구워서 철 황화물을 먼저 산화시킨 후, 황산 니켈과 염화 니켈 수용액을 전해질로 하여 남은 잔류물 매트(matte)를 전기 분해하여 니켈 금속을 얻는다. 고순도의 니켈을 얻는 방법으로는 1899년에 개발된 산화 니켈을 수소 분자와 일산화 탄소로 이루어진 수성 가스로 먼저 환원시키고, 이를 황 촉매 존재하에서 일산화 탄소와 반응시켜 제조된 니켈카르보닐($Ni(CO)_4$) 화합물을 230도에서 열분해하는 몬드(Mond)법을 주로 이용한다. 실온에서 니켈 덩어리는 산소, 물, 그리고 대부분의 산이나 알칼리와 아주 느리게 반응하나, 가루 상태에서는 공기와 반응하여 불이 붙는다.

니켈의 가장 큰 용도는 크로뮴과의 합금 페라이트(ferrite)와 철 및 크로뮴과의 합금 오스테나이트(austenite) 스테인리스 강을 만드는 것이다. 이들은 각종 주방기구, 건물 설비, 자동차 및 전자 부품, 화학 공장 설비 제조에 사용된다. 니크롬 선(nichrome wire, 60% Ni/40% Cr)은 전열기, 니켈 은(nickel silver, 10~30% Ni/55~60% Cu/Zn)은 식기, 모넬(monel, 68% Ni/32% Cu/Mn/Fe)과 인코넬(inconel, Ni/Cr/Fe/Ti)은 용기나 배관, 알니코(alnico, Al/Ni/Co)는 자석, 백동(cupronickel)은 동전이나 장식용, 인바(inbar, 36.5% Ni/63.5% Fe)는 정밀 기계와 광학 기기에 쓰인다. 아울러 니켈은 도금, 안료, 전지, 접착제, 촉매로 이용된다. 한편, 니켈을 포함하는 효소들이 박테리아에서 발견되기도 하였으며, 니켈 화합물은 암 유발 및 피부 알레르기를 일으키는 것으로 밝혀졌다. 특히 니켈카르보닐 화합물은 독성이 매우 큰 것으로 알려져 있다.

원자 번호 83

비스무트

비스무트는 1400년경부터 연금술사들이 사용하였다고 여겨지며, 금속 활자를 사용하여 인쇄술을 발명한 구텐베르크J. Guttenberg도 처음에는 놋쇠, 납, 주석 또는 구리로 활자를 만들었다가, 1450년 무렵에 납과 비스무트의 합금 활자를 사용하였다고 한다. 1500년경에 남미의 잉카제국도 비스무트가 포함된 합금 청동검을 사용하였지만, 비스무트는 납, 주석, 안티모니, 심지어 은과도 가끔 혼동되어 구별하는 것이 쉽지 않았다. 영어 원소 이름 'Bismuth'도 '안티모니의 성질을 갖는 것'을 뜻하는 아랍어 'bi ismid'에서 왔다고 여겨질 정도이다. 독일 광부들이 부르는 '흰 덩어리'의 독일어 'weisse masse' 또는 'wismuth'는 독일의 아그리콜라G. Agricola가 라틴어로 번역한 'bisemutum'에서 온 것으로 알고 있으나 아직까지 불분명하다. 원소 기호는 'Bi'이다. 1753년에 프랑스의 조프로아C. F. Geoffroy는 비스무트가 납 또는 주석과 다르다는 것을 증명하여 진정한 발견자로 간주된다. 일본은 지금은 우리가 쓰지 않는 '푸른 납'을 뜻하는 '창연'을 원소 이름으로 사용하고 있으며 광석명에도 남아 있다. 비스무트는 납과 달리 독성은 없으며, 대부분이 중국에 매장되어 있고, 베트남, 멕시코에서도 일부 생산된다.

원자 번호 51번 안티모니와 비스무트의 차이를 처음으로 구분한 아그리콜라(원래 이름은 바우어G. Bauer였지만 농부를 뜻하는 독일어 이름을 라틴어로 개명)는 원래 직업은 의사이나 광물에 큰 관심을 갖고 있었다. 그는 한때 종교개혁자인 루터M. Luther에 동조하였지만, 비합리적이고 군중을 선동하는 모습에 크게 실망하여 굳건한 가톨릭 신자로 남았다고 한다. 그는 30년에 걸쳐 금속을 연구하며 『De Re Metallica』라는 12권으로 이루어진 책을 썼는데, 채광 방법이 놀라울 정도로 잘 기술되어 있다. 라틴어로 쓰여진 이 책은 거의 200년 동안 광부와 금속학자의 안내서 역할을 하였으며, 1912년에는 영어로도 번역되었다. 그는 이 책에서 주석과 납을 비소와 구별하기 위해서는 색깔, 줄무늬, 무름 같은 특정한 시험 과정이 필요하며, 그 당시 납이라고 혼동한 안티모니를 정확하게 확인하고, 어떻게 주석과 합금을 이루어 사용하는지를 설명하기도 하였다. 'alchemy'에서 따온 'chemistry'라는 용어도 그가 처음으로 사용하였다고 한다.

원자 번호 83번 비스무트는 지각에 4.8×10^{-6}% 분포되어 있으며, 천연 원소 상태로 발견되기도 하지만 대부분 휘창연(bismuthinite, Bi_2S_3), 창연자(bismite, Bi_2O_3), 포창연(bismutite, $(BiO_2)_2CO_3$) 광석으로 발견된다. 자연 상태에서 ^{209}Bi로만 존재하는 것으로 알려져 있으며, ^{210}Bi도 극미량 관찰된다. 질량수 184~218의 인공 방사성 동위 원소 34가지가 알려져 있으며, 이 중 ^{208}Bi는 반감기가 3.68×10^5년으로 가장 안정하다. 15족 원소이며, 밀도는 상온에서 9.78 g/cm³이나 액체 상태에서는 10.05 g/cm³, 녹는점은 271.5도, 끓는점은 1564도이다. +3과 +5의 산화 상태를 가진다. 실온에서 산소와 느리게 반응하며, 표면에 노란색을 띤 산화 비스무트 피막이 생기며, 물과도 반응한다.

일반적으로 용광로 또는 전기로에서의 환원 제련 과정에서 얻어지는 조납(粗鉛)괴에는 비스무트가 10% 정도 포함되어 있다. 비스무트를 분리하는 방법으로, 용융된 조납에 칼슘과 마그네슘을 첨가하여 용융 납 위에 뜨는 [CaMg₂Bi₂] 형태의 비스무트 합금을 회수한 후 염소 기체로 처리하는 크롤-베터론(Kroll-Betterton) 공정이 있다. 또한 조납을 육플루오르규산 납(PbSiF₆)과 육플루오르규산(H₂SiF₆) 혼합물 전해질을 사용하여 전기 분해하는 베트(Betts) 공정이 있다. 하지만 이 공정으로도 불순물이 남아 있으므로, 이를 다시 염소 가스로 처리하여 순수한 비스무트를 얻는다.

이미 배관과 관련된 제품에 납을 대체하여 비스무트를 쓰고 있으며, 특히 식품 가공 설비, 구리 수도관, 전자 및 자동차 산업에서는 비스무트 땜납의 사용이 늘고 있다. 공유 합금(eutectic alloy, In/Cd/Pb/Sb)과 우드 메탈(Wood's metal 또는 Lipowitz alloy, 50% Bi/26.7% Pb/13.3% Sn/10% Cd))은 자동 살수 장치, 항공기 및 자동차 공업에 사용되고 있다. 비스무트는 노란색 안료, 전자 재료, BSCCO(Bi/Sr/Ca/Cu/O)와 같은 고온 초전도체의 제조에도 쓰인다.

펩토비스몰(pepto-bismol)로 잘 알려진 지사제 차살리실산 비스무트(bismuth subsalicylate), 위궤양 치료제로 쓰이는 차시트로산 비스무트(bismuth subcitrate, $K_3Bi[C(OH)(CO_2)(CH_2CO_2)_2]_2$), 차질산 비스무트(bismuth subnitrate, $Bi_5O(OH)_9(NO_3)_4$), 차탄산 비스무트(bismuth subcarbonate, BiO_2CO_3)와 같은 의약품도 비스무트 화합물이다. 또 눈 감염 치료제로 비브로카톨(bibrocathol), 악취 방지제로 차갈산 비스무트(bismuth subgallate), 매독 치료제로 옥시염화 비스무트(bismuth oxychloride, BiOCl)가 쓰인다. 옥시염화 비스무트는 눈 화장, 머리 분무제, 손톱 광택제로도 사용된다.

비스무트와 그 화합물은 다른 중금속과 비교하면 상대적으로 독성이 낮은 것으로 알려져 있다. 생체 내에 축적되지 않고, 혈액 속

차살리실산 비스무트　　　　비브로카톨　　　　　　차갈산 비스무트

에서의 용해도가 낮으며, 소변으로 쉽게 배출된다. 그러나 비스무트 중독은 신장, 간, 방광에 영향을 주며, 납처럼 비스무트에 오래 노출되면 잇몸이 검게 변한다.

원자 번호 7

질소

1772년에 스코틀랜드의 러더퍼드D. Rutherford는 공기 중에 연소를 돕지 않는 원소가 있음을 최초로 확인하고, 플로지스톤 이론에 근거하여 이를 '플로지스톤화 공기' 또는 '유독한 공기'라고 하였다. 블랙J. Black이 발견한 '고정된 기체' 이산화 탄소와 처음으로 구별한 것이다. 한편, 프랑스의 라부아지에는 공기에서 산소를 제거하자 동물이 죽고 불이 꺼지는 것을 발견하고, 이 기체를 '생명이 있을 수 없다'라는 뜻의 그리스어 'azotos'에서 따와 'azote'로 명명하기도 하였다. 화약의 중요 성분인 초석을 이루는 원소로 밝혀진 이 기체를 1790년에 프랑스의 샤프탈J. Chaptal은 초석의 프랑스어 'nitre'와 '생성함'을 뜻하는 그리스어 'genes'에서 온 프랑스어 'gène'를 합하여 'nitrogène'으로 명명하였다. 여기에서 영어 원소 이름 'Nitrogen'이 왔으며, 원소 기호는 'N'이다. 독일에서는 '질식시키는 물질'이라는 의미로

'Stickstoff'라고 명명하였는데, 우리말 원소 이름 '질소(窒素)'는 이로부터 온 것으로 여겨진다.

원자 번호 7번 질소는 우주에서 7번째로 풍부한 원소로, 대기 부피로 78.08%, 무게로는 75.3%를 차지한다. 또한 화합물이 아닌 원소 상태로 존재하는 것 중 가장 양이 많다. 질소는 모든 생명체에 존재하며, 초석(KNO_3), 칠레 초석($NaNO_3$), 염화 암모늄(NH_4Cl) 등의 광물에도 존재한다. 질소에서 암모니아 또는 질산염으로의 변화인 '질소 고정화'는 1827년에 '비료 산업의 아버지'라고 불리는 독일의 리비히J. F. von Liebig가 처음 제안하였다. 질소 고정화는 번개가 치면 공기가 6만 도로 가열되어 질소 분자($N \equiv N$)의 삼중 결합이 깨어져 질소 원자가 되고, 이 질소 원자가 공기 중의 산소와 결합하여 얻어진 질소 산화물이 비나 눈에 녹아 식물이 사용할 수 있게 하는 과정이다. 그리고 남조류(blue-green algae), 아조박테리아(azobacteria), 클로스트리듐(clostridium) 등의 미생물이나 완두콩, 알파파, 클로버 등의 콩과 식물에 기생하는 뿌리혹 박테리아가 양분을 공급받아 같은 토양에서 자라고 있는 다른 식물들에게 필요한 암모늄을 분비하며 이 두 과정으로 질소 고정화가 이루어진다.

질소는 산업적으로 중요한 화합물인 암모니아, 질산, 사이안화물 등에 들어 있으며, ^{14}N(99.634%)과 ^{15}N(0.366%)의 두 동위 원소가 있다. 15족 원소로서, 밀도는 1.251 g/cm^3, 녹는점은 영하 210.0도(63.15 K), 끓는점은 영하 195.79도(77.36 K)이며, −3~+5의 산화 상태를 가진다. 질소는 액화 공기의 분별 증류 또는 제올라이트 분사체를 이용하여 기체 상태의 공기에서 분리한다.

질소는 끓는점이 낮고 반응성도 없어, 시료 물질을 액체 질소에 넣어 두면 조직이 거의 파괴되지 않고 급속 동결시킬 수 있다. 이 때문에 식품, 혈액, 생물 시료의 보존에 널리 쓰인다. 또 고체 질소는 낮은 온도에서 휘발성이 강해 쉽게 승화한다. 한편, 중세의 연금술사는 질소의 중요한 화합물인 질산을 강수(強水, aqua fortis)라고 불렀다. 질소는 1/2의 핵스핀 양자수를 가져 유기 화합물의 구조 확인에 필수적인 ^{15}N NMR 분광기에 사용된다.

질소는 생명에 필수적인 단백질을 이루는 아미노산과 핵산의 중요한 구성 성분으로, ATP와 같은 에너지 전달 물질에 존재한다. 인체 내의 무게비는 3%로, 산소, 탄소, 수소 다음으로 많다. 질소 고정 효소를 갖는 토양 속의 미생물이 공기 중의 질소를 암모늄 이온으로 전환시키면, 콩과 식물이 이를 흡수하여 아미노산과 같은 질소 화합물로 바꾸고, 동물이 이러한 콩과 식물을 섭취함으로써 단백질, 핵산 등을 합성한다. 아울러 식물은 동물의 배설물, 생물체의 분해물, 광물 등에서 생성된 질산염 등을 토양에서 흡수하여 암모늄 이온으로 변화시킬 수 있다. 하지만 토양에 이 물질이 부족하면 질산 암모늄(NH_4NO_3), 황산 암모늄($(NH_4)_2SO_4$), 인산 암모늄($(NH_4)_3PO_4$), 요소($(NH_2)_2CO$)와 같은 비료로 공급해 주어야 한다. 이러한 비료는 폭약의 제조 원료이기도 하여, 여러 나라에서 인공적으로 공기 중의 질소를 고정하는 데 많은 노력을 기울였다. 가장 많이 알려진 방법은 질소와 수소를 약 500도의 200기압과 철 촉매하에서 암모니아를 합성하는 하버-보슈 공정(Haber-Bosch process)이다.

산소

기원전 2세기에 그리스의 필로Philo of Byzantium는 목이 있는 용기의 아래에는 물을, 위에는 공기를 채우고 중간에 타고 있는 양초를 세워둔 실험 장치를 이용하여 연소를 관찰하였다. 그 결과, 수면의 높이가 증가하는 것을 관찰하고, 용기에 있는 공기의 어떤 부분이 불꽃 원소로 바뀌어 유리의 구멍으로 탈출한 것이라고 해석하였다. 수세기 후에 다빈치Leonard da Vinci는 공기의 어떤 부분이 연소나 호흡 시에 소모된다고 주장하였다. 1772년에 스웨덴의 셸레는 산화 수은이나 질산 염을 가열하여 무색·무취의 기체를 얻었으며, 이 기체가 공기보다 연소를 촉진시킨다는 사실을 가장 먼저 발견하고, 플로지스톤 이론에 따라서 '불 공기(fire air)'라고 불렀다. 그런데 어찌 된 영문인지 5년 후인 1777년에서야 논문으로 발표되었다. 1774년에 영국의 프리스틀리는 산화 수은에 빛을 쪼여 얻은 기체를 분리하여 조사한 후, 역시 그 이론에 근거하여 '탈플로지스톤 공기'라고 명명하고, 1775년에 가장 먼저 발표하였다.

비슷한 시기에 프랑스의 라부아지에는 이와 유사한 실험을 수행하여 음식물의 소화 과정과 금속이 녹스는 과정에서도 연소 반응이 일어난다는 사실을 알아내고, 공기는 연소와 호흡에 필수적인 '생명의 공기'와 그렇지 않은 '무생명의 공기'가 혼합된 것임을 밝혔다. 1777년에 그는 이 생명의 공기를 그것이 가지는 독특한 맛인 '신맛'의 그리스어 'oxy'와 '생성함'을 뜻하는 그리스어 'genes'을 합하여, 영어 원소 이름 'Oxygen'으로 명명하였다. 원소 기호는 'O'이다. 이는 산소가 모든 산(酸)의 구성 성분이라고 잘못 알았기 때문이며, 우리말 원소 이름 '산소(酸素)'도 여기에서 온 것이다. 산소를 누가 진정으로 발견하였는지는 말하기 어렵지만, 이들의 업적이 없었다면 산소를 지금의 방식으로 이해하기 어려웠을 것이다.

원자 번호 8번 산소는 대기 무게의 23%를 차지하며, 우주에서 3번째로 풍부하다. ^{16}O(99.76%), ^{17}O(0.038%), ^{18}O(0.200%)로 있으며, 14가지 방사성 동위 원소 중 ^{15}O의 반감기가 122.24초로 가장 길다. 16족에 속하며, 밀도는 1.43 g/cm^3, 녹는점은 영하 219도(54 K), 끓는점은 영하 183도(90 K)이다. -2와 -1의 산화 상태를 가진다. 산소는 질소보다 거의 2배 빠르게 물에 용해되며, 바닷물보다 일반물에서 더욱 잘 녹는다. 온도 의존성이 있어 20도에서보다 0도에서 용해도가 거의 2배 증가한다.

산소는 액화 공기의 분별 증류 또는 공기 중의 질소를 기체 상태에서 흡착하는 제올라이트 분자체를 사용하는 압력 순환 흡착(pressure swing adsorption)으로 얻는다. 실험실에서는 물의 전기 분해 또는 산소산 염의 가열로 얻으며, 촉매를 사용하여 온도를 낮출 수 있다.

산소는 모든 생명체에 존재하며 단백질, 핵산, 효소 등의 구성 원소이다. 광합성에서 물의 분해로 얻어지는 산소는 생명체의 호흡에 꼭 필요하며, 미트콘드리아에서 사용되어 에너지원인 ATP를 만드는 데 사용된다. 또한 제철 산업에서 선철을 강철로 만들고, 화학 공업에서는 에틸렌을 산화 에틸렌으로 전환하는 데 이용된다. 이렇게 얻은 산화 에틸렌을 가수 분해하여 얻은 에틸렌 글리콜($OH-CH_2-CH_2-OH$)은 부동액으로 사용되며, 에스터 화합물로 전환하여 사용된다.

산소는 짝짓지 않은 전자가 존재하므로 자기장 내에서 강하게 끌리는 상자성(paramagnetism)을 가진다. 그러나 동소체인 자극성 냄새가 나는 오존(O_3)은 모든 전자가 짝을 이루기 때문에 자기장 내에서 강하게 반발하여 반자성(diamagnetism)을 띤다. 오존은 성층권에서 자외선에 의해 분해되어 생성된 산소 원자와 산소 분자의 결합으로 얻어진다. 이러한 오존층은 자외선을 강하게 흡수하므로 태양에서 오는 자외선으로부터 지구를 보호하는 역할을 한다. 인공적으로 산소 분자에 자외선을 쪼이거나 전기 방전시켜 오존을 만들 수도 있다. 한편, 심해에서 스쿠버 다이빙 시 인체 내에서의 질소 부분압이 산소 부분압보다 높아져 폐에 산소가 더 채워지면 산소중독이 일어나 건강에 위험을 초래할 수도 있다.

생명체에 가장 필수적인 물은 수소와 산소로 이루어져 있으며, 지구에서 가장 풍부하다. 지구 표면의 3/4이 물로 덮여 있으며, 대양에는 아보가드로수의 2배인 약 1.35×10^{24}밀리리터의 물이 존재한다. 우리가 사용하는 물의 97.3%는 바다에서 공급되며, 그 외 극지방의 얼음과 빙하에서 2.0%, 지하수에서 0.6%, 강과 호수에서 0.01%를 얻는다. 역삼투를 이용하여 바닷물에서 순수한 물을 정제할 수도 있다.

칼슘, 마그네슘, 철과 같은 양이온이 상당한 농도로 포함된 물을 센물(hard water)이라고 하는데 센물의 양이온은 비누의 지방산 염과 결합하여 불용성 침전물인 비누 때(soap scum)가 형성된다. 보일러에서는 센물을 가열할 때 생성되는 탄산 염과 양이온의 반응으로 보일러 관석(boiler scale)이 형성되기도 한다. 센물을 설폰산 소듐($Na^+SO_3^-$) 작용기가 붙은 수지에 통과시키면 큰 전하를 가진 칼슘 또는 마그네슘 양이온이 작은 전하를 가진 소듐 양이온보다 강하게 설폰산 음이온과 결합하여 소듐 이온이 수지에서 떨어져 나가 단물(soft water)이 되는데, 이 과정을 이온 교환(ion exchange)이라고 한다.

원자 번호 17

염소

가장 흔한 염 화합물인 암염(NaCl)은 기원전 3000년부터, 소금물은 기원전 6000년부터 사용되어 왔다. 1630년경에 네덜란드의 헬몬트J. B. van Helmont가 염소를 기체로 인정하였고, 1774년에 셸레가 소금에 황산을 가해 얻은 기체를 물에 녹여 염산을 만든 다음, 여기에 이산화 망가니즈(MnO_2)를 넣고 가열해서 얻은 새로운 기체를 플로지스톤 이론에 근거하여 '플로지스톤이 빠진 무리아틱 산 공기(dephlogiscated muriatic acid air)'라고 하였다. 당시에 기체를 공기로, 염산을 무리아틱 산(muriatic acid)으로, 산을 산소를 포함하는 것으로 여겼기 때문이다. 헬몬트는 이 기체가 들어 있는 염산을 아직 발견되지 않은 새로운 원소가 포함된 산화물이라고 여기고, 무리아티쿰(muriaticum)이라고 명명하였다.

1785년에 프랑스의 베르톨레C. L. Berthollet도 같은 생각으로 무리아티쿰을 물과 반응시켜 염산과 산소를 얻고, 무리아티쿰을 이 두 물질이 느슨하게 결합된 화합물이라고 여겨 옥시무리아틱 산(oxymuriatic acid)이라고 새로이 명명하였다. 이후 여러 사람들이 이 산에서 산소를 떼어 내려고 시도하였지만 모두 실패하였는데, 1810년에 영국의 데이비H. Davy가 같은 실험을 반복한 끝에 무리아티쿰이 순수한 원소라는 사실을 확신하고, '녹황색'을 뜻하는 그리스어 'khlôros'에서 영어 원소 이름 'Chlorine'으로 명명하였다. 원소 기호는 'Cl'이다. 우리말 원소 이름 '염소(鹽素)'는 '염(소금)을 이루는' 원소에서 온 것으로 여겨진다. 결국 염산에는 산소가 들어 있지 않으므로, 모든 산이 산소를 구성 원소로 한다는 생각은 더 이상 쓸모없게 되었다.

원자 번호 17번 염소는 지구 암석 무게의 0.0126%에 해당하는 21번째로 풍부한 원소로, 암염, 칼리암염(KCl), 카널라이트(carnallite, $KCl \cdot MgCl_2 \cdot 6H_2O$) 등의 광석에 존재한다. 바닷물에도 무게비로 약 1.9% 존재하는데, 암염은 미국의 솔트 레이크에는 23%, 이스라엘의 사해에는 8.0% 녹아 있다. ^{35}Cl(75.77%)과 ^{37}Cl(24.23%)의 두 동위 원소가 있으며, 반감기가 30.1만 년인 방사성 동위 원소 ^{36}Cl이 극미량 존재한다. 17족에 속하며, 밀도는 3.2 g/cm^3, 녹는점은 영하 101.5도, 끓는점은 영하 34.0도이고, -1~+7의 산화 상태를 가진다.

염소 기체는 공업적으로 26% 소금물의 전기 분해로 얻는데, 이 때 수산화 소듐(NaOH)도 생기므로 양극과 음극을 분리하기 위해 석면, 고분자 섬유로 된 격막, 또는 양이온을 통과시키는 막 등이 필요하다. 동시에 24% 묽은 소금물, 수소 기체, 염소 기체도 생긴다. 다운 전지(Downs cell)를 이용하여 용융 소금을 전기 분해하거나, 디컨 공정(Deacon process)을 이용한 산소 기체와 염산의 반응으로 얻기도 한다.

염소는 초기에는 표백제, 살균제, 소독제로 사용되었으나, 제일 차 세계 대전 시 독일의 하버F. Haber가 독가스로 사용하여(하버의 화학전에 항의한 그의 부인 임머바르C. Immerwahr가 권총으로 자살한 일화가 있다) 수많은 사람이 생명을 잃었다. 그는 1915년에 프랑스 군을 상대로 당시 베르톨라이트(bertholite)로 알려진 이 기체의 살포를 지휘하여 1만5000여 명의 군인을 질식시켜 죽거나 다치게 하였다. 염소 기체는 공기보다 2.5배나 무겁기 때문에 참호 속에 있는 병사들에게 치명적이었다. 나중에는 독성이 더욱 강한 포스겐(phosgene, $COCl_2$)과 겨자 가스(mustard, $(ClC_2H_4)_2S$)를 사용하였다. 유기 염소 화합물은 냉매, 실리콘 고분자 합성, 마취제, 소화제, 드라이클리닝 용매, 지금은 사용이 금지된 DDT와 같은 살충제, 농약, 프레온 가스 제조에 쓰인다. 염소 기체는 낮은 농도에서도 호흡기의 점막을 손상시키고, 피부에 화상을 입히며, 눈에 염증을 유발한다.

원자 번호 25
망가니즈

2~3만 년 전에 망가니즈석(MnO_2)을 라스코 벽화의 안료로 사용하였다는 기록이 있으며, 또 고대 이집트와 로마인들이 유리에 들어 있는 불순물 제거에 이 광석을 사용하였다고 한다. 1770년에는 독일의 카임 I. G. Kaim이 망가니즈석을 숯과 함께 가열하여 망가니즈 금속을 얻었다는 결과를 논문으로 제출하였다고 하는데 중간에 분실되어 그 진위는 알 수 없다. 1774년에 스웨덴의 셸레는 소금과 황산을 반응시켜 얻은 염화 수소를 이용하여 이 광석을 환원시켜 망가니즈와 염소 기체를 얻었으며, 그의 동료 간은 카임과 같은 방법으로 망가니즈 금속을 얻었다. 하지만 이렇게 얻어진 망가니즈는 순도가 낮았으며, 1930년에 와서야 전기 분해를 이용하여 순수하게 얻었다.

고대 그리스에서는 마그네시아(magnesia)의 검은색 광석 (magnesia negra)을 '마그네스(magnes)'라고 불렀는데, 중세를 거쳐 '망가네숨(Manganesum)'으로 바뀌었고, 이로부터 순수하게 분리된 금속을 영어 원소 이름 'Manganese'라고 명명하였으며, 독일에서는 'Mangan'이라고 부른다. 원소 기호는 'Mn'이다. 4가지 동소체가 있는데, 입방정계 구조의 α형은 700도에서 같은 결정 구조를 갖는 β형으로, 이 형은 1079도에서 면심 입방 구조의 γ형으로, 마지막으로

1143도에서 체심 입방 구조를 가지는 δ형으로 바뀐다. 중국, 남아프리카공화국, 호주, 브라질이 주요 생산국이며, 남아프리카공화국, 호주, 중국, 브라질, 가봉 등에 매장되어 있다.

원자 번호 25번 망가니즈는 지각에 0.1%, 바닷물에 1.0×10^{-4}% 있다. ^{55}Mn으로만 존재하는 7족 원소로 밀도는 α형은 7.44 g/cm³, β형은 7.26 g/cm³, γ형은 7.21 g/cm³, δ형은 7.21 g/cm³이다. 녹는점은 1246도, 끓는점은 약 2061도이며, 0~+7의 산화 상태를 가지나 +2가 가장 안정하다.

인공적으로 질량수 52~54의 망가니즈 동위 원소가 만들어지며, 이 중 ^{53}Mn의 반감기가 370만 년으로 가장 길다. 순수한 금속 상태로는 존재하지 않으며 연망가니즈석(pyrolusite, MnO_2), 갈망가니즈석(braunite, $(Mn^{2+}Mn^{3+})_6SiO_{12}$), 경망가니즈석(psilomelane, $(Ba,H_2O)_2Mn_5O_{10}$) 광석으로 발견된다. 태평양 해저에 약 5000억 톤의 망가니즈 단괴(manganese nodule)가 있으며, 매년 약 100만 톤이 새롭게 퇴적되는 것으로 추정되고 있다. 이는 암석의 풍화 작용으로 망가니즈, 철, 기타 다른 금속의 산화물이 잘게 부서져 물에 씻겨 바다로 이동하면서 단단하게 덩어리로 굳어져 생긴 것인데, 그 주요 성분이 망가니즈이다. 상업적으로 가치 있는 광석의 망가니즈 함량은 35%인데, 단괴의 망가니즈 함량은 15~30%로 낮으며, 해저 채굴에는 여러 기술적, 법적, 정치적으로 고려할 사항이 많아 개발이 진행되지 않고 있다. 실온에서 망가니즈 덩어리는 아주 느리게 반응하나, 가루 상태에서는 공기와 반응하여 불이 붙는다.

망가니즈는 주로 페로망가니즈(ferromanganese, 65~70%

Mn/15~20% Fe)나 실리코망가니즈(silicomanganese, 65~70% Mn/15~20% Si) 형태로 생산하여 철에 첨가한다. 철과의 합금으로 강도가 증가하는데, 1~2%의 망가니즈를 포함하는 저망가니즈강은 구조체를 만드는 데, 10~14% 망가니즈를 포함하는 고망가니즈강은 담금질을 하여 토목 기계, 철도 레일, 장갑판, 헬멧 등을 제조하는 데 사용한다. 알루미늄과의 합금은 음료수 캔으로 쓰이며, 구리 및 니켈과의 합금은 전기 저항이 변하지 않아 표준 저항용으로 사용된다. 아울러 이산화 망가니즈는 산화제 및 촉매와 건전지의 양극 물질로 쓰인다. 또한 망가니즈는 모든 생명체에 필수적인 미량 영양소이며, 효소의 보조 인자, 광합성에서 물의 광산화에 관여한다. 망가니즈는 니켈에 비해 독성은 적지만 신경계 손상을 입힐 수 있다. 파킨슨 병(Parkinson's disease)도 망가니즈 중독과 관련이 있다.

원자 번호 56

바륨

이탈리아의 볼로냐에서 처음 발견되어 '볼로냐의 돌'로 알려진 바륨 광물 중정석(barite, BaSO₄)은 빛에 노출되면 어두운 곳에서도 인광을 냈기 때문에, 16세기 초에 연금술사들은 이 광석이 마력을 가지고 있는 것으로 여겼다. 1774년에 스웨덴의 셸레, 1776년에 간은 중정석에서 산화 바륨을 분리해 냈으며, 영국의 데이비는 볼타 전지를 이용하여 용융된 바륨 염의 전기 분해로 순수한 원소 상태의 바륨을 얻었다. 셸레는 중정석을 '무거움'을 뜻하는 그리스어 'barys'에서 따와 'barite' 또는 'barytes'로 지었는데, 이후 산화 바륨을 프랑스의 기통 드 모르보L. B. Gyuron de Morveau는 'barote'로, 라부아지에는 'baryta'로 명명하였다. 이에 데이비는 이 원소 이름으로 'baryta'와 금속을 나타내는 접미어를 합해 'Barium'으로 정하고, 원소 기호로 'Ba'을 택하였다. 중국, 인도, 모로코, 미국이 주요 생산국이다.

원자 번호 56번 바륨은 지각에 0.0425% 존재하며, 바닷물에 13 μg/L 정도 녹아 있다. 천연 상태에서 ^{130}Ba(0.106%), ^{132}Ba(0.101%), ^{134}Ba(2.417%), ^{135}Ba(6.592%), ^{136}Ba(7.854%), ^{137}Ba(11.23%), ^{138}Ba(71.7%)으로 존재하는 면심 입방 구조를 가지는 2족 원소이다. 밀도는 3.59 g/cm^3, 녹는점은 727도, 끓는점은 1845도이며, 항상 +2의 산화 상태를 가진다. 밀도와 녹는점은 같은 족의 스트론튬과 라듐의 중간이지만, 끓는점은 스트론튬보다 훨씬 높다. 인공적으로 질량수 114~153의 다양한 바륨이 만들어지며, 이 중 ^{133}Ba의 반감기가 10.51년으로 가장 길다. 순수한 금속 상태로는 존재하지 않으며 중정석과 위더라이트(witherite, BaCO$_3$) 광석으로 발견된다.

순수한 바륨은 먼저 용융된 염화 바륨(BaCl$_2$)을 전기 분해하여 바륨 아말감을 얻고, 이를 수소 기체하에서 증류하여 생성된 수소화 바륨(BaH$_2$)을 진공 열분해하여 얻는다. 또는 산화 바륨(BaO)을 고온에서 알루미늄 또는 규소에 의해 환원시킨 후, 여기서 생성된 바륨 증기를 아르곤 기류하에서 냉각 및 밀폐시켜 얻기도 한다. 바륨은 상온에서 쉽게 산화하며, 물이나 알코올과 반응하면 수소 기체가 발생하며 불이 붙는다.

황산 바륨은 밀도가 높기 때문에 석유나 천연가스를 시추할 때 시추공에 압력을 가해 바닥에 있는 것들이 분출되는 것을 막아 줌으로써 이 공을 보호하는 시추 이수(drilling fluid)로 쓰인다. 'blanc fixe'로 불리기도 하는 이 화합물은 흰색 페인트 안료, 플라스틱, 고무, 잉크의 충전제, 종이 코팅, 촉매 지지제 등으로 다양하게 쓰인다. 탄산 바륨($BaCO_3$)은 유리 제조와 도자기 유약으로, 염화 바륨은 소금물 정제 및 불꽃놀이에, 플루오린화 바륨(BaF_2)은 전자파를 잘 통과시키므로 적외선 광학에, 산화 바륨은 형광등과 캐소드 관 전극을 코팅하는 데 사용된다. 타이타늄산 바륨($BaTiO_3$)은 강유전성 세라믹 물질, 축전기, 비선형 광학 소자, 기계적-전기적 변화를 상호교환하는 소자인 압전소자로 널리 이용된다. 알루미늄과의 합금은 진공관에 남아 있는 미량의 기체를 제거하는 케터로 쓰이며, 니켈과의 합금은 점화 플러그 및 제철 산업에서 탄소 알갱이의 크기를 줄이는 접종제로 쓰인다. 또 바륨이 첨가된 유리는 굴절률이 크고 X선을 잘 흡수한다. 한편, 바륨은 초전도체 산화물의 구성 성분이기도 하다.

2족 원소들은 거의 독성을 가지지 않으나, 바륨 이온은 불규칙한 심장 박동, 경련, 무기력증, 호흡 장애, 마비, 고혈압 등의 증상을 일으킬 수 있으며, 이는 포타슘 이온 통로를 방해하여 신경계에 이상을 초래하기 때문으로 알려져 있다. 황산 바륨 분산액은 위장이나 대장 검사의 조영제로 쓰이기도 한다. 바륨 중독은 구토, 복통, 설사 등의 위장 장애를 일으키며, 눈, 면역계, 피부에도 작용하여 기능 이

상을 초래한다. 또 폐에 축적되면 바륨폐진증(baritosis)에 걸릴 수
도 있다.

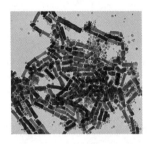

원자 번호 27

코발트

기원전 2000년대의 고대 이집트 도자기와 이란의 유리 구슬에 코발트
가 박혀 있는 것을 발견하였으며, 중국의 당과 명 왕조의 도자기에 사
용된 푸른색 안료로 코발트 광석이 사용되었다. 독일 작센 지방은 은 생
산으로 유명한데, 16세기 말에 이르러서는 그 생산이 감소하여 유사
한 광석을 채굴하고 제련하였다고 한다. 그런데 정작 은은 얻지 못하
였고 제련로만 손상시킨 데다가 매우 유독한 증기까지 발생하였다. 광부
들은 쓸모없고 심지어 해로운 이 광석을 귀한 은을 숨기고 도깨비가 남
겨 놓은 것이라 여겨 '도깨비 광석'이라고 불렀다. 이 때문에 '도깨비'
또는 '악귀'를 뜻하는 독일어 'Kobald'와 연관을 가지게 되었다.

1735년경에 스웨덴의 브란트G. Brandt는 이 광석에서 진한 푸른색의 새
로운 금속을 분리하였으며, 1780년에 버그만T. O. Bergman도 이를 분리하
고, 이 원소의 이름을 독일 광부들이 부른 도깨비에서 따와 'Cobalt'
로 명명하였다. 원소 기호는 'Co'이다. 2가지의 동소체가 있는데, 육방
조밀 채움 구조의 α형은 450도에서 면심 입방 구조의 β형으로 바뀐

다. 콩고민주공화국, 러시아, 중국, 호주, 쿠바가 주요 생산국이며, 특히 콩고의 무콘도(Mukondo)에 엄청나게 매장되어 있는 것으로 알려져 있다.

원자 번호 27번 코발트는 지각에 $2.9 \times 10^{-3}\%$ 분포되어 있으며, 순수한 금속 상태로는 존재하지 않는다. 천연 상태에서 ^{59}Co로 존재하는 9족 원소이며, 밀도는 α형은 8.90 g/cm^3이고 β형은 7.26 g/cm^3이다. 녹는점은 1495도, 끓는점은 2927도이고, −3~+4의 산화 상태를 가지며 이 중에서 +2와 +3이 가장 흔하다. 22가지의 방사성 동위 원소가 합성되었으며, 이 중 ^{60}Co의 반감기는 5.2714년으로 가장 안정하다. 비코발트광(smaltite, $CoAs_2$), 휘코발트광(cobaltite, CoAsS), 린내아이트(linnaeite, Co_3S_4), 글로코도트(glaucodot, (Co, Fe)AsS), 방코발트광(skutterudite, $CoAs_3$) 광석에서 발견된다.

코발트는 주로 구리와 니켈 생산의 부산물로 얻어지는데, 구리를 전기 분해한 후, 남은 용액에 석회를 첨가하여 침전시키고, 남은 용액을 높은 전압에서 전기 분해하여 얻는다. 전기 분해 방법을 사용하지 않을 경우, 최종 생성물인 사산화 코발트(Co_3O_4)를 용광로에서 알루미늄이나 탄소를 이용하여 환원시키는 방법을 이용한다. 상온에서 산소나 물과는 반응하지 않으며, 가열하면 할로젠과 반응한다.

코발트는 합금을 만드는 데 사용되는데, 철, 니켈, 크로뮴, 텅스텐, 타이타늄의 합금인 초합금은 발전용 가스 터빈, 제트 항공기 엔진으로, 텅스텐과 탄소의 내마모성 합금은 베어링이나 각종 공구로, 알루미늄, 니켈, 구리, 철과의 합금은 영구 자석으로 쓰인다. 산화 코발트(CoO)와 알루미나(Al_2O_3)를 섞은 혼합물을 1200도에서 가열하여 얻은 푸른색 코발트($CoAl_2O_4$)를 비롯하여 노란색 코발트(aureolin,

$K_3Co(NO_2)_6$, 보라색 코발트(NH_4CoPO_4), 검은색 코발트(Co_2O_3), 초록색 코발트(CoO/ZnO) 등은 도자기와 페인트의 색을 내는 데 사용된다. 리튬과의 산화물인 리튬 코발트 산화물($LiCoO_2$)은 컴퓨터의 2차 전지로 쓰이고 있다.

몰리브데넘과의 합금은 촉매로서, 수소화 탈황 공정, 탄소와 수소 기체를 반응시켜 탄화수소 연료를 만드는 피셔-트로프슈(Fischer-Tropsch) 공정, 자일렌($C_6H_4(CH_3)_2$)을 산화시켜 테레프탈산($C_6H_4(CO_2H)_2$)을 만드는 공정, 알켄을 알데하이드로 만드는 하이드로포르밀화 공정(hydroformylation process) 등에 사용되어 다양한 화합물 생산에 중요한 역할을 한다. 코발트는 단백질의 구성 성분으로, 필수 영양소이지만 과량 섭취하면 피부염을 일으키기도 한다. 코발트는 코발라민(cobalamin)이라고 하는 B_{12} 조효소의 활성화 자리의 중심 원소이며, 악성 빈혈 치료제로 비타민 B_{12}가 쓰인다.

코발라민

원자 번호 42
몰리브데넘

촉감과 성질이 흑연과 유사하여 휘수연석이라고도 불리는 몰리브데나이트(molybdenite, MoS_2) 광석은 잘 미끄러지는 연한 검은색의 판상 물질로서 글을 쓰거나 그림을 그리는 데 사용되었다. 고대인들은 이 광석을 '검은 납(黑鉛)'이라고 불렀으며, 이는 '납'을 뜻하는 그리스어 'molybdos'에서 온 것으로, 탄소의 동소체 '흑연'과 쉽게 혼동된다. 1778년에 스웨덴의 셸레는 몰리브데나이트에서 삼산화 몰리브데넘(MoO_3)을 얻어, 흑연과는 전혀 다르며 납도 포함하지 않음을 보였다. 1781년에 헬름P. J. Hjelm은 그 산화물을 탄소와 함께 가열하여 불순한 상태이긴 하지만 몰리브데넘 금속으로 분리하였는데, 비록 납과는 전혀 상관 없는 물질이지만, 여기에서 파생된 그리스어 'molybdena'와 금속을 나타내는 접미어를 합하여 'Molybdenum'이라고 명명하였다. 원소 기호는 'Mo'이다. 우리말 원소 이름으로 한때 '액체 납(水鉛)'도 쓰였으며, 독일어 원소 이름 '몰리브덴(molybdän)'을 오랫동안 사용하였다. 중국, 미국, 칠레, 멕시코가 주요 생산국이며, 주로 중국, 미국, 칠레에 매장되어 있다.

원자 번호 42번 몰리브데넘은 지각에 4.8×10^{-6}% 있으며, 천연 상태에서 면심 입방 구조를 가진다. ^{92}Mo(14.65%), ^{94}Mo(9.19%),

^{95}Mo(15.87%), ^{96}Mo(16.67%), ^{97}Mo(9.58%), ^{98}Mo(24.29%), ^{100}Mo(9.74%)로 존재하는 6족 원소로, 밀도는 상온에서 10.28 g/cm^{3}이며 액체 상태에서 9.33 g/cm^3, 녹는점은 2623도, 끓는점은 4639도이다. -2~+6의 산화 상태를 가지며, +4와 +6의 상태가 가장 흔하다. 천연에서 존재하는 것을 포함하여 질량수 83~117의 동위 원소 34가지가 알려져 있으며, 이 중 ^{100}Mo의 반감기가 7.8×10^{18}년으로 가장 길다.

순수한 금속 상태로는 존재하지 않으며, 몰리브데나이트, 울페나이트(wulfenite, PbMoO$_4$), 파우엘라이트(powellite, CaMoO$_4$) 광석으로 발견된다. 몰리브데나이트 광석을 700도에서 가열하여 얻은 삼산화 몰리브데넘은 더욱 높은 온도에서 수소 기체와의 환원 반응에 의해 몰리브데넘으로 순수하게 분리된다. 노란색의 이염화 몰리브데넘(MoCl$_2$), 어두운 붉은색의 삼염화 몰리브데넘(MoCl$_3$), 검은색의 사염화 몰리브데넘(MoCl$_4$), 어두운 초록색의 오염화 몰리브데넘(MoCl$_5$), 갈색의 육염화 몰리브데넘(MoCl$_6$)에서 보는 것처럼 몰리브데넘 염화물은 산화 상태에 따라 다양한 색깔을 띤다. 상온에서는 물이나 산소와 반응하지 않으나 높은 온도에서는 산화하며, 대부분의 산이나 염기에는 녹지 않으나 뜨거운 질산과 황산에는 녹는다.

몰리브데넘은 높은 온도에서도 크게 팽창하거나 물러지지 않기 때문에 내열성이 필요한 항공기, 우주선 및 미사일 부품, 곡사포, 산업용 모터, 전차의 장갑판, 고속공구 강, 베어링 등에 쓰인다. 석유공업화학에서 알루미나에 지지된 Mo-Ni 또는 Mo-Co 황화물은 수소화 탈황의 촉매로 사용된다. 찌그러진 팔면체 구조를 가지는 삼산화 몰리브데넘을 알칼리에 녹인 염은 색깔이 변하지 않는 내부식성 안료로 쓰인다. 층상 구조의 황화 몰리브데넘(MoS_2)은 고온 및 고압의 내마모성 고체 윤활제와 항공기 엔진 또는 자동차 축 이음의 윤활제 첨가물로 사용된다. 반자성을 가진 황화 몰리브데넘은 반도체 성질도 보이며, 그 단층 막은 그래핀과 유사하여 전자 공학 및 광전지에 유용하다. 규소화 몰리브데넘($MoSi_2$)은 도체이며, 고온에서 이산화 규소의 피막을 만들고 더 이상 산화되지 않기 때문에 높은 온도가 요구되는 전기로 및 열처리로에 사용된다. 몰리브데넘은 모든 생명체에 필수적인 미량 원소로, 탄수화물과 아미노산을 포함하는 유기 분자와 화합물을 이루며, 효소의 보조 인자, 질소 고정화, 산화-환원 반응에 관여한다. 체내에 몰리브데넘이 과다하면, 인체의 구리 섭취를 방해하여 설사, 빈혈 등을 일으키나, 반면에 부족하면 식도암 위험이 증가한다는 보고가 있다.

원자 번호 52
텔루륨

1782년에 헝가리의 밀러F. J. Müller von Reichenstein는 동료가 채굴한 금 광산에서 얻은 불순한 시료를 분석하였는데, 처음에는 황화 비스무트(Bi_2S_3)로 여겼다가, 나중에는 금과 안티모니와 비슷한 새로운 원소가 섞여 있다고 결론 내렸다. 그러나 이후 여러 번의 실험에서도 안티모니와 유사한 성질의 원소를 발견할 수 없자, 이 새로운 원소를 '기이한 금' 또는 '문제가 있는 금속'이라고 불렀다. 그는 이 시료를 독일의 클라프로트M. H. Klaproth에게 보냈는데, 1798년에 클라프로트는 오히려 칼라베라이트(calaverite, $AuTe_2$) 광석에서 이 문제가 있는 원소를 분리해 내고, 그 이름을 '지구'를 뜻하는 라틴어 'tellus'와 금속의 접미어를 합하여 'Tellurium'으로 명명하였다. 원소 기호는 'Te'이다. 같은 해 헝가리의 키타이벨P. Kitaibel도 몰리브데나이트 광석에서 이 원소를 독립적으로 분리하였지만, 그들 모두 최초 발견자의 공로를 뮐러에게 돌렸다. 금속성 광택의 은회색 나선형 구조의 결정성 텔루륨과 흑갈색 분말 형태의 텔루륨의 2가지 동소체로 존재한다. 미국, 일본, 페루, 캐나다가 주요 생산국이다.

원자 번호 52번 텔루륨은 어원과는 달리 지각에 $2 \times 10^{-7}\%$로 존재하므로 흔하지 않으며, 순수한 상태로 발견되기도 하지만, 주로 다른 금속과 혼합된 상태로 발견된다. 천연 상태에서 ^{120}Te(0.09%), ^{122}Te(2.55%), ^{123}Te(0.89%), ^{124}Te(4.74%), ^{125}Te(7.07%), ^{126}Te(18.84%), ^{128}Te(31.74%), ^{130}Te(34.08%)로 존재하는 16족 원소이다. 이 중 질량수 105~142의 인공 방사성 동위 원소 30가지가 알려져 있으며, ^{128}Te의 반감기가 2.2×10^{24}년으로 가장 길다. 밀도는 상온에서는 6.24 g/cm^{3}이나 액체 상태에서는 5.70 g/cm^3, 녹는점은 449.51도, 끓는점은 988도이다. -2~+6의 산화 상태를 가지며, +4의 상태가 가장 흔하다.

구리 또는 납의 부산물로 얻으며, 칼라베라이트, 칼라베라이트와 같은 성분이나 구조가 다른 크렌너라이트(krennerite, $AuTe_2$), 펫자이트(petzite, Ag_3AuTe_2), 실바나이트(sylvanite, $AgAuTe_4$) 광석에서 채광된다.

대부분 금과 함께 발견되나, 그렇지 않은 멜로나이트(melonite, $NiTe_2$) 와 같은 광석에도 있다. 구리의 전기 분해에서 전해조 바닥에 쌓이는 양극 전물을 공기 중에서 탄산 소듐(Na_2CO_3)과 함께 약 500도로 가열하여 얻은 아텔루륨산 소듐(Na_2TeO_3)을 물로 추출한 후, 황산을 가해 얻은 침전물인 이산화 텔루륨(TeO_2)을 수산화 소듐 수용액에 녹여 전기 분해 방법을 이용해서 순수하게 얻는다. 혹은 황산 용액에 녹여 이산화 황과의 산화 반응으로 순수한 텔루륨을 얻을 수도 있다. 염산에는 녹지 않지만, 일부 알칼리에는 녹으며 질산과 왕수에도 녹는다.

텔루륨과 강철 또는 구리의 합금은 가공성이 커서 유리 착색제, 섬유 생산의 촉매, 고무 경화제, 광디스크의 재료로 주로 쓰인다. 텔루륨화 카드뮴(CdTe)은 태양전지판, 삼텔루륨화 이비스무트(Bi_2Te_3) 와 텔루륨화 납(PbTe)은 열전 발전 및 냉각 소자와 같은 전자 소자, 텔루륨화 카드뮴 아연((Cd, Zn)Te)은 적외선 및 X선 검출기, 텔루륨화 수은 카드뮴(HgCdTe)은 반도체와 전자 산업의 소자에 사용된다. 텔루륨은 CD-RW(rewritable Compact Discs)와 DVD-RW와 같이 고쳐 쓸 수 있는 광디스크 층을 쌓는 데 쓰인다.

텔루륨은 일부 곰팡이류에서 단백질을 구성하는 아미노산 시스테인과 메싸이오닌의 황 대신 텔루륨 원자로 대체된 텔루로시스테인 (tellurocysteine)과 텔루로메싸이오닌(telluromethionine) 형태로 발견되었으며, 양파, 완두콩, 찻 잎에도 미량 포함되어 있다. 생체 내에서의 역할은 알려져 있지 않지만, 인체 내에서 텔루륨은 부분적으로 마늘과 유사한 냄새의 이메틸 텔루륨($(CH_3)_2Te$)으로 대사된다. 하지만 텔루륨과 텔루륨 화합물에 노출되면 두통, 구토, 호흡 장애, 무기력증, 피부 발진, 마늘과 같은 냄새의 구취 증상이 일어난다.

원자 번호 74
텅스텐

700년대 중반부터 텅스텐을 포함하고 있는 광석에 대한 연구가 본격적으로 시작되었다. 1761년에 독일의 레만J. G. Lehmann은 철망가니즈중석(wolframite, (Fe, Mn)WO₄)을 분석하던 중에 새로운 원소의 존재를 알게 되었으며, 1789년에 아일랜드의 울프P. Woulfe는 스웨덴과 독일에서 얻은 시료에 새로운 원소가 포함되어 있다고 주장하면서도 분리해 내지는 못하였다. 1791년에 스웨덴의 셸레는 울프가 조사한 '무거운 돌'에서 삼산화 텅스텐(WO₃)을 분리해 내고, 이를 환원시키면 새로운 금속이 얻어질 것이라고 제안하면서도 정작 실험으로 옮기지는 못하였다. 그러다가 1783년에 스웨덴의 엘야아르 형제J. J. & F. Elhuyar가 드디어 텅스텐 산화물을 탄소에 의해 환원시켜 금속 텅스텐을 분리해 냈다.

셸레를 기념하기 위해 명명된 회중석(scheelite)에서 분리된 이 새로운 원소의 이름을 '무거운'과 '돌'의 뜻을 가진 스웨덴어 'tung'과 'sten'를 합해 'Tungsten'으로 명명되었다. 우리말 원소 이름인 '중석(重石)'도 한동안 사용되었으며, 광산업계에서는 아직도 이 용어를 쓰고 있다. 한때는 일본식 발음에 근거하여 '텅구스텐'이라고 하기도 하였다. 1747년에 독일의 발레리우스J. G. Wallerius는 지금은 철망가니즈중석으로 알려진 이 광석이 주석 광석에 섞이면 많은 양의 주석이 슬래그화하여 쓸모 없어진다고 하여, 탐욕스러운 늑대를 빗대어 '늑대의 흙'이라는 독일어 'wolf rham'에서 따와 'wolframite'라고 하였다. 여기에서 원소 기호 'W'가 얻어졌다. 체심 입방 구조로 안정한 α형과 면심 입방 구조의 준안정한 β형의 두 동소체로 존재한다. 적절한 조건에서 β형은 α형과 같이 존재하며, 이 두 형을 섞으면 적절한 초전도 전이 온도(T_c, superconducting transition temperature)를 얻을 수 있다. 한때 북한이 텅스텐 최대 생산국이었으나, 지금은 중국이 주요 생산국인 동시에 주요 매장국이다. 러시아, 캐나다, 볼리비아, 베트남 등에도 상당한 양이 매장되어 있다.

원자 번호 74번 텅스텐은 지각에 1.0×10^{-4}%, 바닷물에 약 0.09 mg/L 녹아 있다. 순수한 금속 상태로는 존재하지 않으며, 회중석($CaWO_4$), 철망가니즈중석, 철중석(ferberite, $FeWO_4$), 망가니즈중석(hubnerite, $MnWO_4$) 광석으로 발견된다. 천연 상태에서 ^{180}W(0.12%), ^{182}W(26.50%), ^{183}W(14.31%), ^{184}W(30.64%), ^{186}W(28.43%)로 존재하는 6족 원소이다. 인공적으로 질량수 158~192의 다양한 텅스텐 동위 원소가 만들어지며, 이 중 ^{180}W의 반감기가 1.8×10^{18}년으로 가장 길다. 밀도는 상온에서는 19.25 g/cm^3이나 액체 상태에서는 17.6 g/cm^3, 녹는점은 3422도, 끓는점은 5930도이고, -2~+6의 산화 상태를 가지며, +6의 상태가 가장 흔하다. 상온에서 산소, 물, 알칼리와 반응하지 않으나, 400도의 높은 온도에서는 공기 중에서 물과도 산화 반응을 일으킨다. 질산과 왕수에 녹으며, 가열하면 묽은 황산이나 염산에서도 녹는다.

회중석을 염산으로 처리하면 텅스텐산(H_2WO_4) 침전물이 얻어지며, 이를 암모니아 용액에서 농축하여 얻은 혼합물을 고온에서 열분해하여 삼산화 텅스텐으로 바꾼다. 이를 수소 기체나 탄소를 이용하여 환원시켜 분말 형태의 텅스텐을 얻거나 또는 철과 혼합한 후탄소를 이용하여 환원시켜 텅스텐 모합금 페로텅스텐(ferrotungsten, 70~80% W/20~39% Fe)을 만들기도 한다.

제이 차 세계 대전에서 중요한 역할을 한 텅스텐은 녹는점이 가장 높으면서 증기압은 낮아, 예전에는 백열등, 진공관, 할로젠 램프, 캐소드 선 관의 필라멘트로 사용되었으며, 전기 및 전자, 기계, 공구, 무기 등의 재료로 쓰였다. 탄화 텅스텐(WC)은 잘 마모되지 않아 장신구에 널리 이용되며, 금과 밀도가 유사해 유사 금으로 쓰이기도 하였다. 탄화 텅스텐에 소량의 금속을 첨가한 초경합금(cemented carbide, hard metal)은 강도가 강철보다 3배나 크므로 내마모성 연마제, 절단기, 각종 공작 기계, 석유 시추액과 토건용 착암기의 비트 등에 쓰인다.

텅스텐 모합금 페로텅스텐을 다른 금속과 혼합시켜 만든 텅스텐 합금인 고속도 강(high speed steel)은 항공기와 우주선 부품, 전기 및 전자 장치의 내마모성 부품, 절단기, 착암기 드릴 등에 사용된다. 밝은 노란색의 삼산화 텅스텐, 밝은 흰색의 텅스텐산 아연($ZnWO_4$)과 텅스텐산 바륨($BaWO_4$)은 도자기 유약의 안료로 쓰이며, 황화 텅스텐(WS_2)은 고온 고체 윤활제, 정유 공장에서 수소화 탈황의 촉매로 사용된다. 삼산화 텅스텐은 선택적 환원 반응, 수소화 분해, 황 및 질소

화합물 제거 반응의 촉매로 쓰인다. 일부 박테리아에는 알데하이드를 환원시키는 효소에 텅스텐이 들어 있는데, 인체에는 해를 주지 않으나 몰리브데넘과 구리 대사에 간섭하여 독성을 가지며, 그 먼지는 눈과 피부에 자극을 준다.

원자 번호 92
우라늄

고대 로마 시대에 도자기 유약의 노란색 안료 또는 채색 유리의 첨가물로 사용된 우라늄을 1789년에 독일의 클라프로트가 역청우라늄광(피치블렌드, pitchblende, UO_3/UO_5)을 질산에 녹인 후 수산화 소듐으로 중화시켜 얻은 노란색 침전물을 산화물로 생각하고, 이를 숯으로 환원시켜 얻은 검은색 물질을 '천왕성'의 그리스어 'uranus'에서 따와 'Uranium'이라고 명명하였다. 원소 기호는 'U'이다.

　사실 검은색의 물질은 역시 원소가 아닌 우라늄 산화물이며, 1841년에 프랑스의 페리고E. M. Peligot가 사염화 우라늄(UCl_4)과 금속 포타슘의 환원 반응에서 처음으로 순수한 우라늄을 얻었다. 1896년에 프랑스의 베크렐A. H. Becquerel은 이로부터 방사성 성질을 발견하였다. 668도까지 안정한 사방정계 구조의 α형, 668~775도에서 정방정계 구조를 가지는 β형, 775도에서 체심 입방 구조의 γ형과 같은 3가지 동소체가 있다. 캐나다, 호주, 카자흐스탄, 러시아, 나미비아, 나이지리아 등이 주요 생산국이며, 카자흐스탄, 캐나다, 호주, 소말리아에 주로 매장되어 있다.

원자 번호 92번 우라늄은 지각에 2.3×10^{-4}% 분포되어 있으며, 바닷물에도 3.3 mg/L 정도 녹아 있다. 순수한 금속 상태로는 존재하지 않으며, 섬우라늄광(uraninite, UO_2), 역청우라늄광, 인회우라늄광(autunite, $Ca[UO_2(PO_4)]_2 \cdot 10 \sim 12H_2O$), 카르노타이트(carnotite, $K_2(UO_2)_2(VO_4)_2 \cdot 1 \sim 3H_2O$) 광석으로 발견된다. 천연 상태에서 ^{234}U(0.005%), ^{235}U(0.72%), ^{238}U(99.274%)으로 존재하는 악티늄족의 방사성 원소이며, 이 중 ^{238}U의 반감기가 45억 년으로 가장 길다. 밀도는 상온에서 19.1 g/cm^3이나 용액 상태에서는 17.3 g/cm^3, 녹는점은 1132도, 끓는점은 4131도이다. +3~+6의 산화 상태를 가지며, +6의 상태가 가장 흔하다.

우라늄과 산소를 포함하는 계에 있어서, 그 상 관계는 매우 복잡하나, 이 중 가장 중요한 산화 상태는 이산화 우라늄(UO_2)과 삼산화 우라늄(UO_3)의 +4와 +6이다. 일산화 우라늄(UO), 오산화 이우라늄(U_2O_5), 사산화 우라늄($UO_4 \cdot 2H_2O$), 팔산화 삼우라늄(U_3O_8) 등이 존재한다. 우라늄 이온은 수용액 내에서 갈색-붉은색의 U^{3+}, 초록색의 U^{4+}, 불안정한 UO^{2+}, 노란색의 UO_2^{2+}의 다양한 색깔을 보여 준다. 알칼리와 반응하지 않으나 산과는 반응을 잘하고 끓는 물이나 수증기, 공기와 산화 반응을 일으킨다.

우라늄은 핵분열 특성 때문에 핵무기와 원자력 발전에 이용된다. 천연 우라늄의 대부분을 차지하는 우라늄-238은 중성자를 흡수해도 핵분열을 일으키지 않고 플루토늄-239로 전환된다. 그러나 우라늄-235는 중성자와 충돌하면 2~3개의 중성자와 크립톤-92, 바륨-141과 같은 작은 원자들을 내놓는다. 이때 나온 중성자가 다른 우라늄-235와 충돌하여 계속 분열하기 때문에, 한 번 시작된 핵분열은 연쇄적으로 일어난다. 다만, 이러한 핵분열이 일어나기 위해서는 우라늄-235의 농도가 3% 이상이 되어야 한다. 1킬로그램의 우라늄-235는 이론적으로 약 2×10^{10} kJ의 에너지를 내놓으며, 이것은 석탄 1500톤에 해당된다. 1945년 8월 9일에 일본의 히로시마에 투하된 우라늄 원자 폭탄 'Little Boy'는 제이 차 세계 대전을 종식시키는 데 중요한 역할을 하였지만, 이것으로 14만여 명의 민간인이 사망하였을 뿐만 아니라 전쟁 후에도 엄청난 후유증을 남겼다. 한편, 우라늄-238에 중수소를 충돌시키면 플루토늄-238이 방출되면서 열을 방출하므로 원자력 전지의 한 부류인 방사성 동위 원소 열전 발전기(radio isotope thermoelectric generator)로 사용된다.

자연계에 0.72% 존재하는 우라늄-235의 농도를 3~5%로 농축시키기 위해서 기체 원심 분리법을 사용한다. 이는 원심 분리관 위층에 가벼운 분자인 $^{235}UF_6$을, 아래층에 무거운 분자인 $^{238}UF_6$을 넣고 은-아연막을 통해 여러 번 반복하여 분출시켜 가벼운 분자가 더욱 빨리 확산 및 분출되는 기체 확산(diffusion)을 이용하는 방법이다. 원자 폭탄 제조의 큰 장애는 우라늄-238에서 우라늄-235를 분리하는 것이다. 미국의 로렌스E. O. Lawrence는 이 문제를 해결하기 위해 동위 원소를 전자적으로 분리하는 데 적합한 사이클로트론(cyclotron)을 개조하였으며, 이 기기가 바로 칼루트론(Calutron)이다. 우라늄은 방사성 원소이지만, 반감기가 길고 아주 약한 알파-입자 방사선을 내놓기 때문에 그 위험이 작은 편이다. 그러나 우라늄 핵붕괴나 핵분열에서 라돈, 스트론튬-90, 아이오딘-131 등과 같은 강한 방사성 물질이 발생하는 것이 큰 문제이다. 우라늄 금속이 우리 몸 안에 들어오면 우라닐 이온(UO_2^{2+})이 되고, 이것이 뼈, 신장, 간 등에 축적되어 그 기능을 저해하므로 건강에 큰 위협이 된다.

원자 번호 38

스트론튬

1790년에 영국의 크로퍼드A. Crawford와 크뤽생크W. Cruickshank는 스코틀랜드의 스트론티안 마을 인근의 납 광산에서 채취한 광석에서 나타나는 특이한 성질을 보고, 여기에 새로운 원소가 있을 것이라고 여겼다. 독일의 줄체르F. G. Sulzer는 블루멘바흐J. F. Blumenbach와 함께 이 광석을 분석한 후 마을 이름을 따서 'Strontianite'로 명명하였다. 1793년에 영국의 호프T. C. Hope는 이 광석의 불꽃이 '붉은색'을 내는 것을 발견하였으며, 그 산화물을 'Strontites'로 명명하였다. 이어 1808년에 영국의 데이비가 염화 스트론튬과 산화 수은 혼합물의 전기 분해로 얻은 순수한 금속의 이름을 산화물의 이름과 금속을 나타내는 접미어를 합해 'Strontium'으로 명명하였다. 원소 기호는 'Sr'이다. α형, β형,

β'형의 3가지 동소체가 알려져 있다. 중국, 스페인, 멕시코, 터키, 아르헨티나가 주요 생산국이다.

원자 번호 38번 스트론튬은 지각에 0.037%, 바닷물에 7.8 mg/L 정도 녹아 있다. 순수한 금속 상태로는 존재하지 않으며, 천청석(celestite)과 스트론티아나이트(strontianite, $SrCO_3$) 광석으로 발견된다. 천연 상태에서 ^{84}Sr(0.56%), ^{86}Sr(9.86%), ^{87}Sr(7.00%), ^{88}Sr(82.58%)로 존재하는 2족 원소이다. 20도에서의 밀도는 2.64 g/cm^3이나 액체 상태에서는 2.375 g/cm^3, 녹는점은 777도, 끓는점은 1377도이다. 항상 +2의 산화 상태를 가진다. 4가지의 안정한 스트론튬 외에 16가지의 불안정한 스트론튬이 존재하는데, 자연 상태의 스트론튬은 위험한 방사성 원소가 아니지만, 우라늄과 플루토늄의 핵분열 또는 대기권 핵실험이나 원자력 발전소 사고 시 얻어지는 반감기 28.9년의 방사성 동위 원소 ^{90}Sr 때문에 위험한 물질로 여겨진다. 가루 형태는 상온에서 불이 붙으며, 물이나 산과는 낮은 온도에서도 반응한다.

탄산 스트론튬($SrSO_3$)을 얻는 방법에는 두 가지가 있는데, 먼저 천청석 광석을 염산 처리하면 불순물이 제거되고 고품질의 황산 스트론튬($SrSO_4$)이 남게 되는데, 이를 석탄 가루와 혼합하여 1100도에서 가열한 후 물로 추출해서 얻은 용액에 이산화 탄소나 탄산 소듐을 처리하여 침전시키는 흑재(black ash) 방법이 있다. 그리고 천청석 광석과 탄산 소듐을 1~3시간 증기로 처리하여 침전시키는 소다(soda)법이 있는데, 이렇게 얻은 탄산 스트론튬은 진공 상태의 높은 온도에서 알루미늄과의 환원 반응으로 순수한 스트론튬 금속이 된다. 스트론튬 염화물을 전기 분해시키거나 스트론튬 산화물을 진공에서 알루미늄에 의해 환원시켜 순수한 스트론튬 금속을 얻기도 한다.

예전에는 컬러 티브이나 컴퓨터 모니터의 음극관 유리에 스트론튬을 첨가하여 X선 방출을 막는 데 사용하였으며, 페라이트 세라믹 자석의 제조에도 사용된다. 스트론튬은 진하고 밝은 불꽃을 내므로 불꽃 제조, 조명탄, 신호탄으로, 크로뮴산 스트론튬($SrCrO_4$)은 안료로, Sr-Al이나 Sr-Mg 합금은 자동차 엔진 제조에 쓰인다. 대부분의 스트론튬은 인체에 해가 없으나 할로젠화 스트론튬(SrX_2; X=F, Cl, Br, I)은 약간의 독성을 가진다는 보고가 있다. 칼슘을 쉽게 대체하는 스트론튬은 뼈 성장을 촉진하고 골밀도를 증가시키므로 식품보조제나 골다공증 치료제로 쓰인다. ^{90}Sr이 인체에 흡수되면 뼈에 축적되어 골수암이나 백혈병 등을 일으키지만, 방사성 동위 원소 열전 발전기 또는 방사성 치료에 쓰인다.

원자 번호 12
마그네슘

1618년에 영국의 엡솜(Epsom) 지방에 사는 한 농부는 자신이 기르는 소가 길어온 우물물을 마시려다가 쓴맛이 지나쳐 차마 마시지 못하였는데, 이 물이 긁힌 상처나 발진 치료에 효험이 있다는 것을 우연히 알게 되었다. 이 때문에 이를 엡솜 염이라고 불렀는데, 이것이 바로 오늘날의 황산 마그네슘 수화물($MgSO_4 \cdot 7H_2O$)이다. 그리스의 마그네시아 지역에서 얻어지는 '흰 마그네시아(magnesia alba, 산화 마그네슘)'를 그 광물의 이름에서 '흰(alba)'을 빼고 금속을 나타내는 접미어를 합하여 'Magnesium'이라고 불렀으며, 원소 기호는 'Mg'이다. 마그네슘이 원소라는 것은 1755년에 블랙이 밝혔으며, 이후 1808년에 영국의 데이비는 백금판 위에 3:1의 무게비로 섞은 마그네시아와 산화 수은 혼합물의 전기 분해로 얻은 마그네슘 아말감에서 수은을 증류시켜 분리하는 데 성공하였다. 1831년에 프랑스의 뷔시A. Bussy는 염화 마그네슘과 포타슘을 유리관에 넣고 가열한 후 마그네슘 알갱이를 얻었다. 중국이 주요 생산국이며, 미국, 러시아, 이스라엘 등에서도 생산된다.

원자 번호 12번 마그네슘은 지각에 2% 있으며, 바닷물에도 1.29 g/L 정도 녹아 있다. 순수한 금속 상태로는 존재하지 않으며 마그네사이트(magnesite, $MgCO_3$), 돌로마이트(dolomite, $CaCO_3 \cdot MgCO_3$), 카널라이트(carnallite, $KCl \cdot MgCl_2 \cdot 6H_2O$) 광석으로 발견된다. 순수한 마그네슘은 마그네슘 염을 전기 분해하거나 돌로마이트를 환원시켜 얻는다. 천연 상태에서 ^{24}Mg(78.99%), ^{25}Mg(10.00%), ^{26}Mg(11.01%)로 존재하는 2족 원소이며, 밀도는 상온에서 1.738 g/cm^3이나 액체 상태에서는 1.584 g/cm^3, 녹는점은 650도, 끓는점은 1091도이다. 항상 +2의 산화 상태를 가진다. 상온에서 쉽게 발화하며 물, 산, 염기, 알코올과 잘 반응하고, 습한 상태에서도 할로젠과 반응하여 수소 기체를 발생하며 불이 붙는다.

마그네슘은 흰색 빛의 불꽃 제조, 점화기, 전자식 플래시, 소이탄 등에 쓰인다. 가볍고 단단하기 때문에 항공기, 자동차 부품, 자전거 뼈대에 사용되며, 전자파를 차단하는 성질과 가공성도 좋아 노트북 컴퓨터, 휴대 전화, 카메라 등에도 쓰인다. 높은 녹는점을 가진 산화 마그네슘은 제련로 내부 벽의 내화로와 유리나 시멘트 제조에도 사용된다. 또한 마그네시아를 분산시킨 마그네시아 유제(milk of magnesia)는 변비 완하제 및 제산제로, 염화 마그네슘($MgCl_2$)은 식품 보조재, 두부 또는 두유 제조에서 응집제, 의약품에 쓰인다. 또 탄소 수를 늘이고 여러 기능성 유기 화합물을 만들기 위해 반드시 필요한 그리냐르 시약(Grignard Reagent, RMgX)의 제조에도 사용된다. 자동차 실린더 블록과 같은 구조체를 만드는 알루미늄, 아연, 망가니즈 합금 제조에도 필요하다.

생체 내의 에너지 대사, 신경 전달, 호르몬 분비, 체온 조절에도 미량의 마그네슘이 반드시 필요하며, 마그네슘 이온은 ATP, DNA, RNA 합성에 관여하는 효소에 있어서 폴리 인산 염의 기능을 조절하는 역할을 한다. 식물의 광합성에 필수적인 엽록소 합성에도 반드시 필요하다. 엽록소 내의 포르피린 고리 중심에 존재하는 마그네슘은 혈액 속의 헴의 철과 유사한 기능을 하며, 광인산화 반응을 활성화시킨다. 혈청 중에 마그네슘 농도가 높으면 고마그네슘증(hypermagnesemia)이 일어나 혈압 저하, 근력 저하, 신경 기능 저하를 초래한다. 반대로 마그네슘 농도가 낮으면 저마그네슘증(hypomagnesemia)이 흔하게 일어나며 신경 근육 이상과 의식 장애를 일으킨다.

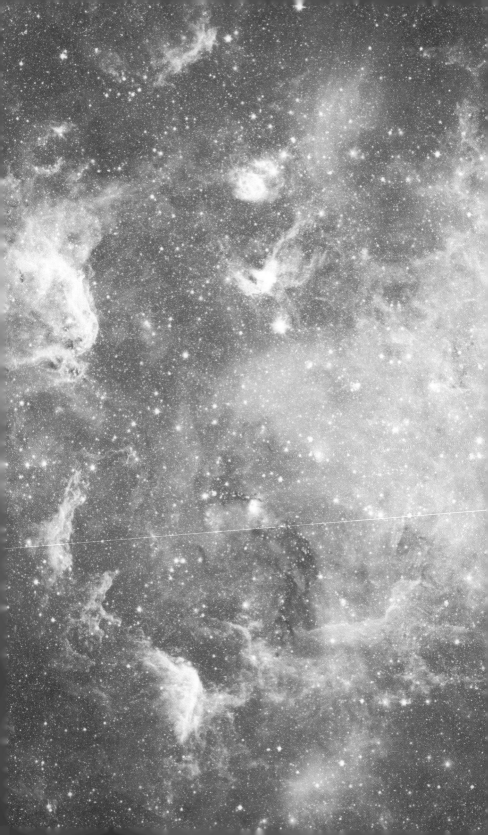

멘델레예프의
주기율표에 포함된
원소

스웨덴의 베르셀리우스는 원소 기호를 창안하고 원자들의 상대적인 질량인 원자량을 결정하였다. 러시아의 멘델레예프는 원소들 간에 일정한 규칙이 있다는 생각을 하고, 각 카드에 원소의 이름, 무게, 다른 특징적인 요소들을 적고 이를 원자량에 따라 배열하였다. 그러던 중 비슷한 성질을 가지는 원소들은 일정한 규칙과 주기성을 가진다는 사실을 파악하고, 당시 알려져 있던 66개의 원소들을 하나의 표로 만들었다. 여기에서 무엇보다 중요한 사실은 기존에 알려진 원소들의 원자량을 과감히 수정하였을 뿐만 아니라, 심지어 그 당시 알려지지 않은 여러 원소들의 원자량과 성질을 그가 예측하였다는 점이다.

여기에서는 프랑스의 라부아지에의 『화학 요론』에서 다룬 원소 이후부터 멘델레예프의 『화학 체계의 개요』에 포함된 원소까지의 33개 원소들을 다룬다. 이 원소들을 두 부분으로 나누어 전기의 흐름을 측정한 1820년 이전에 확인된 지르코늄에서 카드뮴까지의 19개 원소들을 먼저 알아보자.

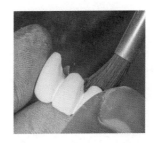

원자 번호 40
지르코늄

지르콘(zircon, ZrSiO₄) 광석은 예전부터 중동 지역에서 보석으로 잘 알려졌으며, 성경에도 유대교 승려가 장식용으로 귀중하게 사용하였다고 언급되어 있다. 금과 유사한 담황색을 띠며 스리랑카에서 채굴한 지르콘의 변종인 자곤(jargoon) 광석에서 새로운 산화물을 발견한 클라프로트가 '금빛'을 뜻하는 페르시아어 'zargun'에서 따와 'zirconia'라고 부르고, 여기에 금속을 나타내는 접미어를 합해 'Zirconium'으로 명명하였다. 원소 기호는 'Zr'이다. 낮은 온도에서는 α형의 육방 조밀 채움 구조를 가지나, 863도에서는 체심 입방 구조의 β형으로 바뀐다. 호주, 남아프리카공화국, 미국, 우크라이나, 중국 등이 주요 생산국인 동시에 주요 매장국이다.

원자 번호 40번 지르코늄은 지각에 $1.6 \times 10^{-2}\%$ 있으며, $^{90}Zr(51.45\%)$, $^{91}Zr(11.22\%)$, $^{92}Zr(17.15\%)$, $^{94}Zr(17.38\%)$, $^{96}Zr(2.8\%)$으로 존재한다. 질량수 78~110의 28가지 인공 동위 원소가 알려져 있으며, 그중 반감기가 1.53×10^{6}년인 ^{93}Zr이 가장 안정하다. 준안정한 이성질체로 ^{83m}Zr, ^{85m}Zr, ^{89m}Zr, ^{90m1}Zr, ^{90m2}Zr, ^{91m}Zr이 있으며, 이 중 ^{90m2}Zr의 반감기가 131초로 가장 짧다. 4족에 속하며, 밀도는 6.52 g/cm³, 녹는점은 1855도, 끓는점은 4377도이다. -1, 0, +2의 산화 상태를 가

지지만, 할로젠 화합물에서는 +3의 상태를 가지며, 주로 +4의 산화 상태를 가진다.

지르코늄은 모래, 지르콘, 지르코니아라고도 불리는 바델라이트(baddeleyite, ZrO_2)에 주로 섞여 있으며, 1789년에 클라프로트가 발견한 지르콘 산화물의 전기 분해로 금속 지르코늄을 분리하려고 데이비가 시도하였으나 성공하지 못하였다. 1824년에 베르셀리우스가 철관에서 포타슘과 육플루오린화 포타슘 지르코늄(K_2ZrF_6)의 혼합물을 가열하여 불순한 상태이긴 하지만, 이 금속을 처음으로 분리하는 데 성공하였다.

1925년에 드디어 네덜란드의 반아르켈A. E. van Arkel과 드보어J. H. de Boer가 사아이오딘화 지르코늄(ZrI_4)을 뜨거운 텅스텐 필라멘트 위에서 열분해시키는 아이오딘화 공정(iodide process)으로 순수한 지르코늄을 얻었다. 1945년에 룩셈부르크의 크롤W. J. Kroll은 지르콘을 전기로에서 탄소와 반응시키고 염소 기체로 처리하여 얻은 사염화 지르코늄($ZrCl_4$)을 18족 기체 존재하에서 승화시켜 정제한 후에 용융된 마그네슘으로 환원시켜 지르코늄을 얻는 크롤 공정(Kroll process)을 개발하여 대량 생산의 길을 열었다. 지르코늄은 공기 중에서 불이 붙을 수 있으며, 가열한 산에는 녹으나 알칼리에는 녹지 않는다.

지르코늄은 천연 금속 중에서 중성자 흡수가 낮기 때문에 원자로에 쓰이는 핵연료의 피복재, 지지 격자, 중수로 압력관의 소재 및 구조물 재료로 사용된다. 또 지르코늄 합금은 내열성과 내부식성이 뛰어나 항공 우주, 의료, 여러 소비재 산업에 쓰인다. 합성 큐빅 또는 큐빅 지르코니아 역시 다이아몬드처럼 경도와 굴절률이 매우 높으며, 투명하고 값이 저렴해 보석으로 사용된다. 내화물, 고강도 정밀 세라믹 제품, 세라믹 칼로, 다른 재료에 세라믹 지르코늄 피막을 입혀 연소실, 제트 엔진, 가스 터빈의 고온 부품으로, 연마제와 우유빛 표면을 만드는 유백제로 쓰인다. 질화 지르코늄(ZrN)은 녹는점이 매우 높은 황금색의 단단한 세라믹 물질로서 내부식성과 내마모성이 요구되는 의료기기, 드릴 비트, 자동차와 항공기 부품 코팅에 사용된다. 지르코늄의 생물학적 역할은 알려져 있지 않지만, 독성은 거의 없다고 여겨지며 지르코늄이 들어 있는 일부 탈취제는 피부 발진을 일으킨다는 보고가 있다.

원자 번호 22
타이타늄

1791년에 영국의 그레고리W. Gregor는 냇가에서 자석을 이용해 모은 타이타늄철석(ilmenite, FeTiO₃) 모래를 염산 처리하여 처음 보는 흰색 산화물을 얻었다. 독일의 클라프로트는 금홍석(rutile, TiO₂)에서 새로운 원소를 발견하고, 이를 그리스 신화에 나오는 하늘의 신 우라노스와 땅의 신 가이아의 후예 종족 'Titans'와 금속을 나타내는 접미어를 붙여 'Titanium'으로 명명하였다. 원소 기호는 'Ti'이다. 그는 이 원소가 그레고리가 얻은 흰색 산화물과 같은 것임을 확인하였으며, 가벼우면서도 지각에 널리 분포되어 있으므로 하늘과 땅의 원소라고 보았다. 낮은 온도에서는 α형의 육방 조밀 채움 구조를 가지나, 882도에서는 체심 입방 구조의 β형으로 바뀐다. 호주, 남아프리카공화국, 캐나다에 주로 매장되어 있으며, 중국, 일본, 러시아, 미국이 주요 생산국이다.

원자 번호 22번 타이타늄은 지각에 0.63% 있으며, $^{46}Ti(8.25\%)$, $^{47}Ti(7.44\%)$, $^{48}Ti(73.72\%)$, $^{49}Ti(5.41\%)$, $^{50}Ti(5.18\%)$으로 존재한다. 11가지의 방사성 동위 원소가 알려져 있으며, 그중 반감기가 63년인 ^{44}Ti이 가장 안정하다. 4족에 속하며, 밀도는 4.506 g/cm³, 녹는점은 1668도, 끓는점은 3287도이다. +1~+3의 산화 상태를 가지지만, +4가 주산화 상태이다. 금홍석, 타이타늄철석, 페로브스카이트(perovskite, $CaTiO_3$), 설석(sphene, $CaTiSiO_5$)에 주로 매장되어 있으며, 경제적으로는 금홍석과 타이타늄철석이 유용하다. 1910년에 미국의 헌트M. A. Hunter는 금홍석을 염소 기체하에서 탄소와의 반응으로 얻은 사염화타이타늄($TiCl_4$)을 고온에서 소듐과의 환원 반응으로 99.9% 순도의 금속 타이타늄을 얻었다. 1925년에 네덜란드의 반아르켈과 드보어는 아이오딘화 공정으로 순수한 타이타늄을 얻었으며, 1940년에 크롤 공정으로 대량 생산이 가능해졌다. 물이나 공기와 느리게 반응하며, 고온의 산소, 질소, 수소와는 쉽게 반응하지만 상온의 묽은 산과는 반응하지 않는다. 가열한 산에는 녹으며, 알칼리에는 녹지 않는다.

타이타늄과 그 합금은 가볍고 단단하여 주로 항공기 엔진, 동체 제작, 각종 부품, 미사일, 군용 차량의 장갑, 우주선 제작에 쓰이며, 바닷물에 부식되지 않아 잠수함 재료, 선박의 추진축 부품, 담수화 장치의 열 교환기, 수족관의 난방 및 냉방기, 낚시 도구, 잠수부칼, 해양 감시 장치의 부품 등에 사용된다. 게다가 생체 적합성이 탁월하여 인공 관절, 치과 임플란트, 인공 심장 박동 조절기, 안경테 등에 쓰인다. 휴대 전화와 시계의 케이스, 장신구, 골프 클럽 등의 운동 기구, 자동차 부품에도 사용된다. 흰색 안료 이산화 타이타늄(TiO_2)은 루틸(rutile), 아나타스(anatase), 부루카이트(brookite) 형으로 존재하며, 천연에서 얻거나 상업적인 것은 보통 루틸형이고, 다른 형들도 열을 가하면 루틸형으로 바뀐다.

타이타늄은 페인트 제조, 종이의 표면 코팅, 플라스틱 충전제, 고무, 식품, 유전체 거울(dielectric mirror), 치약 등 다양한 곳에 쓰이며, 이 물질은 태양 빛을 이용하여 물이나 오염된 물질의 광분해, 이산화 탄소를 탄화수소로 광환원하거나 빛에너지를 전기적 에너지로 바꾸는 데도 사용된다. 이산화 타이타늄을 입힌 표면은 친수성으로 공기 중의 물 분자를 흡수하여 얇은 물 층을 형성하므로 오염 물질이 표면에 달라붙지 않고 쉽게 씻겨 나가게 한다. 또한 이 물질은 방수 섬유, 내열성 페인트, 내마모성 유리를 만드는 데도 사용되며, 자외선 흡수 성질을 이용하여 햇빛 차단제로도 쓰인다. 타이타늄의 생물학적 역할은 알려져 있지 않지만, 거의 독성이 없다고 여겨지며, 생체 적합성이 좋아 관절 치환술 및 치과용 임플란트에 이용된다. 특히 타이타늄은 비강자성(non-ferromagnetic)이므로 임플란트 처치를 받은 환자의 상황을 MRI로부터 안전하게 관찰할 수 있다.

원자 번호 39
이트륨

'바깥 마을'이란 뜻을 가진 스웨덴의 이테르비(Ytterby) 마을은 특이하게도 광물과 원소 이름을 도로명으로 사용하며 '원소 표본실'의 명소라고 불리어 많은 관광객들이 방문하는 곳이다. 스톡홀름 동쪽에 있으며, 스웨덴과 발트해 사이의 많은 섬들 중 하나인 레사뢰(Resarö) 섬의 끝자락에 있다. 도자기를 만들 때 사용하였던 오래된 장석 광산과 영국까지 수출되었던 유리를 만들기 위한 석영 광산이 있는 곳이기도 하다. 비록 이 광산들은 1933년에 폐광되었지만, 이곳을 찾는 화학자와 광물학자의 행렬이 끊이지 않고 있다. 이 채석장에서 발견된 가돌리나이트(gadolinite, $(Ce,La,Nd,Y)_2FeBe_2Si_2O_{10}$) 광석에서 분리된 이트륨 산화물인 이트리아(yttria, Y_2O_3)에서 발견된 원소들이 무려 9가지-원자 번호 21번 스칸듐(scandium), 39번 이트륨(yttrium), 65번 테르븀(terbium), 66번 디스프로슘(dysprosium), 67번 홀뮴(holmium), 68번 에르븀(erbium), 69번 툴륨(thulium), 70번 이테르븀(ytterbium), 71번 루테튬(lutetium)-나 되기 때문이다.

1787년에 스웨덴의 아레니우스C. A. Arrhenius가 이테르비 마을에서 발견한 이 광석을 이테르바이트(ytterbite)라고 명명하였지만, 핀란드의 가돌린J. Gadolin이 이 광석으로부터 그 유명한 이트리아를 분리하였기 때문에, 1800년에 그의 이름을 기려 가돌리나이트로 바꾸었다. 이트륨이 주로 있으면 gadolinite-(Y)로 명명한다. 참고로 이트리아와 공통의 기원을 가진 원소로 스칸듐, 이트륨, 테르븀, 에르븀, 이테르븀을 포함하여 스톡홀름의 옛 라틴어 명을 딴 홀뮴, 스칸디나비아의 옛 지명을 딴 툴륨, 가돌린의 이름을 딴 가돌리늄 등 총 8개가 있다. 1797년에 스웨덴의 에셰베리A. G. Ekelberg는 이트리아와 금속을 나타내는 접미어를 합하여 'Yttrium'으로 명명하였으며, 1920년대 초반까지는 원소 기호로 'Yt'를 사용하였으나, 지금은 'Y'로 통용되고 있다. 중국이 주요 매장국인 동시에 생산국이다.

원자 번호 39번 이트륨은 지각에 $3.1 \times 10^{-3}\%$ 있으며, ^{39}Y로만 존재한다. 질량수 76~108인 32가지의 인공 동위 원소가 알려져 있으며, 그중 반감기가 106.6일인 ^{88}Y이 가장 안정하다. 비록 3족에 속하지만 란타넘 계열 원소와 비슷하며, 육방 조밀 채움 구조를 가진다. 밀도는 $4.472 \ g/cm^3$, 녹는점은 1526도, 끓는점은 2930도이고, +3의 산화 상태를 가진다. 주로 모나자이트(monazite, $(Ce,La,Th,Nd,Y)PO_4$), 희토류광(bastnäsite, $(Ce,La,Y)CO_3F$), 제노타임(xenotime, YPO_4), 가돌리나이트, 우라늄 광석에서 분리되어 생산된다. 란타넘족 원소들과 스칸듐 및 이트륨의 산화물은 예전부터 희귀하였고, 채광할 수 있는 광석이 다른 광물들에 비해 적기 때문에 이들을 희토류(rare

이테르비 광산

earth) 금속이라고 부른다. 특히 광석 내의 희토류 금속의 매장된 양에 근거하여 원자 번호 57번의 란타넘에서 63번의 유로퓸까지를 경희토류 원소(light rare earth element, LREE), 64번의 가돌리늄에서 71번의 루테튬까지의 원소와 이트륨을 합한 원소를 중희토류 원소(heavy rare earth element, HREE)라고 하는데, 가돌리나이트는 경희토류 광석에, 제노타임은 중희토류 광석에 속한다.

이트륨을 포함한 성분 금속 이온들은 분쇄된 광석을 황산이나 염산으로 처리한 후, 녹여낸 각 금속 염들을 양이온 교환 크로마토그래피를 사용하여 먼저 분리한다. 이어 옥살산 암모늄으로 침전시키고, 산소 기류하에서 열을 가해 얻은 이트리아를 플루오린산과 반응시켜 생성된 플루오린화 이트륨(YF_3)을 아르곤 기류하에서 칼슘과의 환원 반응으로 순수한 이트륨 금속을 얻는다. 1828년에 독일의 뵐러 F. Wöhler는 염화 이트륨(YCl_3)과 포타슘의 환원 반응으로 순수하지는 않지만 이트륨을 분리하였다. 이트륨은 고온에서 질소와 반응하여 질화 이트륨(YN)을 만들며 물과도 반응하고, 고운 분말 상태에서 쉽게 반응한다. 대부분의 강산에 잘 녹고, 알칼리에는 녹지 않는다.

이트륨은 주로 형광등이나 컬러 티브이 브라운관의 붉은색 인광체, 고성능 점화 플러그, 프로판 가스 등의 점화구에 쓰이는 그물인 맨틀, 광학 렌즈 등에 사용된다. 알루미늄, 마그네슘, 크로뮴, 몰리브데넘 등과의 이트륨 합금은 더 단단하여 잘 마모되지 않으며, 고온에서도 잘 부식되지 않으므로 절단 도구, 베어링, 제트 엔진 코팅, 미사일 부품 등에 쓰인다.

$X_3Y_2(ZO_4)_3$(Z = Si, Ge, Ga, Al, V, Fe)의 구조식을 갖는 입방정계

구조에 속하는 규산염 광물을 가넷(garnet)이라고 하는데, 특히 가넷에 이트륨과 알루미늄을 치환시킨 이트륨 알루미늄 가넷(yttrium aluminium garnet, YAG, $Y_3Al_2(AlO_4)_3$ 또는 $Y_3Al_5O_{12}$)은 유사 다이아몬드로, 이 가넷에 세륨을 도핑한 YAG:Ce은 발광 다이오드용 백색 인광체로 사용된다. 아울러 네오디뮴이 도핑된 YAG:Nd은 주요 파장이 1064나노미터로서 백내장, 피부암, 전립선 수술과 같은 의료용 레이저 기술, 각종 금속과 플라스틱의 가공, 먼 거리 측정에 쓰인다. 이트륨 철 가넷(yttrium iron garnet, YIG, $Y_3Fe_2(FeO_4)_3$ 또는 $Y_3Fe_5O_{12}$)은 외부 자기장을 걸어주면 그 자기장과 같은 방향으로 강하게 자화되는 강자성(ferromagnetic)을 가진다. 이 물질은 적외선을 잘 통과시켜 성능이 우수한 마이크로 필터, 음향 에너지 송신기와 변환기, 고체 레이저로 사용되며, 이 가넷에 알루미늄이나 갈륨을 도핑한 YIG:Al 또는 YIG:Ga 역시 중요한 자기적 성질을 가진다. 이트륨은 고온 초전도체($YBa_2Cu_3O_7$) 산화물의 한 성분이다.

이트륨의 생물학적 역할은 알려져 있지 않으나 모유와 채소 등에 들어 있으며, 과량 복용 시 독성을 나타낸다. 염화 이트륨이 들어 있는 먼지를 호흡하면 간이나 폐 부종에 걸릴 위험이 있으며, 장기간 노출 시 폐암의 위험이 있다. 방사성 동위 원소 ^{90}Y이 포함된 의약은 오히려 백혈병과 폐암의 치료제로 쓰이며, 이 원소로 만든 바늘은 류머티즘성 관절염 환자에 시술되는 방사성 핵종 윤활막 절제술에 사용된다.

원자 번호 24
크로뮴

기원전 3세기경 조성된 것으로 추정되는 중국 진나라 시황제의 무덤 부근의 병마용 갱에서 놀랍게도 부식되지 않은 상태의 청동 화살촉과 칼이 발견되었다. 고고학자들이 분석한 결과, 이들이 크로뮴으로 도금되었기 때문인 것으로 알게 되었다. 1761년에 독일의 레만J. G. Lehmann은 러시아 우랄 산맥의 금광에서 붉은색의 홍연석(crocoites, $PbCrO_4$)을 발견하였는데, 실제 이 광석은 물감 안료로 이미 이 지역에서 사용되고 있었다. 1797년에 프랑스의 보클랭L. N. Vauquelin은 홍연석의 염산 처리로 얻은 산화 크로뮴(Cr_2O_3)을 탄소로 가열하여 크로뮴 금속을 최초로 분리하고 확인하였다. 크로뮴의 색깔은 자주색, 녹색, 주황색, 노란색 등 매우 다양한데, 루비와 에메랄드가 각각 붉은색과 녹색을 띠는 것도 미량의 크로뮴이 포함되어 있기 때문이다. 프랑스의 푸루크로아A. F. de Fourcroy와 아위R. J. Hauy는 '색깔'을 뜻하는 그리스어 'chroma'에서 따와 'chrome'을 원소 이름으로 제안하였고, 이 이름이 오랫동안 통용되었다. 지금은 금속을 나타내는 접미어를 합하여 'Chromium'으로 알려져 있다. 원소 기호는 'Cr'이다. 남아프리카공화국, 카자흐스탄, 터키, 인도가 주요 크로뮴 광석 생산국이며, 금속 크로뮴은 러시아, 영국, 중국에서 주로 생산된다.

원자 번호 24번 크로뮴은 지각에 0.01% 있으며, 6족에 속한다. $^{50}Cr(4.35\%)$, $^{52}Cr(83.79\%)$, $^{53}Cr(9.50\%)$, $^{54}Cr(2.36\%)$로 존재하며 19가지의 방사성 동위 원소가 알려져 있으며, 그중 반감기가 1.8×10^{17}년인 ^{50}Cr이 가장 안정하다. 밀도는 7.19 g/cm^3, 녹는점은 1907도, 끓는점은 2671도이다. -1~+6의 산화 상태를 가지며, +3과 +6이 가장 안정하다. 크로뮴철석(chromite, $FeCr_2O_4$), 홍연석, 크롬 오커에 주로 매장되어 있다. 금속 크로뮴을 얻기 위해 먼저 경제적으로 유용한 크로뮴철석을 알칼리와 함께 용융시켜 얻은 크로뮴산 소듐(Na_2CrO_4)에 물을 가해 용액을 추출해 낸다. 이어 이 용액을 산성화시켜 생성된 이크로뮴산 소듐($Na_2Cr_2O_7$)을 탄소로 환원시키고, 다시 알루미늄이나 규소로 환원시켜 얻는다. 이렇게 얻은 순도가 낮은 크로뮴을 α형이라고 하며, 탄소에 의해 환원시킨 산화 크로뮴을 황산에 녹이고 전기 분해시켜 순도가 높은 β형의 크로뮴을 얻는다. 순도를 더욱 높이려면 β형을 고온에서 염소 기체와 반응시켜 무수 염화 크로뮴($CrCl_3$)을 얻은 후 수소 기체와 반응시키는 환원 과정이 필요하다.

팔면체 구조를 가지는 염화 크로뮴 착화합물은 금속 주위에 결합된 염화 리간드의 수에 따라 다양한 색깔을 낸다. 즉, 초록색의 무수 염화 크로뮴을 물에 녹일 때 두 개의 염화 리간드가 결합되면 검은 초록색, 한 개만 결합되면 옅은 초록색, 염화 리간드가 전혀 없으면 보라색의 배위 화합물이 된다. 물, 공기와는 반응하지 않으며 대부분의 산과는 반응한다. 또 높은 온도에서 산소, 질소, 염소, 황과 반응한다.

황화 카드뮴(CdS, '카드뮴 옐로'로 알려짐)과 함께 가장 많이 쓰였던 노란색 안료인 노란색 크로뮴산 납($PbCrO_4$)은 '크롬 옐로'로 잘 알려져 있다. 염기성의 붉은색 크로뮴산 납($PbCrO_4 \cdot Pb(OH)_2$)은 '크롬 레드'로 알려져 있고, 크롬 옐로와 프러시안 블루의 혼합물인 '크롬 그린'과 같은 안료는 시간이 지나면 검은색으로 바뀐다. 섬유에 염료가 잘 부착되게 하는 매염제, 동물 가죽의 가공에 필요한 무두질제, 고성능 자기 테이프 등에도 쓰인다. 단단하고 광택이 나며 부식되지 않기 때문에 자동차 부품, 주방 기구, 가구 부품의 표면 보호용 장식을 만드는 데도 사용된다. 크로뮴철석을 전기 아크로에서 코크스로 환원시켜 얻은 크로뮴이 50~70% 들어 있는 페로크로뮴(ferrochrome, FeCr) 합금은 대부분 스테인리스 강 생산에 사용되는데, 내부식성이 좋아 자동차 차체, 식기 및 주방 기구, 전력 케이블, 건물 또는 교량의 건축 부품, 고속 공구 강에 쓰인다.

니켈과의 합금인 니크롬은 전기 저항이 크고 녹는점이 높아 모발 건조기, 전기 오븐, 토스터 등 각종 전열 기구에 사용된다. 크로뮴산(CrO_3)은 크로뮴 도금에 첨가물, 부식 방지제, 합성 루비를 만드는 데 쓰인다. +3 산화 상태의 크로뮴 이온은 필수 영양소로서 당과 지질 대사에 관여한다. 또한 인슐린과 함께 혈당을 내리는 역할을 하지만, 높은 농도에서는 DNA를 손상시키는 것으로 알려져 있다. 하지만 +6 상태의 산화력이 큰 크로뮴 이온은 강한 독성을 가져 신장, 간, 혈액 세포를 손상시키며, 발암 물질로도 알려져 있고, 일부 사람에게는 알레르기성 접촉 피부염을 일으킨다.

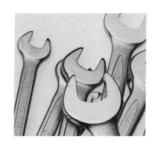

원자 번호 23
바나듐

고대부터 아랍과 인도에서 예리한 칼을 만드는 데 사용한 우츠 강(Woorz steel)과 다마스커스 강(Damascus steel)에 미량의 바나듐이 들어 있는 것이 확인되었다. 1801년에 델리오A. M. del Rio는 갈연석(vanadinite, $Pb_5(VO_4)_3Cl$)에서 새로운 원소를 발견하고, 이 원소의 화합물이 다양한 색깔을 띠고 있어 '모든 색'을 뜻하는 그리스어 'panchrome'에서 따와 'panchromium'으로 명명하였다. 후에 이 원소의 염들을 가열하거나 산 처리하여 얻어지는 색깔인 '붉은색'의 그리스어 'erythros'에서 'erythromium'으로 바꾸었다. 그런데 1805년에 프랑스의 콜레-데소틸H. V. Collett-Desotils이 델리오가 사용한 광석이 염기성 크로뮴산 납이고 심지어 그 원소마저도 불순한 크로뮴에 지나지 않는다고 문제를 제기하였다. 새로운 원소에 확신이 없었던 델리오는 자신의 발견을 스스로 거두어들였다.

이후 1830년에 스웨덴의 세프스트룀N. G. Sefström은 철광석에서 발견한 새로운 화합물이 밝은색을 띠면서 아름다워 스칸디나비아의 미의 여신 'Vanadis'의 이름을 따서 'Vanadium'로 명명하였고, 독일의 뷜러는 바나듐이 델리오가 발견한 에리스로늄과 같다는 것을 확인하였다. 원소 기호는 'V'이다. 순수한 금속 바나듐은 1867년에 영국의 로스코H. C. Roscoe가 염화 바나듐(VCl₂)을 수소로 환원시켜서 얻었지만, 일반적으로는 오산화 바나듐(V₂O₅)을 칼슘으로 환원시켜 얻는다. 중국, 남아프리카공화국, 러시아가 주요 생산국이다.

바나듐의 최초 발견자와 관련하여 그 당시 유럽의 여러 명망가의 흥미 있는 일화가 있다. 멕시코 광산 학교의 교수로 재직 중이던 델리오는 그곳에서 얻은 갈연석을 뜨거운 황산으로 처리하고, 황산납을 제거한 후 얻은 초록색 용액을 암모니아와 반응시켜 흰색 결정을 얻었다. 이어 암모니아 여액을 산성화시켜 회갈색의 침전물을 얻고, 이를 뜨거운 질산에 녹여 질산을 날려보낸 뒤 물로 희석시켰더니 천천히 맑은 용액으로 바뀌면서 노란색 결정이 침전되는 것을 발견하였다. 새로운 원소를 발견하였다고 직감한 그는 이 사실을 논문으로 발표하였고, 2년 후 멕시코를 탐방하던 중에 자신을 방문한 친구인 독일의 유명한 박물학자인 훔볼트A. von Humboldt에게 이 광석을 주어 이 사실을 유럽에 널리 알리기를 희망하였다.

유럽에 돌아온 훔볼트는 보클랭을 포함한 프랑스의 여러 광물학자에게 이 시료를 주며 자세한 분석을 요구하였지만, 불순한 크로뮴으로 판정받는 등 한동안 잊혀졌다. 망가니즈를 발견한 간의 실험실을 이어 받은 스웨덴의 세프스트룀은 철이 풍부한 타베르크(Taberg) 광석을 염산에 녹여 얻은 검은색 가루를 조사한 결과, 크로뮴 또는 우라늄과 같은 노란색을 띠지만 전혀 다른 새로운 원소를 발견하고, 이를 바나듐으로 명명하였다. 하지만 1828년에 훔볼트가 가져온 광석을 재조사한 뵐러는 멕시코와 스웨덴의 광석에서 분리한 원소와 같다는 것을 확인하고, 베르셀리우스와 세프스트룀도 이를 인정하였다. 하지만 당시에는 IUPAC과 같은 기관이 없었기 때문에 이전 원소 이름으로 되돌리는 것이 쉽지 않아 바나듐이란 이름이 그대로 통용될 수밖에 없었다. 델리오의 명명이 적용되지 못한 아쉬움은 남아 있지만, 최초 발견자로서의 그의 명예가 회복된 것이다.

원자 번호 23번 바나듐은 지각에 0.19% 있으며, ^{50}V(0.25%)과 ^{52}V(99.75%)로 존재한다. 질량수 40~65의 24가지 방사성 동위 원소가 합성되었으며, 그중 반감기가 330일인 ^{49}V이 가장 안정하다. 5족에 속하며, 밀도는 6.0 g/cm³, 녹는점은 1910도, 끓는점은 3407도이다. -3~+5의 산화 상태를 가지며, 수용액과 화합물에서 +2~+5가 가장 안정하다. 보라색의 V^{2+}, 녹색의 V^{3+}, 진한 청색의 VO^{2+}, 노란색의 VO_4^{3-}와 같이 여러 산화 상태에서 다양한 색깔을 띤다. 갈연석과 파트르나이트(patrnite, VS_4) 광석을 염화 소듐이나 탄산 소듐과 함께 가열한 후 물로 추출하고 산성화시키면 붉은 케이크 상태의 폴리바나듐산($V_xO_y^{n-}$)으로 침전된다. 고온에서 이 침전물을 700도로 가열하고 칼슘에 의해 환원하면 바나듐 금속을 얻을 수 있다. 소량 생산의 경우 오산화 바나듐을 수소 기체나 마그네슘에 의한 환원 반응으로 얻지만, 고순도의 바나듐은 앞서 얻은 바나듐을 아이오딘과 반응시켜 얻은 삼아이오딘화 바나듐(VI_3)의 열분해로 얻는다. 실온에서는 공기 중에서 대부분의 산과 알칼리에서 안정하지만, 높은 온도에서는 산화되며 산소, 질소, 염소, 황과 반응한다.

바나듐은 주로 강철에 첨가되어 강도를 높이는 데 사용되며, 오산화 바나듐과 산화 철을 전기로에서 환원시켜 얻은 바나듐 함량이 높은 철과의 합금 페로바나듐(FeV) 철강을 바나듐강이라고 한다. 특히 바나듐 함량이 0.15~0.25%인 것을 바나듐 고탄소강이라고 하는데, 이는 주로 차 축, 크랭크 축, 자전거 골격, 기어 칼 등을 제작하는데 사용된다. 한편, 바나듐 함량이 1~5%인 고속 공구강(high speed tool steel, HSS)은 고속절삭 공구, 수술용 칼에 주로 쓰인다. 타이타늄 α형의 강도와 열적 안정성을 높이기 위해 바나듐을 첨가시키며, 알루미늄과 바나듐을 타이타늄에 첨가시킨 합금은 제트 엔진과 고속 항공기의 뼈대를 만드는 데 사용된다. 바나듐 합금은 중성자를 잘 흡수하지 않기 때문에 핵반응로에 사용되기도 하며, 낮은 온도에서 저항이 없어 초전도성 자석을 만드는 데도 쓰인다.

바나듐은 산소와 반응하면 갈색의 일산화 이바나듐(V_2O), 회색의 산화 바나듐(VO), 검은색의 삼산화 바나듐(V_2O_3), 암적색의 이산화 바나듐(VO_2), 주황색의 오산화 바나듐과 같은 다양한 산화 상태의 산화물을 내놓는데, 특히 오산화 바나듐은 황산과 폴리에스터의 제조 촉매, 화력 발전소에서 질소 산화물의 환원 촉매로 사용된다. 배기가스에 황이 있는 경우 오산화 바나듐과의 산화 반응으로 삼산화황을 거쳐 최종적으로 황산으로 바뀐다. 멍게류는 혈액에 바닷물 농도의 약 천만 배 정도의 많은 바나듐을 농축시키는 능력을 가지고 있으며, 독버섯도 건조 무게 1 kg당 0.5 g의 바나듐이 들어 있어 아름다운 색깔을 뽐낸다. 바나듐의 생물학적 기능은 잘 알려져 있지 않으나, 해조류의 경우 브로민화 이온으로부터 유기 브로민 화합물을 만드는 데 관여하는 촉매인 브로모과산화 효소(bromoperoxidase)의 활성에 필요하며, 일부 미생물에 있어서는 질소 고정에 작용하는 것으로 알려져 있다. 바나듐은 사람을 비롯한 포유 동물의 필수 미량 영양소로, 바나듐이 부족하면 성장과 번식에 장애를 초래하는 것으로 여겨진다. 황산 바나딜(VO_2SO_4)은 제2형 당뇨병 환자에게 효력이 있다. 한편, 바나듐 화합물은 독성이 있는 것으로 알려져 있다.

원자 번호 41
나이오븀

1801년에 영국의 헤체트c. Hatchett는 미국에서 채광되어 영국으로 보내졌던 컬럼바이트(columbite, $(Fe, Mn)(Nb, Ta)_2O_6$) 광석에서 새로운 산화물을 발견하였는데, 미국을 일컫는 또 다른 이름인 'Columbia'에서 따와 '컬럼븀(Columbium)'으로 명명하였다. 다음 해 스웨덴의 에셰베리는 컬럼바이트와 유사한 탄탈라이트(tantalite. $(Fe, Mn)Ta_2O_6$) 광석에서 컬럼븀과 유사한 성질을 가지나 산에 녹이기 어려운 산화물(나중에 '탄탈럼'으로 판명됨)을 발견하였다. 처음에는 이 둘을 같은 것으로 간주하여 잠시 혼동이 있었으나, 1846년에 독일의 로제h. Rose가 두 원소가 서로 다른 것이라는 것을 확인하였다. 그 결과, 컬럼바이트에서 얻은 새 원소의 이름을 그리스 신화에 나오는 탄탈루스의 딸 'Niobe'의 이름과 금속을 나타내는 접미어를 합하여 'Niobium'으로 바꾸었다. 원소 기호는 'Nb'이다. 탈탈럼보다 나이오븀이 많은 광석이 컬럼바이트이고, 같은 구조를 가지나 나이오븀보다 탄탈럼이 많은 광석이 탄탈라이트이다. 브라질이 주요 매장국이자 생산국이며, 캐나다에서도 생산된다.

원자 번호 41번 나이오븀은 지각에 0.002% 있으며, ^{50}Nb으로만 존재한다. 질량수 81~113의 여러 방사성 동위 원소가 알려져 있으며, 그중 반감기가 3천470만 년인 ^{92}Nb이 가장 안정하다. 5족에 속하며, 밀도는 8.57 g/cm^3, 녹는점은 2477도, 끓는점은 4744도이다. -1, +2, +3, +4의 산화 상태를 가진다. 컬럼바이트, 탄탈라이트, 이들의 혼합물인 광석 콜탄(coltan, columbite-tantalite)에 주로 매장되어 있어 여기에서 채굴하였으나, 오산화 나이오븀(Nb$_2$O$_5$)의 함량이 높은 파이로클로르(pyrochlore, (Na, Ca)$_2$Nb$_2$O$_6$(OH, F))가 브라질에서 발견된 이후 주로 이 광석에서 생산된다. 오산화 나이오븀과 철 산화물의 혼합물을 고온에서 알루미늄에 의해 환원시키는 테르믹 공정(aluminothermic process)으로 나이오븀 함량이 60~70%인 페로나이오븀(ferroniobium, FeNb)을 얻는다.

대부분의 나이오븀은 탄탈럼과 함께 들어 있는데, 이들을 분리하고 생산하는 과정이 매우 복잡하다. 일반적으로 채취한 광석을 가루로 분쇄하고, 부유 및 강한 자력으로 선광하여 농축시킨 후, 다른 광물을 제거하여 오산화 나이오븀과 오산화 탄탈럼을 얻는 것으로부터 시작한다. 이 혼합 산화물을 묽은 플루오린산과 반응시켜 물에 녹는 오플루오린화 옥시 나이오븀산(H$_2$NbOF$_5$) 수용액 층의 PH를 높이고, 이를 얻은 후 이를 유기 용매층으로 추출하고, 이 용액에 플루오린화 포타슘을 첨가하여 얻은 오플루오린화 옥시 포타슘 나이오븀산(K$_2$NbOF$_5$) 침전물에 암모니아를 첨가하여 오산화 나이오븀으로 바꾼다. 나이오븀은 이 산화물의 소듐, 탄소, 수소 또는 알루미늄과의 환원 반응으로 얻을 수 있지만, 높은 순도로 정제시키려면 진공에서 전자 빔 용해 방법이 필요하다. 공기와는 반응하지 않지만 장기간 노출되면 산화된다. 대부분의 산과는 반응하지 않으며 높은 온도에서 강산, 산소, 질소, 염소와 반응한다.

나이오븀은 페로나이오븀 형태로 생산되며, 강하고 가벼우며 잘 부식되지 않아 고강도 저합금(high strength low alloy, HSLA)으로 자동차 차체 및 가스관 등에 쓰인다. 고순도 페로나이오븀과 니켈 나이오븀 초합금(superalloy)은 제트 엔진, 로켓 엔진, 내열성 연소 장치, 핵반응로, 항공기 기체, 화학 반응기 등에 사용된다. 나이오븀-저마늄(Nb_3Ge), 나이오븀-주석(Nb_3Sn), 나이오븀-타이타늄(NbTi) 합금은 강력한 초전도 자석을 만드는 전선 코일로서 MRI와 입자 가속기의 부품으로 쓰인다. 질화 나이오븀(NbN)은 저온에서 초전도체 성질을 보여 적외선 검출기로, 탄화 나이오븀(NbC, Nb_2C)은 단단한 내화물로, 초경합금(cemented carbide)의 첨가제로, 규화 나이오븀($NbSi_2$)은 초고온에 견디는 내화물로, 이셀레늄화 나이오븀($NbSe_2$)은 1300도에서도 분해되지 않는 고온 윤활제로 사용된다. 나이오븀을 산화시켜 얻은 산화물 피막의 두께는 걸어준 전압에 따라 달라져 여러 가지 아름다운 색과 무늬를 형성하여 장신구에도 쓰인다. 생물학적 역할은 알려져 있지 않으며, 독성은 거의 없다고 보고되었다.

원자 번호 73
탄탈럼

1802년에 에셰베리는 컬럼바이트와 유사한 핀란드산 탄탈라이트 광석에서 새로운 원소를 발견하였는데, 이 원소는 나이오븀과 거의 성질이 같고 산에는 녹이기 어려웠다. 이 때문에 지옥의 물속에 있으면서도 목이 말라 물을 마시려고 하면 수위가 내려가 마시지 못하는 제우스의 아들 'Tantalus'를 연상한다고 하여, 그 이름을 금속을 나타내는 접미어와 합하여 'Tantalum'으로 명명하였다. 원소 기호는 'Ta'이다. 1864년에 스위스의 드 마리냑J. C. G. de Marignac은 염화 탄탈럼(TaCl$_5$)을 수소 기체하에서 가열하여 금속 탄탈럼을 처음으로 얻었으며, 순수한 탄탈럼은 1903년에 독일의 폰 볼턴w. von Bolton이 칠플루오린화 포타슘 탄탈럼산(K$_2$TaF$_7$)을 소듐으로 환원시켜 얻었다. 체심입방 구조의 α형과 사방정계 구조의 β형의 두 동소체가 있다. 단단하지만 부서지기 쉬운 β형은 준안정하며, 이를 750~775도로 가열하면 전기와 열이 잘 통하면서 비교적 연성이고 무른 α형으로 전환된다. 호주, 브라질, 중국, 모잠비크에 주로 매장되어 있으며, 르완다, 호주, 모잠비크 등에서 생산된다.

원자 번호 73번 탄탈럼은 지각에 1.7×10^{-4}% 있으며, ^{180m}Ta(0.012%)과 ^{181}Ta(99.988%)으로 존재한다. 질량수 155~190의 방사성

동위 원소 39가지가 알려져 있으며, 그중 반감기가 1.82년인 ^{179}Ta이 가장 안정하다. 5족에 속하며, 밀도는 16.69 g/cm^3, 녹는점은 3017 도, 끓는점은 5458도이다. -1~+5의 산화 상태를 가지며 +5 상태가 가장 안정하다. 탄탈라이트, 콜탄(coltan), 컬럼바이트 등의 광석에 주로 매장되어 있으며, 사마스카이트(samarskite, (Y, Ce, U, Fe)$_3$(Nb, Ta, Ti)$_5$O$_{16}$))와 퍼거소나이트(fergusonite)에도 약간 들어 있다.

탄탈럼을 분리하는 과정은 나이오븀의 그것과 유사하며, 다른 점은 녹지 않는 칠플루오린화 탄탈럼산(H$_2$TaOF$_7$)으로 바꾼 후, 이를 메틸 아이소부틸 케톤(methyl isobutyl ketone)으로 추출하는 과정이다. 여기에 암모니아 용액을 가해 오산화 탄탈럼(Ta$_2$O$_5$)을 얻는다. 탄탈 럼은 오산화 탄탈럼을 탄소 또는 알루미늄과의 환원 반응으로 또는 이 산화물을 오염화 탄탈럼(TaCl$_5$)으로 바꾼 후 수소나 알칼리 토금 속과 환원 반응시켜 얻는다. 공기 중에서는 잘 산화되지 않으며, 저 온에서는 왕수에도 녹지 않으나 높은 온도에서의 강산과 알칼리에는 녹는다.

전자 회로에서 축전기는 에너지를 저장하거나 직류를 차단하고 교류를 통과시키는 여과기의 역할을 담당하는데, 특히 금속 박이 양 극, 산화물 피막이 유전체, 전해액이 음극으로 이루어진 전해 축전기 에 있어서, 금속 박의 제조에 탄탈럼이 쓰인다. 크기와 무게가 작고 안정성이 높아 휴대 전화나 개인 컴퓨터, 자동차 및 항공기 등의 전 자 재료로 쓰인다. 집적 회로 제작에서 박막 저항체와 확산 장벽용으 로, 고출력 저항체로, 내산화성이 좋아 실험 기구 및 화학공정 장치 재료로 이용된다.

탄탈럼 합금은 강하고 녹는점이 높아 항공기의 발전 터빈에 사용되며, 생체 적합성이 좋아 수술 도구, 인공 뼈, 임플란트용 나사 등의 재료로 쓰인다. 또 녹는점이 높고 산화가 잘 되지 않기 때문에 진공관의 전극과 그리드, 고온 진공로 내벽, 내부식성 부품 재료로 사용된다. 통신 시스템에서 표면 탄성파 필터용으로 탄탈산 리튬($LiTiO_3$)이, 영상 진단 장치에서 X선을 증폭시키는 용도로 탄탈산 이트륨($YTaO_3$)이 쓰인다. 오산화 탄탈럼은 카메라 렌즈용 고굴절 유리 및 근자외선에서 적외선에 걸친 빛을 거의 흡수하는 코팅 재료로 사용되며, 산화물 박막은 전해 축전기의 유전체로 작용한다. 오산화 탄탈럼을 칼슘이나 알루미늄으로 환원시키면 이산화 탄탈럼(TaO_2)을 얻을 수 있으나, 그 산화물의 특징과 용도는 알려져 있지 않다. 진공 또는 비활성 기류하에서 탄탈럼을 흑연 가루와 함께 가열하거나 오산화 탄탈럼을 탄소로 환원 반응시켜 얻은 탄화 탄탈럼(TaC)은 내화물 및 초전도체이다. 생물학적 역할과 독성에 대해서는 알려져 있지 않으나, 피부 발진을 일으킨다는 보고가 있다.

원자 번호 45

로듐

루테늄, 오스뮴, 로듐, 이리듐, 팔라듐, 백금과 같은 원소들은 천연 합금 형태로 백금 광석에 함께 들어 있어 백금족 금속(platinum metals)이라고 한다. 이 중 로듐은 1803년 영국의 울러스턴W. H. Woolaston이 남미에서 산출된 백금 광석에서 장미색의 염화 로듐의 소듐 수화물($Na_3RhCl_6 \cdot 12H_2O$) 분말에서 얻었는데, 그 색깔에 근거하여 '장미'의 그리스어 'rhodon'에 금속을 나타내는 접미어를 붙여서 'Rhodium'으로 명명하였다. 원소 기호는 'Rh'이다. 그는 백금 광석 농축물을 왕수에 녹인 후 수산화 소듐으로 중화시키고, 염화 암모늄을 가해 얻은 침전물에 묽은 질산을 가하였는데, 이는 팔라듐과 로듐을 제외하고는 다른 백금족 금속들이 모두 녹기 때문이다. 이 침전물에 왕수를 가한 후 염화 소듐을 넣어 얻은 로듐 수화물 침전물을 알코올로 씻은 다음, 아연과의 금속 치환 반응으로 로듐을 얻었다. 남아프리카공화국이 주요 매장국인 동시에 생산국이며, 러시아와 캐나다에서도 생산된다.

원자 번호 45번 로듐은 지각에 $1 \times 10^{-8}\%$ 존재하는 지구상에서 가장 희귀한 원소 중 하나이며, ^{103}Rh으로만 존재한다. 질량수 89~122의 여러 방사성 동위 원소가 알려져 있으며, 그중 반감기가 3.3년인 ^{101}Rh이 가장 안정하다. 9족이며 면심 입방 구조이다. 밀도는 12.41 g/cm^3, 녹는점은 1964도, 끓는점은 3695도이다. 0~+6의 산화 상태를 가지나 +3 상태가 가장 안정하다. 백금 광석, 로다이트(rhodite), 스페릴라이트, 이리도스민(iridosmine) 광석에 존재하며, 백금족 금속들은 주로 니켈과 구리의 전기 제련에서 전해조의 양극 바닥에 쌓인 찌꺼기인 양극 전물이나 황화물 광석을 제련할 때 전로매트(converter matte)로 농축된 것에서 얻는다.

백금 광석 농축물에서 로듐을 분리하는 과정은 먼저 농축물을 왕수에 녹여 금, 은, 백금, 팔라듐으로 분리하고, 남은 찌꺼기를 황산 수소 소듐($NaHSO_4$)과 함께 용융시킨다. 물로 추출한 황산 로듐($Rh_2(SO_4)_3$) 수용액에 수산화 소듐을 가해 산화 로듐($Rh_2O_3 \cdot 5H_2O$)으로 침전시키고, 그 침전물을 염산에 녹인 후 아질산 소듐과 염화 암모늄을 가하면 나이트로 로듐 착화합물($(NH_4)_3[Rh(NO_2)_6]$)이 얻어진다. 이를 염산 용액에 녹이면 로듐 염화물($(NH_4)_3[RhCl_6]$)을 얻는데, 이를 건조시킨 후 수소 기체로 환원시키면 분말 또는 스펀지 형태가 된다. 이것은 공기 중에서는 잘 산화되지 않으며, 500도 이상의 높은 온도에서 산화 로듐이 된다. 더 높은 온도에서는 로듐 금속과 산소로 분해된다. 강산에는 녹지 않으나 분말 상태에서는 왕수에 녹으며, 뜨거운 황산과 용융 알칼리에는 녹는다.

로듐은 산화와 부식이 잘 되지 않는 비활성 금속으로 알려져 있으며, 희귀하고 생산량이 적은 데다가 값도 비싸 귀금속으로 쓰인다. 자동차 배기가스 정화 장치인 3원 촉매 전환기의 주요 물질이며, 스모그의 주요 원인인 질소 산화물(NO_x)을 질소와 산소로 분해시키는 환원 촉매로 쓰인다. 화학 공업에 있어서 메탄올을 아세트산으로 만드는 몬산토 공정(Monsanto process), 알켄을 알데하이드로 바꾸는 하이드로포르밀화 공정(hydroformylation process), 알켄의 수소 첨가 반응 공정, 불포화 결합 분자에 규소-수소 결합을 첨가하는 수소화 규소 첨가 반응 공정, 암모니아를 질산으로 만드는 공정 등의 촉매로 사용된다.

로듐과 백금, 이리듐, 팔라듐의 합금은 고온에서도 잘 물러지거나 부식되지 않아 두 도체를 접합시킬 때, 그 온도 차이에 비례하여

로듐—비냅 착화합물

기전력이 생성되는 열전 현상을 이용한 온도 측정 장치인 열전대 (thermocouple)로 사용된다. 저항체, 항공기 점화 플러그의 전극, 베어링과 전기 접점, 실험실용 도가니, 고온로 등에도 쓰인다. 아울러 빛의 반사율이 높고 내부식성이 좋아 장신구나 전기 도금과 진공 증착 도금 및 거울과 탐조등의 반사판으로 이용된다. 염화 로듐($RhCl_3$)을 산소와 함께 600도에서 가열하면, 안전한 커런덤(corundum, 알루미나) 구조의 산화 로듐을 얻는데, 주로 일산화 탄소와 일산화 질소의 산화 촉매로 쓰인다. 염화 로듐을 에탄올 용매에서 과량의 삼페닐포스핀 (PPh_3)을 넣고 끓이면, 프로필렌의 수소 첨가 반응의 주요 촉매인 윌킨슨 촉매(Wilkinson's catalyst, $[RhCl(PPh_3)_3]$)를 얻는다. 로듐 이온과 비냅(2,2'-bis(diphenylphosphino)-1,1'-binathyl, BINAP) 착화합물은 비대칭 반응 촉매로서 의약품 합성에 매우 중요하다. 로듐의 생물학적 역할은 알려져 있지 않으며, 순수한 로듐은 무독성이나 그 화합물은 반응성이 커서 고농도에서는 위험하다.

원자 번호 46

팔라듐

백금족 금속인 팔라듐은 1802년에 영국의 울러스턴이 남미에서 산출된 백금 광석에서 로듐과 함께 분리하였는데, 소행성 'Pallas'와 금속을 나타내는 접미어를 합하여 'Palladium'으로 명명하였다. 원소 기호는 'Pd'이다. 그는 백금 광석을 왕수에 녹인 후 수산화 소듐을 가해 중화시키고, 염화 암모늄을 가해 암모늄염화 백금$((NH_4)_2[PtCl_6])$으로 침전시켰다. 이어 여액을 아연과의 금속 치환 반응으로 침전시켜 분리된 팔라듐과 로듐을 왕수에 녹인 후, 사이안화 수은$(Hg(CN)_2)$을 가해 사이안화 팔라듐$(Pd(CN)_2)$으로 다시 침전시키고, 이를 가열하여 금속 팔라듐을 얻었다.

처음에는 발견자인 자신의 이름을 언급하지 않았으며, 같은 나라의 케네빅R. Chenevix에게서 팔라듐이 백금과 수은의 합금이라는 비난을 받기도 하였다. 이후 케네빅은 팔라듐에 관한 실험 결과를 논문으로 제출하고 그 공로로 1803년에 코플리 메달을 수상하였으며, 울러스턴은 그에게 익명으로 팔라듐을 부상으로 제공하였다. 울러스턴은 1804년이 되어서야 로듐 발견에 관한 논문을 출판하여 팔라듐에 대한 자신의 실험을 언급하였고, 드디어 1805년에 바로 자신이 팔라듐을 발견하였음을 알렸다. 러시아와 남아프리카공화국이 주요 매장국 및 생산국이며 캐나다와 미국에서도 생산된다.

원자 번호 46번 팔라듐은 지각에 1×10^{-7}% 존재하는 지구 상에서 가장 희귀한 원소 중 하나이다. ^{102}Pd(1.02%), ^{104}Pd(11.14%), ^{105}Pd(22.33%), ^{106}Pd(27.33%), ^{108}Pd(26.46%), ^{110}Pd(11.72%)과 같은 동위 원소와 질량수 91~124의 여러 방사성 동위 원소가 알려져 있으며, 그중 반감기가 650만 년인 ^{107}Pd이 가장 안정하다. 10족 원소이며 면심 입방 구조를 가지고, 밀도는 12.02 g/cm^3, 녹는점은 1555도, 끓는점은 2963도이다. 0, +2, +4의 산화 상태를 가지나, 이 중 +2 상태가 가장 안정하다. 상온의 덩어리 상태에서는 공기 중에서도 안정하나, 가루 상태에서는 불이 붙는다. 대부분의 산에 녹지 않으나 뜨거운 산과 왕수에는 녹는다.

금이나 백금 등과의 합금 형태로 일부 지역의 풍화 작용으로 형성된 표사 광상에서 사백금(砂白金) 형태로 발견되며, 백금의 비소화물 광석 쿠퍼광과 팔라듐, 납, 비스무트의 합금 광석 폴라라이트에서도 발견된다. 백금족 금속들처럼 양극 전물이나 전로 매트로 농축된 것에서 얻는다. 백금 광석 농축물에서 팔라듐의 분리는 로듐의 그것과 유사하게 왕수, 질산, 염산, 염화 암모늄 각 단계를 거쳐 얻은 이암민 이염화 팔라듐(Pd(NH$_3$)$_2$Cl$_2$)를 870도 이상에서 수소 기체하에서 환원시켜 스펀지 형태로 얻는다.

팔라듐은 자동차 배기가스 정화 장치인 촉매 전환기에 백금과 함께 섞어 일산화 탄소와 미연소된 탄화수소의 산화 반응의 촉매로 사용된다. 화학 공업에서는 탄소 지지체에 입힌 미세한 팔라듐 분말 상태로 수소화 및 탈수소화 반응, 정유 공장에서의 석유 분해 반응, 에틸렌을 아세트알데하이드로 전환시키는 웨크 공정(Wacker process), 탄소-탄소 결합 형성의 헤크(Heck) 반응, 탄소-탄소 짝지음 반응(carbon-carbon coupling)의 네기시(Negishi) 반응과 스즈키(Suzuki) 반응 등의 촉매로 쓰인다. 전자 산업에서 적층 세라믹 콘덴서(multilayer ceramic capacitor, MLCC)의 전극으로 팔라듐과 그 합금이 사용되며, 이들은 평판 티브이, 컴퓨터, 휴대 전화에 쓰이고, 도전 재료, 내부식 도금에 사용된다.

예전에는 금과의 합금인 백색금 형태로 장신구에 주로 쓰였지만, 단단하고 내마모성이 좋아 지금은 항공기 점화 플러그 전극, 고급 수술 기구, 베어링, 시계 템포 바퀴 등에 쓰인다. 팔라듐 박막은 수소 기체는 잘 통과시키지만 다른 기체는 통과시키지 않기 때문에 고순도 수소 생산에 사용된다. 팔라듐-수소 전극은 수소 연료 전지에 매우 중요하다. 팔라듐은 독성이 매우 낮으나 과량을 섭취하면 해가 된다. 촉매 전환기를 통해 가스 분출 시 4~108 ng/km의 팔라듐 미립자가 함께 방출되는 것으로 알려져 있다. 생체 적합성이 좋아 충치 씌우개, 브리지, 인공 치아, 치과 보철 시술에 쓴다.

팔라듐은 다양한 양의 수소 기체와 결합하여 금속 결합성 수소화물을 만들며, 일반적으로 $[PdH_x]$로 표기한다. 흥미로운 것은 x 값이 작을 때에는 도체로 작용하나, 그 값이 0.5 부근에서는 반도체 역할을 한다는 점이다. 수소화물의 수소 원자는 이동성이 크며 팔라듐 금속 막을 통과할 수 있는데, 이는 막의 한쪽 표면에서 수소 기체가 수소 원자로 분해되고, 이 틈새에서 다른 틈새로 이동함에 따라 막을 통해 수소 원자가 확산되어 막의 반대쪽 표면에서 수소 기체로 재결합되는 것으로 여겨진다. 다른 기체들은 팔라듐을 통과할 수 없으므로, 이러한 과정을 이용하여 다른 기체 혼합물과 수소 기체를 분리할 수 있다. 이러한 수소화물은 대단히 많은 수소 기체를 함유할 수 있으며, 팔라듐의 경우 그 자신의 부피보다 935배나 되는 수소 기체를 흡수하며, 이 양은 액체 수소의 밀도에 버금간다.

원자 번호 76

오스뮴

1600년대 후반에 콜롬비아의 은광에서 처음 발견되었으며, 1700년대 중반에 유럽에 소개된 백금 광석을 1803년에 영국의 테넌트 S. Tennant는 왕수에 녹지 않는 소량의 검은색 찌꺼기 부분을 수산화 소듐 수용액에 넣고 가열하여 노란색의 사수산화 오스뮴산 이온($OsO_2(OH)_4^{2-}$)을 얻었다. 이를 산성 처리후 증류시켜 모은 연기 냄세의 사산화 오스뮴(OsO_4)과 염화 암모늄의 반응으로 생성된 사암민 이염화 오스뮴산($OsO_2(NH_3)_4Cl_2$) 침전물을 고온에서 수소 기체와의 환원으로 새로운 원소를 얻었다. 이 원소를 '냄새'를 뜻하는 그리스어 'osme'와 금속을 나타내는 접미어를 합해 'Osmium'으로 명명하였으며, 원소 기호는 'Os'이다. 같은 해 프랑스의 보클랭 역시 왕수에 녹지 않는 검은 찌꺼기를 알칼리와 산 처리하여 새로운 산화물을 얻고, 새로운 원소를 '날개 달린 것'의 그리스어 'ptenos'에서 따와 'ptene'로 명명하였지만, 후속적인 연구가 이루어지지 않았다. 남아프리카공화국, 캐나다, 러시아에서 생산된다.

원자 번호 76번 오스뮴은 지각에 1×10^{-8}% 존재하는 지구상에서 가장 희귀한 원소 중 하나이다. ^{184}Os(0.02%), ^{186}Os(1.59%), ^{187}Os(1.96%), ^{188}Os(13.24%), ^{189}Os(16.15%), ^{190}Os(26.26%), ^{192}Os(40.78%)과 같은 동위 원소와 질량수 162~196의 29가지 인공 방사성 동위 원소가 알려져 있으며, 이 중 반감기가 6년인 ^{194}Os이 가장 안정하다. 8족 원소로 육방 조밀 채움 구조를 가지며 밀도는 22.59 g/cm³으로 가장 높고, 녹는점은 3033도, 끓는점은 5012도이다. -2~+8의 산화 상태를 가지나 +2, +3, +4, +8 상태가 가장 안정하다.

백금 광석, 약 30%의 오스뮴을 포함하는 이리도스민(iridosmine), 약 50%의 오스뮴을 포함하는 오스미리듐(osmiridium) 광석에 존재하나, 다른 백금족 금속들과 같이 주로 구리와 니켈 제련의 부산물로 얻는다. 전해조 바닥에 쌓이는 양극 전물을 과산화 소듐(Na_2O_2)과 반응시켜 물로 추출하고, 염소 및 염산과 반응시킨 후, 가열 및 증류로 휘발성의 사산화 오스뮴을 얻고 이로부터 오스뮴을 정제한다. 실온에서 덩어리 상태로는 안정하나, 분말이 되면 느리게 산화된다. 뜨거운 진한 황산 및 질산에는 녹지만 왕수에는 거의 녹지 않고, 산화제 존재하에서 알칼리와 용융시키면 녹는다.

오스뮴은 압축률은 매우 낮으나, 압축력에 저항하는 정도를 나타내는 체적 탄성률(bulk modulus)은 다이아몬드와 비슷하다. 오스뮴과 백금의 합금은 단단하고 내마모성이 뛰어나며, 산이나 알칼리에 대한 내부식성이 좋아 초기에는 펜촉 끝, 축음기 바늘 끝, 나침반 베어링 등에 많이 쓰였다. 지금은 전기 접점, 특수한 실험 장치, 인공심장박동 조절기와 심장 판막과 같은 생체 이식 장치 등에 사용된다. 사산화 오스뮴은 알켄을 디올로 변환시키는 산화제 및 전자 현미경용 지방 조직의 염색과 관절염 환자의 활액막 절제술(synovectomy)로 쓰인다. 한때 오스뮴은 암모니아를 합성하는 하버-보슈 공정의 촉매로 사용되었지만, 요즘 값싼 철 산화물로 대체되었다. 참고로 1907년에 설립된 세계적 전등회사 오스람(Osram)의 이름은 오스뮴과 텅스텐의 독일 원소 이름 볼프람(wolfram)을 합하여 지어진 것이다. 오스뮴의 생물학적 역할과 독성은 없으나, 그 산화물은 독성이 있어 폐, 피부, 눈에 자극을 주며, 높은 농도에서는 두통, 폐 폐색, 피부와 눈의 손상을 초래한다.

원자 번호 77
이리듐

지각보다 운석에 훨씬 많은 농도로 들어 있는 이리듐은 알베레즈 가설(Alvarez hypothesis)에 근거한 백악기-제3기 경계층(K-T, Cretaceous-Paleogen boundary) 형성과 관련이 있다. 알베레즈 가설은 백악기 말기인 6600만 년 전에 소행성(또는 혜성)이 지구와 충돌하여, 이리듐 함량이 높은 먼지가 대기 중에 퍼져 태양 빛을 가리게 되었고, 이 때문에 1차적으로 지구상의 식물들이 사라지고, 먹이 사슬에 의해 공룡, 파충류 등이 멸종한 원인을 제공하였다는 설이다. 이때 퇴적된 K-T 층과 멕시코 유카탄 반도에서 발견된 큰 충돌구가 거의 같은 연대에 형성된 것으로 확인되어 이 이론은 더욱 큰 힘을 받았다. 하지만 K-T 층의 이리듐 농도의 증가와 공룡의 대멸종이 지구 중심부의 이리듐의 농도가 높은 화산 폭발과 연관된다는 가설도 있다.

백금족 금속으로서 1803년에 오스뮴과 함께 영국의 테넌트가 분리한 이 새로운 원소는 여러 가지 다양한 색깔을 띠기 때문에 그리스 신화에 나오는 '무지개 여신'의 'Iris'와 금속을 나타내는 접미어를 합해 'Iridium'으로 명명되었다. 원소 기호는 'Ir'이다. 테넌트는 백금 광석을 왕수에 녹였을 때 남은 소량의 검은색 찌꺼기를 알칼리와 산으로 처리하고, 수산화 소듐과 함께 가열하여 물을 넣어, 그래도 녹지 않고 남은 찌꺼기에 염산을 넣은 산성 용액에서 진한 붉은색의 이리듐 염($Na_2[IrCl_6] \cdot nH_2O$으로 추측)을 얻었다. 1813년에 영국의 칠드런J. G. Children은 갈바니 전지를 이용하여 이리듐을 녹였으며, 고순도의 이리듐은 미국의 헤어R. Hare가 1842년에야 얻었다. 주로 남아프리카공화국, 캐나다, 러시아에서 생산된다.

원자 번호 77번 이리듐은 지각에 1×10^{-8}%의 극미량으로 존재하는 지구상에서 희귀한 원소로, ^{191}Ir(37.3%), ^{193}Ir(62.7%)과 같은 동위 원소가 있다. 질량수 164~199의 방사성 동위 원소 34가지가 합성되었으며, 그중 반감기 73.83일의 ^{192}Ir이 가장 안정하다. 질량수 164~197의 32가지가 준안정 이성질체도 알려져 있으며, 그중 반감

기가 241년인 ^{192m2}Ir이 가장 길
다. 9족 원소이며, 밀도는 22.56
g/cm³로 오스뮴보다 약간 낮
으며, 녹는점은 2446도, 끓는점
은 4130도이다. -3~+9의 산화

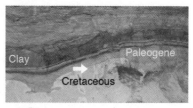

K-T 층

상태를 가지나 +3과 +4 상태가 가장 안정하다. 공기, 물, 산, 알칼리
와 반응하지 않고 왕수에도 녹지 않으나, 고온에서 공기 또는 산소와
반응시키면 이산화 이리듐(IrO_2) 산화물로 된다.

　백금 광석, 약 70%의 이리듐을 포함하는 이리도스민, 약 50%
의 이리듐을 포함하는 오스미리듐 광석에 존재하며, 다른 백금족 금
속들과 같이 주로 구리와 니켈 제련의 부산물로 얻는다. 양극 전물을
과산화 소듐과 용융시킨 후 왕수에 녹이거나 염소와 염산 혼합물에
녹인 후 염화 암모늄을 가해 암모늄 육염화 이리듐(($NH_4)_2[IrCl_6]$)으로
침전시켜, 이 침전물을 유기 아민 화합물로 추출하여 다른 백금족 금
속들로부터 분리한다. 이러한 이리듐 화합물을 높은 온도에서 수소
기체에 의해 환원시키면 분말 또는 스펀지 형태의 금속 이리듐이 얻
어지며, 분말 야금법을 이용하여 원하는 형태의 금속 제품으로 가공
한다.

　내부식성, 내마모성, 높은 녹는점을 가진 이리듐-백금 합금은
펜촉 끝, 킬로그램과 미터 표준 원기 제작, 소금물의 전기 분해에 사
용되는 전극, 고온에서 화합물 반도체와 레이저 재료의 결정을 만드
는 도가니, 고급 점화 플러그의 전기 접점, 내구성 항공기 부품, 나침
반 베어링, 저울, 생체 이식 장치 등에 쓰인다. 이리듐-타이타늄 합금

은 심해용 파이프로, 고운 이리듐 분말인 이리듐 블랙(iridium black)은 도기의 깨끗하고 진한 검은색 안료로 사용된다. 이리듐 화합물은 유기 발광 다이오드(OLED)의 형광체로 주목받고 있으며, 메틸 알코올을 아세트산으로 만드는 카티바 공정(Cativa process), 수소화 탈황 반응, 수소화 반응의 화학 촉매로 쓰인다.

어떤 금속 결정의 원자핵은 되튐(recoil) 없이 감마선을 방출하고, 이것이 같은 종류의 다른 원자핵에 공명되어 흡수되는데, 이러한 성질을 뫼스바우어 효과(Mössbauer effect)라고 한다. 이 효과가 높으면 아주 미세한 에너지 변화도 검출할 수 있다. 이리듐에서 이러한 성질이 처음 관찰되었고, 이후 철을 비롯한 다른 핵에서도 발견되었다. 이 성질을 응용하여 개발된 것이 바로 뫼스바우어 분광기(Mössbauer spectroscopy)이다. 방사성 동위 원소 ^{192}Ir이 근접 방사선 치료(brachy therapy)에 사용되지만, 높은 에너지의 감마선은 암을 유발할 위험이 있다. 금속 이리듐의 생물학적 역할과 독성은 없는 것으로 알려져 있지만, 분말 형태의 이리듐은 눈이나 피부에 자극을 준다.

원자 번호 11

소듐

유리 제조와 빨래에 사용된 잿물, 중세 유럽에서 사용되었던 두통 치료제, 음식물의 간을 맞추거나 절여서 오랫동안 보관하는 데 사용한 암염 등의 예에서 보듯이, 소듐 화합물은 오래전부터 우리 생활에 중요하게 사용되었다. 가성 소다(수산화 소듐, NaOH)와 혼용하여 사용한 '소다'는 좁게는 결정성 탄산 소듐($Na_2CO_3 \cdot 10H_2O$), 넓게는 중탄산 소다 또는 중조라고 불리는 탄산 수소 소듐($NaHCO_3$)을 포함하며, 공업계에서는 무수 탄산 소듐을 소다회(soda ash)라고 부른다. 탄산 가스가 들어 있는 음료수를 소다수라고 하는데, 이는 과거에 탄산 가스를 얻을 때 중탄산 소다를 사용한 것에서 비롯되었다.

1807년에 영국의 데이비는 용융된 수산화 소듐을 전기 분해시켜 분리하여 얻은 새로운 원소를 '두통'을 뜻하는 아랍어 'suda'에서 온 것으로 여겨지는 라틴어 'sodanum'과 금속을 나타내는 접미어를 합해 'Sodium'으로 명명하였다. 원소 기호는 'Na'로, 1814년 스웨덴의 베르셀리우스가 탄산 소듐이 주성분인 광석의 고대 이집트어 'Natron'의 라틴어 'Natrium'의 처음 두 글자에서 따온 것이다. 1809년에 독일의 길베르트L. W. Gilbert가 '소듐' 대신 '나이트로늄(Nitronium)'을 제안하기도 하였다. 우리말 원소 이름으로는 소듐과 나트륨이 모두 사용되고 있다. 최초의 상업적인 소듐은 탄산 소듐을 1100도에서 탄소의 환원 반응으로 얻었다.

원자 번호 11번 소듐은 지각에 약 2.6% 분포되어 있으며, 바닷물에도 30 g/L 정도 녹아 있다. 자연 상태에서 ^{23}Na으로만 존재하는 1족 원소이며, 우주 선에 의해 반감기가 2.6년인 ^{22}Na, 15시간인 ^{24}Na 와 같은 두 방사성 동위 원소가 만들어진다. 밀도는 0.968 g/cm^3, 녹는점은 97.8도, 끓는점은 883도이며, 주요 산화 상태는 +1이다. 옛날 바다였던 곳에서 물이 증발하여 남아 있는 암염인 소듐 광석, 탄산염, 황산염, 붕산염, 빙정석, 제올라이트 등의 광물에서 소듐을 얻는다.

중요한 소듐 화합물인 탄산 소듐은 1791년에 르블랑N. Leblanc이 소금을 황산과 반응시켜 얻은 황산 소듐을 석회석과 석탄을 함께 태워 얻었다. 1861년에 솔베이E. Solvay는 소금을 암모니아, 탄산 가스 등과 반응시켜 얻은 탄산 수소 소듐을 가열하여 탄산 소듐을 얻었는데, 이 중 탄산 가스는 석회석을 구울 때 나오는 것을, 암모니아는 또 다른 부산물인 수산화 칼슘과 염화 암모늄의 반응으로 얻어진 것을 회수하여 사용하였다. 탄산 수소 소듐은 솔베이법으로 만들거나 수산화 소듐 수용액에 탄산 가스를 불어넣어 만든다. 수산화 소듐은 탄산 소듐을 구워 얻은 산화 소듐(Na$_2$O)을 물과 반응시키거나 수산화 칼슘과 탄산 소듐의 반응으로 얻지만, 지금은 소금물의 전기 분해로 얻는다.

소듐은 반응성이 매우 커서 공기 중의 산소와 빠르게 반응하여 산화물을 만들고, 물과는 폭발적으로 반응하기 때문에 액체 탄화수소와 같은 비산화성 물질에 담아 보관한다. 알칼리족 원소들은 액체 암모니아에 녹을 때 농도에 따라 특이한 색깔을 띠는데, 특히 소듐은 묽은 농도에서는 푸른색을, 진한 농도에서는 구리색을 띤다. 묽은 용액에서는 자기적으로 상자성을 보이고, 전기 전도도는 수용액에서보다 10배 정도 크다. 이러한 성질은 금속이 양이온으로 되면서 내놓은 전자가 용매 암모니아에 둘러싸여 유사 자유 전자처럼 행동하기 때문이다.

소듐은 합금 제조, 반응성이 큰 각종 금속의 제련에 쓰인다. 알칼리족 원소들은 불꽃 시험에서 특징적인 색깔을 띠는데, 특히 소듐의 아주 인접한 두 개의 노란색 '소듐 D-선'이 589.3나노미터에서 얻어지며, 이 빛은 에너지 효율이 높아 가로등에 쓰인다. 액체 소듐은 열 전도도가 높고 중성자를 잘 흡수하지 않기 때문에 홀로 또는 포타슘과의 합금으로 고속 증식로(fast breeder reactor)의 냉각제로 사용될 수 있다. 그러나 이 금속이 누출될 경우 공기 또는 물과 폭발적으로 반응하여 큰 사고가 날 수 있기 때문에 가동 중인 상업용 원자력 발전소에서는 사용하지 않는다.

소듐은 모든 동물에게 꼭 필요한 원소 중 하나이며, 생체 내에서 소듐 이온으로서, 세포 외에서 액체의 전해질 성분으로 존재한다. 삼투압, pH 조절, 신경 전달, 근육 수축, 섬모 운동, 색소포 수축에 관여하며, 아미노산과 포도당 등 영양 물질의 체내 수용에 쓰인다. 생체 내에서 소듐 이온이 부족하면 수분 과잉으로 부종 상태의 저나트륨혈증(hyponatremia), 탈수 증상, 저혈압을 수반하는 부신 피질 기능 저하증을 일으키는 반면, 소듐 이온이 과다하면 고혈압, 신장병, 심장병 등의 질병을 일으킨다.

원자 번호 19
포타슘

식물을 태워서 얻은 재(ash)를 우려낸 잿물은 빨래에 쓰이며, 그 잿물을 항아리(pot)에서 증발시켜 얻은 탄산 포타슘(potash, 주로 K_2CO_3)은 천의 표백제 또는 유리와 비누를 만드는 데 사용된다. '식물의 재'의 아랍어 'al-qaliy'가 알칼리(alkali)의 어원이다. 염분이 많은 땅이나 바다에서 자라는 식물의 재 또는 광물에서 얻은 소다회 역시 탄산 포타슘과 같은 용도로 사용되는데, 당시에 그 구분은 쉽지 않았다. 1700년대 초반에 와서야 두 물질이 근본적으로 다르다는 것을 생각하기는 하였으나, 확실한 증거를 제시하지는 못하였다. 드디어 1807년에 영국의 데이비가 탄산 포타슘에서 얻은 수산화 포타슘(가성칼리, KOH)을 용융시켜 전기 분해 방법으로 새로운 원소를 얻었는데, 이 원소의 이름을 'potash'와 금속을 나타내는 접미어를 합해 'Potassium'으로 명명하였다. 원소 기호는 alkali의 접두어 'al'을 빼고 따온 라틴어와 금속을 나타내는 접미어를 합한 이 원소의 다른 이름 'Kalium'의 첫 자인 'K'이다. 우리말 원소 이름으로는 포타슘과 칼륨이 모두 사용되고 있다. 포타슘 산화물(K_2O)의 생산은 주로 캐나다, 독일, 러시아, 벨라루스에서 이루어진다.

　　원자 번호 19번 포타슘은 지각에 2.6% 분포되어 있으며, 바닷물에는 0.39 g/L 정도의 낮은 농도로 녹아 있다. 24가지 동위 원소가 알려져 있는데, 자연 상태에서 ^{39}K(93.26%), ^{40}K(0.012%), ^{41}K(6.73%)으로 존재한다. 1족의 알칼리 금속 원소이며, 밀도는 0.862 g/cm³, 녹는점은 63.5도, 끓는점은 759도이다. 주요 산화 상태는 +1이다. 불꽃 시험에서 포타슘은 766.5나노미터에서 엷은 자색을 방출한다. 공기 중에서 쉽게 산화하고, 물과는 수소 기체와 많은 열을 내놓으면서 격렬히 반응하기 때문에 아르곤과 같은 비활성 기체하에서 무수 광물성 기름이나 석유에 담가 보관한다.

천연 상태에서는 화합물로만 존재하며, 포타슘 암염(sylvite, KCl), 실비나이트(sylvinite, KCl/NaCl), 카널라이트(carnalite, $KCl \cdot MgCl_2 \cdot 6H_2O$), 랑베이나이트(lanbeinite, $K_2Mg_2(SO_4)_3$) 등의 광석에 널리 분포되어 있으나, 19세기 후반까지는 식물의 재에서 탄산 포타슘을 제조하는 공장 잿간(ashery)에서 생산된 것을 주로 사용하였다. 포타슘 광석에서 포타슘 염을 회수하기 위해서는 그 광석에 포함된 소듐이나 마그네슘 염들을 분리해야 하는데, 용해도 차이를 이용한 선별적 침전이나 정전기적 분리 방법을 사용하였다. 이 과정으로부터 얻은 염화 포타슘(KCl)을 전기 분해하면 수산화 포타슘이 얻어지며, 여기에서 여러 포타슘 화합물을 제조한다. 염화 포타슘을 금속 소듐에 의해 환원시킨 후, 그 끓는점의 차이를 이용한 분별 증류 또는 플루오린화 포타슘(KF)을 탄화 칼슘(CaC_2)과 반응시켜 금속 포타슘을 얻는다.

1840년에 독일의 리비히는 포타슘이 식물의 생장에 필수적인 원소이지만 대부분의 토양에는 부족하므로 외부에서 비료로 보충해 주어야 한다는 사실을 파악하였으며, 이때 사용되는 포타슘 화합물은 칼리(카리 또는 가리) 비료로도 불리는데, 염화 포타슘, 황산 포타슘(K_2SO_4), 질산 포타슘(KNO_3) 등이 있다. 사이안화 포타슘(청산칼리, KCN)은 맹독성 물질로 잘 알려져 있으며, 염화 포타슘은 주사액, 식품 가공, 전해질로 사용된다. 수산화 포타슘은 천의 염색과 안료로 주로 사용되며, 액체 비료 및 세제, 비누, 합성 고무, 곡물 보호제에도 쓰인다. 탄산 포타슘은 온도가 높고 단단한 경질 강화 유리의 제조, 광학 렌즈, 형광등에 이용된다. 질산 포타슘은 검은색 화약의 한 성분으로 폭탄, 신호탄, 비료 등에 쓰인다. 염소산 포타슘($KClO_3$)은 성냥과 폭약에, 과망가니즈산 포타슘($KMnO_4$)은 산화제, 탈색제, 표백제, 정화제로 사용된다. 포타슘 과산화물(KO_2)은 탄산 가스와 반응하여 산소를 내놓으므로 광산, 잠수함, 우주선 등에서 보조 산소 공급원으로, 화학공업에서는 산화제 및 수분 제거제로 사용된다.

포타슘 이온은 동물에서는 신경 전달에, 식물에서는 생장과 결실에 관여한다. 세포 내액에는 포타슘 이온이 존재하고, 세포 외액에는 주로 소듐 이온이 양이온으로 존재하는데, 이와 같은 세포 내외의 포타슘과 소듐 이온의 농도 차이는 소듐 이온의 경우 세포 안에서 바깥으로, 포타슘 이온의 경우 세포 바깥에서 안으로 이동시키는데 관여한다. 세포막에 존재하는 ATP 가수 분해 효소인 Na^+/K^+ 펌프(또는 Na^+/K^+-ATPase, 세포막 전위를 유지하고 세포 부피를 조절하는 기능)로 인해 신경 전달에 필수적인 막 전위(membrane potential)가 생성된다. 흥분되지 않은 상태에서의 막 전위를 정지 전위(resting potential)라고 하며, 근육 수축, 신경 전달, 심장 기능 등 흥분에 의한 일시적인 막 전위의 변화를 활동 전위(action potential)라고 한다. 인지질로만 구성된 내부는 소수성이므로 이온들은 통과할 수 없으며, 세포막을 가로지르는 단백질로 구성된 이온 통로(ion channel)를 통해서만 이동된다. 생물체는 포타슘 이온만 선택적으로 통과할 수 있는 구멍을 가지고 있어, 이 포타슘 이온 통로를 통하여 활동 전위를 조절한다.

포타슘 이온은 음식을 통해 섭취되고 소변으로 배출되어 균형을 이룬다. 따라서 설사, 이뇨제 복용, 구토 등으로 체내에서 부족해져 저칼륨증(hypokalemia)이 초래되면 골격근의 근력 저하, 경련, 근육 과민 등의 증상이 나타나고, 더 심하면 심전도가 변화하고 부정맥이 발생하기도 한다. 신부전증과 같은 신장 질환을 앓는 사람은 오히려 혈액 중의 포타슘 이온의 농도가 비정상적으로 높은 고칼륨증(hyperkalemia)이 나타나 심장 박동 비정상의 부정맥을 거쳐 심장 마비로 이어질 수도 있다.

원자 번호 20
칼슘

이집트 가자 지구의 거대 피라미드와 투탕카멘 무덤의 건축물 벽에 모래와 섞은 석회(또는 생석회, CaO)와 무수 석고($CaSO_4$)가 사용되었는데, 칼슘은 이러한 석회에서 비롯되었다. 이 때문에 영국의 데이비는 석회석(limestone, 불순물로 $CaCO_3$, SiO_2, Al_2O_3, MgO을 포함)을 구워서 만든 '석회'의 라틴어 'Calx'와 금속을 나타내는 접미어를 합해 이 새로운 원소를 'Calcium'으로 명명하였다. 원소 기호는 'Ca'이다. 1808년에 데이비는 스웨덴의 베르셀리우스와 폰틴M. M. Pontin이 석회를 수은에서 전기 분해시켜 칼슘 아말감을 얻었다는 사실을 전해 듣고, 석회와 산화 수은의 혼합물을 전기 분해시켜 얻은 칼슘 아말감으로부터 수은을 증류하여 금속 칼슘을 얻었다. 전통적으로는 용융 상태의 염화 칼슘을 전기 분해하여 얻는다. 중국, 러시아, 미국이 주요 생산국이다.

원자 번호 20번 칼슘은 지각에는 3.6% 있으며, 바닷물에도 0.41 g/L 농도로 녹아 있다. 원소 상태로는 존재하지 않고, 천연 상태에서는 ^{40}Ca(96.941%), ^{42}Ca(0.647%), ^{43}Ca(0.135%), ^{44}Ca(2.086%), ^{46}Ca(0.004%), ^{48}Ca(0.187%)과 같은 동위 원소로 존재하며, 우주 선 방사성 동위 원소로 반감기가 103000년인 ^{41}Ca이 있다. 2족의 알칼리 토금속 원소에 속하며, 밀도는 1.55 g/cm³, 녹는점은 842도, 끓는점은 1484도이다. +2의 산화 상태를 가진다. 산소, 질소와 반응하며, 상온에서 물과는 급격하게 반응하지 않는데, 그 이유는 물과 반응하여 생성되는 수산화 칼슘($Ca(OH)_2$)이 물에 잘 녹지 않아 고체 칼슘 표면에 보호 피막을 만들기 때문이다. 분말 상태에서는 격렬하게 반응한다.

칼슘은 주로 석회석, 백운석(dolomite, $CaCO_3 \cdot MgCO_3$), 백악(chalk, 60 % $CaCO_3$)과 같은 초기 해양 생물의 화석 잔해물의 퇴적암에 주로 분포되어 있으나, 석회석과 백운석의 혼합물인 대리석, 석고(gypsum, $CaSO_4 \cdot 2H_2O$), 형석(fluorite), 인회석(apatite, $Ca_5(PO_4)_3F$) 광석에도 존재한다. 산호, 조개껍질, 진주 등은 탄산 칼슘($CaCO_3$)으로, 동물의 뼈와

이는 주로 인산 칼슘($Ca_3(PO_4)_2$)으로 이루어져 있다. 석회 동굴은 물에 아주 소량 녹는 탄산 칼슘이 지하수에 녹아서 만들어진 반면, 종유석과 석순은 물에 녹은 탄산 칼슘이 재침전하여 만들어진 것이다. 탄산 칼슘이 녹아 있는 온천수가 분출되어 흘러내리면서 다시 탄산 칼슘이 침전되어 계단 형태의 석회화 단구(travertine terrace)가 만들어지는데, 이것은 미국의 옐로스톤 국립 공원(Yellow Stone National Park)과 터키의 파묵칼레(Pamukkale)에서 볼 수 있다.

석회석과 석회는 시멘트와 모르타르의 제조, 수돗물 처리의 응집제, 화력 발전소에서 발생하는 아황산 가스와 황화 수소의 포획제, 유리 제조에 쓰인다. 아울러 염화 칼슘($CaCl_2$)은 제설제, 건조제, 식품첨가제, 먼지 발생을 방지하는 방진제, 콘크리트 경화 촉진제로 사용되며, 탄산 칼슘은 페인트, 치약, 고급 종이, 고무, 플라스틱의 첨가물, 제산제 및 골다공증 치료와 예방에 쓰인다. 석고는 시멘트의 혼합 재료, 석고 보드로서의 건축 재료, 비료 및 백색 안료 등으로 사용되며, 석고를 150~200도로 구운 소석고($CaSO_4 \cdot 0.5H_2O$)는 물과 반죽하면 곧 굳어지므로 주물의 고형, 석고 모형, 의료용 석고 붕대에 쓰인다. 금속 칼슘은 규소, 인, 황, 망가니즈가 들어 있지 않은 철을 생산하는 데 쓰이며, 납과 칼슘 합금은 전지용으로, 알루미늄과 칼슘 합금은 베어링용으로 사용된다.

뼈와 치아에 체내 칼슘의 99%가 있고, 체내 칼슘의 1%를 차지하는 체액에 칼슘 이온으로 존재한다. 신경 세포에 활동 전위가 도달하면 세포 외액에서 세포 내액으로 칼슘 이온이 이동하여 신경 전달 물질이 방출되면서 신경 자극의 전달에 관여한다. 그리고 이 자극으로 흥분된 근육의 소포체에서 칼슘 이온이 방출되어 농도가 높아지면 근육 단백질인 액틴(actin)과 미오신(myosin)이 결합하여 일어나는 근육 수축, 혈액 응고, 호르몬 분비, 수정, 세포 사멸, 기억 등과 같은 주요 생리적 과정이 일어난다. 뼈는 칼슘의 저장고 역할을 하며, 부갑상샘 호르몬은 뼈에서 칼슘과 인산 이온의 흡수를 조절한다. 칼슘은 칼슘 이온 자체로 또는 단백질에 결합된 형태로 전달되는데, 여러 세포 기관이 세포 내에 칼슘을 축적하고 필요할 때 방출한다. 혈액 내 칼슘이 필요 이상으로 높아지면 이들이 음이온과 결합하여 조직이나 기관에 쌓이는 석회화(calcification)가, 칼슘이 부족하면 뼈에 있는 칼슘이 녹아 뼈가 약해지는 골다공증이 유발된다. 폐경기 여성은 에스트로겐 호르몬이 감소하여 뼈의 형성보다는 뼈에서 칼슘이 더 빠져나가기 때문에 칼슘과 비타민 D를 보충할 필요가 있다.

원자 번호 5

붕소

오래전부터 도자기 유약의 재료 및 야금 시 광물을 녹이는 용제로 쓰인 붕사(borax, $Na_2B_4O_7 \cdot 10H_2O$)와 눈 세정제로 우리에게 친숙한 붕산(H_3BO_3)은 붕소가 들어 있는 대표적인 화합물이다. 1808년에 영국의 데이비와 프랑스의 게이뤼삭, 테나르L. J. Thenard는 붕사와 황산의 반응으로 얻은 붕산을 포타슘과 반응시켜 불순한 상태이지만 붕소를 얻었다. 1824년에 스웨덴의 베르셀리우스는 붕소가 원소라는 것을 확인해 주었으며, 1892년에 프랑스의 무아상F. H. Moissan은 삼산화 붕소(B_2O_3, 산화 붕소 또는 붕산 무수물)를 마그네슘과 반응시켜 95~98% 순도의 붕소를 얻었다. 1909년에야 비로소 순수한 붕소를 얻었으며, 이 원소 이름을 아랍어 'buraq' 또는 페르시아어 'burah'에서 따오고 'carbon'과 유사한 성질을 가졌다는 베르셀리우스의 주장으로 그 접미어 '-on'을 합하여 'Boron'으로 명명하였다. 원소 기호는 'B'이다. 무정형 붕소와 결정성 붕소의 두 동소체가 있지만, 마름모정계 구조의 α형(밀도 2.46 g/cm^3)과 β형(2.35 g/cm^3), 사방정계 구조의 γ형(2.52 g/cm^3), 정방정계 구조의 β형(2.36 g/cm^3)과 같은 동소체가 있으며, 터키와 미국이 주요 생산국이다.

원자 번호 5번 붕소는 지각에 0.01% 분포되어 있으며, 원소 상태로는 존재하지 않는다. 10가지 이상의 인공 방사성 동위 원소가 만들어졌으며, ^{10}B(19.9%)과 ^{11}B(80.1%)로 존재하는 13족 원소이다. 밀도는 2.08 g/cm^3, 녹는점은 2076도, 끓는점은 3927도이며, 주요 산화 상태는 +3이다. 순수한 붕소를 얻는 것은 쉽지 않으나, 일반적으로 붕사를 황산 처리하고, 750도 이상의 고온 용융로에서 황산 소듐(Na_2SO_4)을 분리시켜 얻은 산화 붕소를 탄소 존재하에서 할로젠과 반응시켜 생성된 휘발성의 붕소 할로젠화물(BCl_3/BBr_3)을 고온에서 수소로 환원시켜 얻는다. 반도체 산업에서 사용하는 초고순도의 붕소는 붕사를 플루오린화 수소와 반응시킨 후 황산 처리하여 얻은 삼플루오린화 붕소(BF_3)를 수소화 소듐(NaH)으로 환원시켜 생성한 붕소-

수소의 결합을 가진 이붕소 수소화물(B_2H_6)을 열분해시켜 얻는다. 붕소는 붕사와 울레사이트(ulexite) 광석에 들어 있으며, 다이아몬드 다음으로 단단하다. 결정성 붕소는 끓는 염산에도 녹지 않지만, 가루로 만들면 높은 온도에서 진한 농도의 과산화 수소, 질산, 황산 등과 반응한다. 공기와는 실온에서 반응하지 않으나, 높은 온도에서 산화한다.

표백제로 많이 사용되는 과붕소산염 소듐($NaBO_3$)은 붕사와 수산화 소듐과 과산화 수소의 반응으로 얻은 것으로, 표백 치약의 성분이기도 한다. 열팽창 계수가 작아 열 충격에 잘 견디므로 주방용 조리 기구와 실험 기구를 만드는 데 쓰이는 내열성 경질 유리 붕규산 유리(borosilicate glass)와 강하면서도 가벼워 항공기 구조체와 고급 스포츠 용품을 만드는 데 사용하는 유리 섬유(glass fiber)와 유리 솜(glass wool)의 재료로 붕소가 사용된다. 붕소 화합물은 법랑 제조 및 합성 제초제와 비료로도 쓰인다. 탄화 붕소(B_4C)는 산화 붕소와 탄소의 반응으로 얻어지는데 매우 단단하여 장갑차, 방탄조끼, 구조체, 차폐 물질의 제조에 사용된다. 강철의 강도를 높이기 위해 페로붕소(ferroboron, FeB)와 연마제로 질화 붕소(BN)가 쓰인다. P형 반도체를 만드는 데 미량 불순물로 사용되며, 39 K에서 초전도 전이를 보이는 이붕소화 마그네슘(MgB_2)은 초전도 자석으로 쓰인다.

항균 및 항바이러스 성질이 있는 붕산은 수영장의 물을 정화하는 데도 쓰이고, 개미나 바퀴벌레 등의 살충제로도 쓰인다. 붕소는 원자로 냉각에 필수적이며 핵분열의 감속재로 사용된다. 붕소-10 동위 원소를 포함하는 화합물을 암 조직 부근 근육에 주입해 암세포를 모이게 한 후 저용량의 열중성자를 쪼이면 붕소에서 고에너지 알파 입자가 나와 암 조직을 파괴하므로, 이러한 붕소의 성질을 이용한 중성자 포획 치료 요법에 쓰이고 있다. 붕소는 식물의 세포벽을 단단하게 유지할 수 있도록 하지만, 너무 많으면 식물의 생장을 저해시키고, 잎을 마르게 한다. 극미량의 붕소는 인간을 포함하여 동물에게도 필요하며, 특히 뼈의 강도가 약해져 쉽게 골절되는 골다공증을 줄일 수 있다는 보고가 있다.

원자 번호 63
아이오딘

다시마와 미역과 같은 갈조류와 고등어에 풍부하게 들어 있는 아이오딘은 1811년에 프랑스의 쿠르투아B. Courtois가 최초로 발견하였다. 초석은 화약의 핵심 성분으로, 이를 생산하려면 식물 재에서 얻는 탄산 포타슘이 필요한데, 나폴레옹 전쟁 때 그 재의 주된 자원인 버드나무가 거의 고갈되자 노르망디와 브리타뉴 해안에서 버려지는 마른 해초의 재에서 이 물질을 얻었다. 쿠르투아는 초석을 생산하는 과정에서 생기는 과량의 황 화합물을 황산으로 제거하였는데, 이때 보라색 증기가 발생하면서 찬 금속에 응축되어 결정화하는 것을 우연히 발견하였다. 그는 이 결정성 시료를 프랑스의 데조름C. B. Desormes과 끌레망N. Clément뿐만 아니라 게이뤼삭과 앙페르A.-M. Ampére에게도 보냈다.

1813년에 이 물질을 새로운 원소 또는 산소와의 화합물이라고 여긴 게이뤼삭은 그 증기의 색깔이 '보라색'을 띠어 이에 해당되는 그리스어 'ioeidēs'에서 따와 '요오드(iode)'로 명명하였다. 같은 해에 프랑스를 여행 중이던 앙페르에게서 시료를 전달받은 영국의 데이비도 이 물질이 새로운 원소임을 확인하였을 뿐만 아니라, 그 성질이 염소(chlorine)와 유사하기에 그 접미어 '-ine'를 합쳐 'Iodine'으로 다시 명명하였다. 쿠르투아, 게이뤼삭, 데이비는 공동으로 논문을 제출하였으며, 이 원소의 최초 발견자가 누구인지에 대한 논쟁이 잠시 있었지만, 쿠르투아로 인정되었다. 원소 기호는 'I'이다. 1815년에 나폴레옹 전쟁이 끝나자 쿠르투아는 아이오딘 연구에 매진하여 1820년에 상업적으로 대량 생산을 하였으나, 큰 부를 얻지 못했다. 한동안 우리말 원소 이름으로 사용한 '요오드' 대신에 지금은 '아이오딘'을 권유하지만 아직도 상품에는 옛 이름이 많이 통용되고 있다. 주로 칠레, 일본, 미국에서 생산된다.

원자 번호 63번 아이오딘은 지각에는 $0.3 \sim 0.6 \times 10^{-4}$% 존재하며, 바닷물에는 5.0×10^{-6}%의 농도로 녹아 있다. 질량수 108~144의 37가지 동위 원소가 알려져 있으며, 자연계에는 오로지 ^{127}I으로만 있다. 그 외에는 모두 방사성 동위 원소이며, 이 중 반감기가 1570만 년인 ^{129}I이 가장 안정하다. 17족 원소로서 사방정계 구조를 가지며, 밀도는 4.93 g/cm^3, 녹는점은 영하 113.7도, 끓는점은 184.3도이다. -1~+7의 산화 상태를 가지나 주요 산화 상태는 -1이다. 원소 상태로는 물에 녹지 않으나, 아이오딘화 염을 첨가하여 생성된 삼아이오딘화 이온(I_3^-)은 용해도의 증가로 유기 용매에도 비교적 잘 녹는다. 염산이나 황산과는 반응하지 않으나, 질산과는 반응하여 아이오딘산(HIO_3)이 되며, 수소와는 고온이나 빛을 쪼이면 반응하여 아이오딘화 수소를 내놓는다.

아이오딘은 아이오딘화 염(iodate) 형태로 라우타라이트(lautarite, $Ca(IO_3)_2$) 또는 디이차이트(diezeite, $7Ca(IO_3)_2 \cdot 8CaCrO_4$) 광석에 들어 있으며, 아이오딘 원소 상태로 칠레의 질산염 칼리치(calichi, 건조한 기후의 땅 표면이나 표층 부근에 2차적으로 형성된 지층)에 존재하며, 일본의 염정이나 미국의 유전 염수에는 아이오딘화 염의 형태로 존재한다. 칼리치에서 질산염을 결정으로 회수하고 남은 용액에 들어 있는 아이오딘화 염(IO_3^-)을 아황산 소듐($NaHSO_3$)으로 처리해서 아이오딘을 얻는다. 즉 염수에 들어 있는 아이오딘화 염을 황산 처리 후 염소와의 반응으로 생성된 묽은 아이오딘에 공기를 불어넣어 증발시키면 아이오딘 기체가 되는데, 이를 아황산 가스 탑을 통과시키고 다시 염소와 산화 반응시켜 아이오딘을 얻는다. 다시마속(laminaris)의 갈조류, 여러 해조류와 어패류 등에서도 얻을 수 있다.

아이오딘은 반자성을 가지고 있는 금속처럼 보이나, 열과 전기가 거의 통하지 않고, 높은 압력하에서는 금속과 비슷한 전기 전도도를 갖는다. 폴리비닐 알코올(polyvinyl alcohol)에 아이오딘을 흡착시켜 액정 디스플레이(LCD)에 사용되는 편광 필름의 제조 및 금속의 정제에 사용한다. 아이오딘은 전자가 많고 전자 밀도가 높은 특성이 있어, 아이오딘 화합물로 만들어 X선을 잘 흡수하여 방사선 진단에서 영상을 더욱 선명하게 하는 조영제로 쓰인다. 아이오딘화 은(AgI)

은 사진 필름 감광제와 인공 구름 형성제 등에 사용된다. 아이오딘화 수소는 메탄올로부터 아세트산을 합성하는 몬산토 공정(Monsanto process)에 사용된다.

아이오딘은 미량 필수 영양소이며, 갑상샘 호르몬의 구성 원소이므로 식염과 보조 영양제에 첨가된다. 아이오딘을 알코올에 녹이거나, 아이오딘과 아이오딘화 소듐을 물과 알코올의 혼합액에 녹인 아이오딘 팅크(tincture of iodine, 옥도정기)는 상처 및 살균 소독에 쓰인다. 프랑스의 루골J. G. A. Lugol은 아이오딘과 포타슘이 결합된 아이오딘화 포타슘(KI)을 소독제로 사용하였다. 아이오딘과 아이오딘화 포타슘을 물에 녹인 루골 아이오딘 용액(Lugol's iodine)은 상처 소독, 편도선염의 처치제, 갑상샘 중독증(thyrotoxicosis) 치료제로 사용된다. 폴리비닐피롤리돈(polyvinylpyrrolidone)과 아이오딘의 복합체인 포비돈 아이오딘(povidone iodine)은 항균 및 항진균 소독제로 널리 알려져 있다.

핵분열 때 생성되는 인공 방사성 동위 원소 아이오딘-131은 갑상샘이 과다 분비되어 야기되는 갑상샘 중독증인 갑상샘 기능항진증(hyperthyroidism)과 갑상샘암 등 갑상샘 질환의 치료와 진단에 사용되지만, 아이오딘이 축적되는 갑상샘암을 유발시키기도 한다. 스위스의 쿠앵데J. F. Coindet는 이 물질이 갑상샘종의 크기를 줄이는 데도 효과적이라고 발표하였다. 아울러 이 방사선으로 피폭될 경우에 아이오딘화 포타슘이 해독제로 사용된다. 원소 상태의 아이오딘은 피부를 손상시키고, 섭취 시 독성을 나타낸다.

아이오딘은 사람을 포함하여 동물의 필수적인 원소로서, 생체

내 기초 대사율을 조정하고 단백질 합성을 촉진하며, 중추 신경계의 발달에도 관여하는 삼아이오딘티로닌(triiodothyronine)과 그 전구 물질로 작용하는 티록신(thyroxine)을 합성하는 데 필요하다. 아이오딘이 부족하면 티록신 생산이 낮아지고, 생체는 이에 적응하고자 갑상샘이 확대된다. 이 경우 갑상샘종이 비대해지고, 심한 경우 뇌손상이 일어날 수 있다. 임산부의 경우 유산, 사산, 기형아 출산의 비율이 높아지며, 태아에게는 출생 후 정신 박약, 장님, 언어 장애 등의 증상이 수반되는 크레틴 병(cretinism)을 야기할 수 있다. 그러나 아이오딘화 포타슘을 처방받으면 쉽게 치유된다. 아이오딘이 과잉될 경우 결핍과 유사한 갑상샘종과 갑상샘 기능항진 증세가 나타난다.

원자 번호 3
리튬

우주 대폭발 때 핵합성을 통해 리튬이 생성되었지만, 핵의 안정성이 크지 않아 대부분 파괴되었다. 1817년에 스웨덴의 베르셀리우스의 조수 아르프베드손J. A. Arfwedson이 리튬 장석(petalite, $LiAlSi_4O_{10}$)에서 발견한 이 새로운 원소는 당시 알려진 알칼리족 원소와 비슷한 화합물을 형성하지만, 그 탄산염과 수화물은 물에 대한 용해도가 낮았다. 이 원소는 스포두멘(spodumene, $LiAl(SiO_3)_2$)과 리피돌리타이트

(lepidolitite, K(Li, Al, Rb)$_3$(Al, Si)$_4$O$_{10}$(F, OH)$_2$) 광석에서도 발견되었다. 1821년에 영국의 브란드w. T. Brande가 산화 리튬(Li$_2$O)의 전기 분해로, 1855년에 독일의 분젠R. Bunsen과 메티슨A. Matthiessen이 염화 리튬의 전기 분해로 순수한 리튬 금속을 얻었다. 그 당시 식물이나 동물에서 발견된 알칼리족 원소들과 달리 이 원소는 고체 광석에서 발견되었기 때문에 그 이름을 '암석'의 그리스어 'lithos'와 금속을 나타내는 접미어를 합쳐 'Lithium'이라고 명명하였다. 원소 기호는 'Li'이다. 호주, 칠레, 아르헨티나가 주요 생산국이며, 칠레, 볼리비아, 중국, 아르헨티나, 호주에 주로 매장되어 있다.

원자 번호 3번 리튬은 지각에 $2.0\sim7.0 \times 10^{-3}$% 있으며, 바닷물에도 $0.1\sim0.2$ mg/L 정도 녹아 있는데, 특이하게도 탄산 리튬(Li$_2$CO$_3$) 상태로 남미의 칠레, 아르헨티나, 볼리비아 접경의 소금 사막과 암염에 세계 매장량의 70%가 분포되어 있다. 자연 상태에서 ^{6}Li(5%)과 ^{7}Li(95%)으로 존재하는 1족 원소이며, 밀도는 0.534 g/cm^3, 녹는점은 180.5도, 끓는점은 1330도이다. 주요 산화 상태로 -1과 +1을 가진다. 7가지의 방사성 원소들이 인공적으로 만들어지는데, ^{8}Li의 반감기가 0.838초로 가장 길다. 리튬 불꽃은 진한 붉은색을 띠고, 물과 빠르게 반응하여 수소 기체를 내놓으며, 음이온과 염을 형성한다.

리튬은 항공기의 고온 윤활제로, ^{6}Li은 수소 폭탄의 연료로, 마그네슘과의 합금은 항공기 제작에 사용된다. 에너지 밀도가 높고, 장시간 사용이 가능한 데다가 가벼워 카메라, 노트북 컴퓨터, 휴대 전화와 같은 휴대용 전자 기기의 리튬 이온 2차 전지로 널리 쓰인다. 리튬 화합물은 세라믹과 유리의 제조, 로켓 추진체, 도자기 유약, 알루미늄 제련의 용제로 사용되며, 염화 리튬(LiCl)은 수분 제거제로, 과산화 리튬(Li_2O_2)은 공기 정화제로 쓰인다. 생체 내에 극미량 존재하며, 그 기능은 별반 알려져 있지 않다. 또한 리튬 이온은 항우울제로 쓰인다.

원자 번호 34

셀레늄

1817년에 황동석의 구성 성분인 황을 태워 황산을 얻는 과정에서 적갈색의 찌꺼기가 나오는데, 여기서 텔루륨과 유사하지만 휘발성이면서 쉽게 환원되는 성질을 지닌 물질을 발견하였다. 스웨덴의 베르셀리우스와 간은 이 새로운 원소를 그리스 신화의 '달의 여신'인 'selene'과 금속을 나타내는 접미어 '-ium'을 합해 'Selenium'이라고 명명하였다. 원소 기호는 'Se'이다. 5가지의 동소체가 존재하며, 검은색 유리상 셀레늄은 1000개의 원자들로 이루어져 있고, 불규칙하게 배열된 구조를 가진다. 180도에서 가장 안정한 회색의 금속 셀레늄은 육방정계 구조이며, 빛이 닿으면 전기 전도도가 커지는 광전도체 성질을 보인다. 붉은색 셀레늄은 단사정계 구조의 서로 다른 3가지의 쌓은 방식을 가지며 Se_8 고리로 이루어져 있다. α형과 β형은 검은색 유리상 셀레늄을 이황화 탄소(CS_2)나 벤젠에 녹인 용액에서 용매

를 천천히 또는 빠르게 증발시켜 얻으며, r형은 $Se_4(NC_5H_{10})_2$과 이황
화 탄소의 반응으로 얻는다. 무정형의 붉은색 셀레늄을 가열해서 녹
인 후 빠르게 식히면 시판되는 검은색 셀레늄을 얻을 수 있다. 주로
일본, 독일, 벨기에, 캐나다에서 생산된다.

원자 번호 34번 셀레늄은 지각에 5×10^{-6}% 분포되어 있
으며, 바닷물에도 2×10^{-4} mg/L 정도 녹아 있다. 자연 상태에
서 $^{74}Se(0.86\%)$, $^{76}Se(9.23\%)$, $^{77}Se(7.60\%)$, $^{78}Se(23.69\%)$, $^{80}Se(49.80\%)$,
$^{82}Se(8.82\%)$으로 존재하는 16족 원소이다. 밀도는 회색 셀레늄은 4.81
g/cm^3, 검은색 셀레늄은 4.28 g/cm^3, α형 붉은색 셀레늄은 4.39 $g/
cm^3$이다. 녹는점은 221도, 끓는점은 685도이며, 주요 산화 상태로
-2, +2, +4, +6을 가진다. 여러 방사성 원소들이 인공적으로 만들어
지는데, 이 중 ^{79}Se의 반감기가 327000년으로 가장 길다.

셀레늄은 전기 분해로 구리를 생산할 때 전해조 바닥에 쌓이는
양극 전물에서 주로 얻지만, 황산 생산 과정에서 생긴 침전물이나 구
리나 납의 제련 과정에서 생기는 연진(flue dust)에서도 얻을 수 있다.
연진을 공기 중에서 탄산 소듐과 함께 산화시켜 먼저 아셀레늄산 소
듐(Na_2SeO_3)을 얻고, 이를 황산 처리하여 아셀레늄산(H_2SeO_3)으로 바
꾼 후, 그 수용액을 아황산 가스로 환원시켜 최종적으로 셀레늄을 얻
는다. 셀레늄은 물에 녹지 않으며, 공기 중에서 푸른 빛을 내고 연소
된다.

셀레늄은 노란색 또는 초록색을 탈색하여 붉은색으로 착색한
유리를 얻는 데 많이 사용되며, 복사기와 레이저 프린터 등의 빛을
감지하는 감광막 재료 및 사진 현상에서의 토너로 쓰인다. 또한 셀

레늄화 아연(ZnSe)은 푸른색과 흰색의 발광 다이오드와 다이오드 레이저로 사용된다. 주조, 단조, 절삭성을 향상시키기 위해 스테인리스 강에 페로셀레늄(ferro selenium, FeSe) 형태로 소량 넣어 주거나, 황동의 납을 대체하여 비스무트와 함께 첨가하여 사용하기도 한다. 대부분 비타민의 보조 영양제에 포함되어 있으며, 이황화 셀레늄(SeS$_2$)은 비듬 방지 샴푸에 사용된다. 셀레늄과 수소를 고온에서 반응시켜 얻는 셀레늄화 수소(H$_2$Se)는 반도체에 셀레늄을 도핑시키는 데 이용된다.

여러 생물체에서 메싸이오닌과 시스테인 아미노산에 황 대신 들어 있는 셀레늄은 생체 내에서 과산화 수소 또는 유기 과산화물의 산소 종을 제거하는 글루타싸이온 과산화 효소(glutathione peroxidase)와 티오레독신 환원 효소(thioredoxin reductase)의 구성 성분으로서 심장병과 신체의 노화 및 변성을 막거나 속도를 지연시키는 역할을 한다. 셀레늄이 많이 들어 있는 우유, 브로콜리, 해산물, 곡류 등의 식품은 암의 예방과 치료, 에이즈의 증상 완화 효과가 있다는 보고가 있다. 아울러 갑상샘 호르몬 탈아이오딘화 효소(deiodinase)의 보조 인자로 갑상샘 기능을 조절하고 면역계에도 중요한 역할을 한다. 셀레늄이 결핍되면 심장근육병증의 일종인 케샨병(Keshan disease)과 같은 풍토병이 발생한다. 필수 미량 원소이기는 하지만 과량 섭취하면 비소만큼 독성이 강하여 위장 장애, 머리카락 빠짐, 손발톱 부러짐, 피부 발진, 피로, 구토의 증상이 나타난다.

원자 번호 48

카드뮴

1817년에 독일의 슈트로마이어F. Stromeyer는 칼라민 광석을 구워 얻은 산화 아연의 일부가 흰색이 아니라 노란색을 띤다는 사실을 전해 듣고, 이를 자세히 분석하여 새로운 불순물을 발견하고, 원소 상태로 분리하였다. 그리고 이 새로운 원소의 이름을 광석의 라틴어인 'cadmia'와 금속을 나타내는 접미어를 합하여 'Cadmium'이라고 명명하였다. 원소 기호는 'Cd'이다. 같은 해 독일의 헤르만K. S. L. Hermann 역시 독립적으로 산화 아연에서 카드뮴을 발견하였다. 당시에는 칼라민을 탄산 아연($ZnCO_3$) 광석이라고 알고 있었는데, 후에 능아연석과 이극석 광물의 혼합물로 밝혀졌다. 중국, 한국, 일본이 주요 생산국이다.

원자 번호 48번 카드뮴은 지각에 1.0×10^{-5}% 분포되어 있으며, 바닷물에도 1×10^{-6} μg/L 정도 녹아 있다. 자연 상태에서 ^{106}Cd(1.25%), ^{108}Cd(0.8%), ^{110}Cd(12.5%), ^{111}Cd(12.8%), ^{112}Cd(24.1%), ^{113}Cd(12.2%), ^{114}Cd(28.7%), ^{116}Cd(7.49%)으로 존재하며, 인공적으로는 ^{107}Cd, ^{109}Cd, ^{115}Cd가 합성되었다. 이 중 카드뮴-115의 반감기가 462.6일로 가장 안정하다. 12족 원소로, 밀도는 8.65 g/cm³, 녹는점은 321.07도, 끓는점은 767도이고, 주요 산화 상태는 +2이다. 질량수

가 95~132인 여러 방사성 원소들이 인공적으로 만들어지는데, 그중 ^{109}Cd의 반감기가 3462.6일로 가장 길다.

카드뮴은 그리노카이트(greenockite, CdS) 광석에 존재하며, 섬아 연석에 불순물로 들어 있다. 금속 상태의 카드뮴이 시베리아에서 발 견되기도 하지만, 일반적으로 고온 건식 야금법을 이용하여 공기 중 에서 섬아연석을 산화 아연으로 치환하고, 이를 환원한 후 진공 증 류로 아연으로부터 카드뮴을 분리한다. 또는 전해채취법으로 그리노 카이트를 황산에 녹인 후 황산 카드뮴 전해액을 사용한 전기 분해로 카드뮴을 얻기도 한다. 공기 중에서 붉은색 빛을 내며 연소하고, 습 한 공기 중에서 빠르게 산화한다. 산에 녹아 수소 기체를 발생시키 며, 알칼리에는 녹지 않는다.

카드뮴 금속은 2차 전지 및 부식 방지 도금제로 사용되었다. 황 화 카드뮴(CdS)은 노란색 안료 및 플라스틱 안정제로, 셀레늄화 카 드뮴(CdSe)은 붉은색 안료로, 산화 카드뮴(CdO)은 티브이의 인광체 로 쓰였으나, 환경 규제 강화로 다른 금속으로 점차 대체되고 있다. 저융점 땜납 및 자동 살수 장치에 사용하는 우드 메탈 합금과 원자 로에서 중성자를 조절하는 데 사용하는 웨스팅 하우스 가압 중수로 용으로 다른 금속과의 합금(80% Ag/15% In/5% Cd)이 유용하게 쓰인 다. 1899년에 스웨덴에서 융너W. Jungner가 처음 개발한 니켈-카드뮴 2차 전지는 1946년에 미국에서 처음 생산되어 사용되기 시작하였으 며, 1990년대 들어 대부분의 휴대용 전자 제품에 사용되었다. 지금 은 리튬 이온 전지로 대체되었지만, 아직도 산업용 전력 저장의 수단 으로 쓰이고 있다. 텔루륨화 수은 카드뮴(HgCdTe)은 적외선에 민감

하기 때문에 그 검출기 재료로, 텔루튬화 아연 카드뮴(ZnCdTe)은 X
선과 γ선 검출기에 사용된다. 셀레늄화 카드뮴과 텔루튬화 카드뮴
은 결정의 크기와 모양에 따라 전자적 성질이 크게 달라지는 양자점
(quantum dot) 반도체 나노 입자로서, 자외선을 받으면 그 크기에 따
라 여러 빛을 내놓기 때문에, 형광 현미경에서 생물 조직 시료의 영
상을 만드는 데 쓰인다. 아울러 트랜지스터, 태양 전지, 다이오드 레이
저, 자기 공명 영상에 사용되는 연구가 진행되고 있다. He-Cd 레이
저는 325와 422나노미터 파장에서 작동되어 형광 현미경과 지폐 인
쇄에 사용된다.

　카드뮴의 생체 내 기능은 알려져 있지 않지만, 아연과 유사한
역할을 하는 것으로 여겨지며, 신장에 가장 잘 흡수된다. 카드뮴은
독성이 커서 생체 내에 축적되면 단백질과 당을 체외로 배출시켜 여
러 질병을 일으킨다. 뼈가 물러져 조금만 움직여도 골절이 일어나는
일본에서 발생한 카드뮴 중독증인 이타이이타이('아프다 아프다'의 일
본어) 병, 설사, 심한 구토, 생식 기능의 저해와 불임, 간장 및 신장 장
애, 중추 신경계와 면역계의 손상, 정신 질환, 고혈압, 암 등을 초래하
기도 한다.

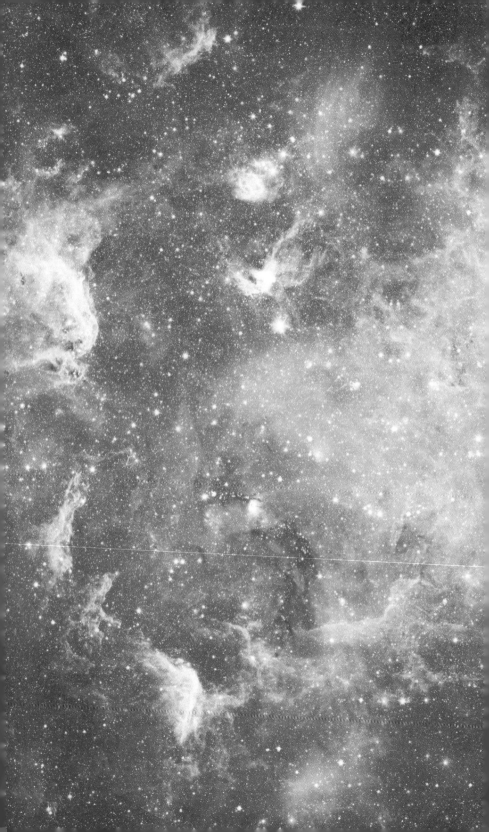

4장

『원소 체계의 개요』에
기록되었지만
1820년 이후에 확인된
원소

전기는 양극과 음극을, 자기는 N극과 S극이 비슷한 성질을 가지고 있다. 전기와 자기의 유사성은 1820년에 덴마크의 외르스테드H. C. Oersted가 전선을 통해 흐르는 전류에 의해 나침반의 바늘이 빗나가는 것에서 발견하였다. 이로써 전기의 흐름을 측정할 수 있는 길이 열리게 되었다. 영국의 패러데이M. Faraday는 한 단계 더 나아가 자석을 구리선으로 만든 코일 사이로 통과시켜 전선에 전류가 흐른다는 것을 발견하였고, 이것은 전자기학 이론으로 발전하였다. 한편, 과학사에서 큰 발견을 이룬 1820년은 경제사회적 면에서 볼 때 거의 미미한 수준으로 성장하던 세계 경제가 비약적으로 상승하기 시작하고, 강력한 무력과 부를 겸비한 이슬람 제국, 스페인, 네덜란드 등이 강대국 대열에서 뒷걸음치는 해이기도 하였다.

여기에서는 멘델레예프의 『원소 체계의 개요』에 포함되었지만 그 이후에 확인된 원소들을 비롯하여 반도체의 가장 중요한 원소인 규소, 외르스테드가 처음으로 발견하여 철 다음으로 가장 많이 사용되고 있는 알루미늄, 그리고 플루오린까지의 1820년 이후에 확인된 14개 원소를 알아보자.

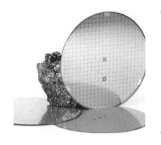

원자 번호 14

규소

고대부터 건축 재료로 사용된 흙, 점토, 사암의 주요 성분인 규소는 1787년에 라부아지에가 부싯돌로부터 확인하였으며, 데이비는 전기 분해 방법을 이용하여 분리하려고 하였으나 성공하지는 못하였다. 1811년에 게이뤼삭과 테너드도 포타슘 금속과 사플루오린화 규소 (SiF_4)의 반응으로 불순한 상태의 무정형 규소를 얻었으나 정제에 실패하였으며, 새로운 원소를 확인하지도 못하였다. 드디어 1842년에 스웨덴의 베르셀리우스가 육플루오린화 규소 포타슘(K_2SiF_6)을 용융된 포타슘과 반응시켜 순수한 상태의 규소를 얻는 데 성공하였다. 영국의 톰슨T. Thomson은 '부싯돌'의 라틴어 'silex'에 같은 족의 접미어 '-on'을 붙여 영어 원소 이름을 'Silicon'으로 명명하였다. 원소 기호는 'Si'이다. 무정형 분말 형태의 갈색 규소와 다이아몬드처럼 결정형의 회색 규소의 두 가지 동소체로 존재한다. 중국이 주요 생산국이다.

원자 번호 14번 규소는 지각에 27.6% 분포되어 있으며, 원소 상태로는 존재하지 않고, 이산화 규소나 규산염 형태로 존재한다. 자연계에서 ^{28}Si(92.23%), ^{29}Si(4.67%), ^{30}Si(3.10%)으로 존재하는 14족 원소이다. 20가지의 방사성 동위 원소가 확인되었으며, 그중 반감기가 170년인 ^{32}Si이 가장 안정하다. 밀도는 2.329 g/cm^3, 녹는점은 1414도,

끓는점은 3265도이며, -4~+4의 산화 상태를 가지나 주요 산화 상태는 +4이다. 공기, 물, 수증기와 반응하지 않으며, 산에는 녹지 않지만 진한 질산과 플루오린화 수소(HF)의 혼합물과는 반응하여 사플루오린화 규소를 만든다. 또 뜨거운 알칼리에는 녹으며, 할로젠 원소들과 쉽게 반응한다.

원소 상태의 규소는 실리카라고도 불리는 이산화 규소(SiO_2)를 1900도의 고온에서 탄소와 반응시켜 얻는데, 이 방법으로는 탄화 규소(SiC)도 함께 생성되어 규소의 순도는 98%밖에 되지 않는다. 고순도의 규소는 띠 정제 방법을 이용하여 용융 상태 규소 화합물의 전기 분해 또는 규소 수소화물의 열분해로 얻는다. 미국의 듀폰사는 1950년 후반에 900도에서 증기상 반응을 이용하여 재증류한 사염화 규소($SiCl_4$)를 금속 아연에 의해 환원시켜 99.99%의 규소를 얻는 방법을 특허로 제출하였는데, 이때 부산물로 얻어지는 염화 아연이 고체화되면서 파이프라인을 막는 문제가 발생하여 이 기술을 포기하였다. 고순도의 규소는 기체 상태의 삼염화 규소($SiCl_3$)를 1150도에서 화학 증기 증착법을 이용한 지멘 공정(Siemens process)으로 얻고, 웨이퍼로 가공되는 전자 장치나 태양 전지에 사용되는 규소는 폴리실리콘을 단결정으로 성장시키는 초크랄스키(Czochralski, Cz-Si) 방법으로 제조한다.

이산화 규소는 모든 유리 제조에 쓰이고, 카보런덤(carborundum)이라고도 불리는 탄화 규소는 연마제와 내화물로 사용되며 윤활유, 합성 고분자 실리콘 등의 구성 성분이기도 하다. 철과의 합금인 페로규소(ferrosilicon, FeSi)는 강철의 강도를 높이며 돌로마이트에서 마그네슘을 제련하는 데 이용된다. 구리와의 합금은 전선 및 전화선에,

알루미늄과의 합금은 금형과 자동차 부품을 만드는 데 사용된다. 또한 이산화 규소는 기계적-전기적 변화를 상호 교환하는 압전 성질이 있어 수정 시계와 초정밀 저울에 그리고 자외선을 잘 통과시켜 자외선 분광기의 시료 용기 제조에도 쓰인다. 포화 탄화 수소인 알케인(alkane)과 그 대응 물질인 규소의 수소화물 실레인(silane)의 반응은 서로 유사하다. 비교적 열에 안정한 Si-C의 결합을 가지는 유기 규소 화합물, -Si-을 주축으로 하는 폴리실레인(polysilane), -Si-Si-C-을 주축으로 하는 폴리카르보실레인(polycarbosilane), 실리콘(silicone)으로 알려져 있으며 -Si-O-를 주축으로 하는 폴리실록세인(polysiloxane)과 같은 고분자 물질은 윤활유, 브레이크 오일, 고무, 수지, 내후성 재료, 접착제, 기포제, 화장품 첨가제, 내열성 의료 공구, 콘택트 렌즈 재료, 보형물로 쓰인다.

규소는 현재 각종 첨단 반도체의 가장 중요한 원소로 자리 잡고 있다. 미국 캘리포니아의 실리콘 계곡(silicon valley), 오레곤의 실리콘 숲(silicon forest), 오스틴의 실리콘 언덕(silicon hill), 유타의 실리콘 비탈(silicon slope)을 비롯하여 독일의 실리콘 지방(silicon saxon), 인도의 실리콘 계곡(silicon valley), 멕시코의 실리콘 경계(silicon border), 영국의 실리콘 늪(silicon fen) 등에서 보듯 전 세계 과학 기술 단지에는 영어 원소 이름 실리콘(규소)이 포함되어 있다. 여러 조직을 단단하게 하고, 성장에 필수적인 규소는 식물에는 필요하지만, 동물에는 꼭 필요하지 않은 것으로 보인다. 광부가 모래나 암석의 미세 분말을 장시간 흡입하면 호흡 곤란, 기침, 두통, 부종의 증세의 규폐증(silicosis)에 걸린다.

원자 번호 13
알루미늄

지각에 산소, 규소 다음으로 많이 존재하며, 철 다음으로 많이 생산되지만 제련이 어려워 1825년에야 원소 상태로 분리된 알루미늄은 고대 그리스 로마인들이 염색용 매염제 백반 또는 명반(alum, KAl(SO$_4$)$_2$)에서 얻었다. 슈탈은 17세기 제지 산업에 널리 사용된 백반에 칼슘이 포함되어 있다고 여겼으나, 1754년에 독일의 마그라프가 이 물질을 알칼리에 침전시켜 수산화 알루미늄(Al(OH)$_3$)을 얻음으로써, 이후 그의 주장은 배제되었다. 마그라프는 처음으로 소듐과 포타슘이 분명히 다르다는 것을 구별하였기 때문에, 현대적 의미에서 최초의 분석화학자라고 할 수 있다. 영국의 데이비가 전기 분해로 백반에서 순수한 알루미늄을 얻기 위해 시도하였지만 성공하지는 못하였지만, 그 물질의 라틴어 이름 'alumen'에 근거하여 원소 이름을 'Alumium'으로 제안하였다.

1825년에 덴마크의 물리학자인 외르스테드는 순수한 상태는 아니지만 백반과 숯 혼합물에 원소 상태의 염소를 통과시켜 얻은 염화알루미늄(AlCl$_3$)과 포타슘 아말감의 환원 반응으로 주석과 닮은 새로운 물질을 얻었다. 그러나 당시에 그는 이 물질을 정제할 생각도, 확인할 필요도 느끼지 못하였다. 1827년에 외르스테드를 방문한 뵐러는 그가 더 이상 이 물질의 연구에 매진할 계획이 없는 것을 알고, 포타슘을 사용하여 순수한 상태의 새로운 금속 알루미늄을 대량으로 얻는 방법을 연구하여 개선하는 데 성공하였다. 이로써 오늘날 알루미늄 제조를 처음으로 발견한 과학자로 인정받게 되었다. 1854년에 프랑스의 드빌H. E. S. C. Deville은 소듐을 이용하여 브로치, 핀, 팔찌의 보석으로 사용될 수 있을 만큼의 적절한 양의 알루미늄을 얻었다. 그러나 상업적인 대량 생산에 이르지는 못하여 값이 매우 비싸고 귀한 금속으로 취급되었다. 프랑스의 나폴레옹 3세는 만찬에 사용될 알루미늄 식기를 그에게 주문하여 매우 귀한 손님에게는 알루미늄 식기에, 그렇지 않은 손님에게는 금과 은 식기에 음식을 담아 대접하였다는 일화가 전해 내려온다.

1886년에 미국의 홀C. M. Hall과 프랑스의 에루P. L. T. Héroult는 알루미나(Al_2O_3)를 빙정석(cryolite, Na_3AlF_6)과 함께 용융시킨 용융액을 전기 분해시키는 홀-에루 공정을 이용하여 비로소 상업적 생산의 길을 열었다. 이 두 사람의 이력은 매우 흥미롭다. 먼저 홀은 원래부터 알루미늄에 관심이 많았다. 오버린 대학(Oberlin College)에 입학한 홀은 독일의 뷜러에게 수학한 그의 지도 교수 주이트F. J. Jewett로부터 상업적으로 알루미늄을 대량 생산할 수 있는 공정을 개발하는 것이 얼마나 중요한 일인지 익히 들어 잘 알고 있었다. 여기에 개인적으로도 큰 돈을 벌 수 있을 것이라는 주이트의 언급에 무척 고무되어 있었다. 홀은 졸업 후 알루미늄 제조에 성공하였고, 1886년 2월에 이 공정을 미국 특허국에 제출하였다. 이어 헌트A. E. Hunt의 재정적인 도움으로 피츠버그 환원 사(Pittsburgh Reduction Company)에서 1888년부터 생산할 수 있게 되었다(피츠버그 환원 사는 1907년 미국 알루미늄 사 (Aluminum Company of America, Alcoa)로 상호를 바꾸었다). 드빌의 알루미늄 제조에 대한 글을 읽은 에루도 이 물질의 제조에 뛰어들어 홀과 거의 유사한 공정을 발견하였다. 에루는 1886년 4월에 이를 프랑스 특허국에 제출하였고, 1889년에 스위스 공장에서 알루미늄 생산에 들어갔다. 대량 생산이 가능해진 알루미늄의 가격은 1914년을 기점으로 파운드당 14달러에서 14센트로 내려갔다. 미국은 'Alumium'을 'Aluminum'으로 바꾸어 1925년부터 사용하였으며, 1990년에 IUPAC에서 원소 이름으로 'Aluminium'을 채택하였지만, 현재 두 가지 원소 이름을 같이 사용하고 있다. 원소 기호는 'Al'이다. 알루미늄의 주요 생산국은 중국, 러시아, 캐나다, 호주이며, 베트남, 기니, 호주 등이 보크사이트 광석의 주요 매장국이다.

원자 번호 13번 알루미늄은 지각에 8.3% 분포되어 있으며, 원소 상태로는 존재하지 않고 여러 광물들과 광석에 들어 있다. 질량수 21~42의 여러 동위 원소가 알려져 있으며, 반감기 7.17×10^5년의 ^{26}Al이 극미량 존재하지만, 대부분 ^{27}Al으로만 존재하는 면심 입방 구조의 13족 원소이다. 밀도는 2.70 g/cm³, 녹는점은 660.32도, 끓는점은 2470도이고, 주요 산화 상태는 +3이다. 뜨거운 물과 산소와 반응하며, 산이나 알칼리와 쉽게 반응하는 양쪽성 금속이다.

알루미늄이 주요 구성 성분인 광물로는 알루미늄 망상 규산염 광물인 장석(feldspars), 층상 규산염 광물인 운모(mica)의 오랜 기간의 풍화 작용으로 얻어진 고령토(kaolinite, $Al_2(OH)_4Si_2O_5$), 녹주석(beryl, $Be_3Al_2Si_6O_{18}$), 몬모릴로나이트(montmorillonite, $(Na,Ca)_{0.33}(Al,$

Mg)$_2$Si$_4$O$_{10}$(OH)$_2$·4H$_2$O), 침정석(spinel, MgAl$_2$O$_4$), 질석(vermiculite, (Mg, Fe, Al)$_3$(Al, Si)$_4$O$_{10}$(OH)$_2$· 4H$_2$O)과 같은 점토 조암 광물, 토파즈(topaz, Al$_2$SiO$_4$(F, OH)$_2$), 석류석(garnet, Ca$_3$Al$_2$(SiO$_4$)$_3$), 빙정석, 터키석(turquoise, CuAl$_6$(PO$_4$)$_4$(OH)$_3$· 4H$_2$O)과 같은 알루미나 광석들이 있다. 또 다른 상업적으로 중요한 광물인 갈색의 보크사이트(bauxite, AlO$_x$(OH)$_{3-2x}$ (0 < x < 1)) 광석은 규산염 광물들이 풍화된 후 다시 실리카와 여러 다른 금속들이 씻겨 나가 생성된 것으로, 이 광석을 알루미나로 전환한다. 알루미나의 다른 이름으로 연마제로 사용되는 커런덤에 불순물로 크로뮴과 철이 각각 들어 있어 붉은색과 푸른색을 띠는 것이 루비와 사파이어이다.

보크사이트 광석에서 순수한 알루미늄 금속을 얻는 과정은 베이어 공정(Bayer process)을 거쳐 순수한 알루미나를 얻는 단계와 이를 빙정석과 함께 용융시키고 940~980도에서 환원 전극으로 탄소를 입힌 강철과 산화 전극으로 탄소를 사용한 전기 분해 단계로 이루어진다. 전체 생산에서 전력 요금이 차지하는 부분이 20~40%로 매우 높으며, 회수된 폐알루미늄을 재생하는 데 필요한 에너지는 이보다 훨씬 낮은 5%인데다가 찌꺼기도 15%만 나오기 때문에 알루미늄의 적극적 재활용이 필요하다.

알루미늄은 가볍고 잘 부식되지 않아 포일과 각종 용기 포장에 많이 사용된다. 주로 합금으로 만들어 쓰는데, 합금에 들어가는 원소의 종류에 따라 1000~7000번의 번호를 매겨 구분한다. 다른 원소의 함량이 1% 미만인 1000번 계열은 화학 장치, 반사체, 열 교환기, 마감제에, 5%의 구리를 포함하는 2000번 계열은 화물차와 항공기 구조 부품에, 1.2%의 망가니즈를 포함하는 3000번 계열은 조리 기구, 저장 용기 및 건축 자재 제조에, 12% 미만의 규소를 포함하는 4000번 계열은 주물과 용접에 사용된다. 0.3~5%의 마그네슘을 포함하는 5000번 계열은 마감재, 선박, 냉동 용기, 크레인 부품에, 마그네슘과 규소를 포함하는 6000번 계열은 건축물에, 3~8%의 아연과 마그네슘을 포함하는 7000번 계열은 항공기 구조물에 쓰인다. 이 외에도 동전 및 자석을 만드는 데 이용되며, 그 화합물은 페인트와 고체 로켓 연료로, 금속 산화물과는 혼합하여 용접 및 야금에 쓰인다.

알루미나는 녹는점이 매우 높기 때문에 전기 부도체나 플라스틱 충전제, 햇빛 차단제 및 화장품의 구성 성분으로 쓰이며, 안료, 촉매 및 그 자지제, 수분 제거제, 인공 고관절, 내열 재료로도 사용된다. 수산화 알루미늄은 고분자 물질의 방염 및 방수 처리, 의료용 제산제, 매염제, 물의 정제, 유리 및 도자기 생산에 쓰인다.

알루미늄의 생물학적 역할은 아직 알려져 있지 않지만, 알루미늄 염은 거의 독성이 없는 것으로 여겨진다. 하지만 알루미늄에 알레르기를 가진 사람들은 피부염 및 소화 장애를 호소하기도 한다. 또한 실험실에서 밝혀진 것이기는 하지만, 알루미늄이 유방암 세포에서 에스트로겐과 관련된 형질 발현을 증가시킨다는 보고가 있으며, 치매와 연관성이 있다는 주장도 있다.

원자 번호 35

브로민

고대 페니키아인들은 지중해 연안에서 채취한 고둥에서 추출한 브로민 화합물을 자주색 염료로 사용하였는데, 그 도시의 이름인 'Tyre'에서 따와 '티리언의 자주색(Tyrian purple)'이라고 불렀다. 1825년에 독일의 뢰비히C. J. Löwig는 광천수에 염소를 가해 새로운 적갈색 물질을 얻은 결과를 1827년에 그의 학위 논문에 실었고, 1826년에 프랑스의 발라르A. J. Balard 역시 몽펠리에 지역의 해초재 용액에 염소를 가해 얻은 새로운 원소의 성질을 조사한 내용을 학술지에 발표하였다. 발라르는 처음에 '소금물'을 뜻하는 라틴어 'muria'에서 'muride'로 명명하였는데, 그 후 '악취'를 뜻하는 그리스어 'bromos'에 근거하여 'brôme'으로 바꾸었다. IUPAC은 여기에 같은 족의 접미어 '-ine'를 합한 'Bromine'을 영어 원소 이름으로 채택하였다. 원소 기호는 'Br'이다. 미국, 중국, 이스라엘 등이 주요 생산국이다.

원자 번호 35번 브로민은 지각에는 $1.6 \sim 2.4 \times 10^{-4}\%$ 있으며, 바닷물에는 $6.5 \times 10^{-3}\%$의 낮은 농도로 존재하지만, 요르단과 이스라엘 경계에 있는 사해와 같은 소금 호수에는 $0.5 \sim 0.6\%$, 미국의 염정에는 $0.4 \sim 0.5\%$, 중국의 지하 염수에는 $0.02 \sim 0.03\%$의 높은 농도로 있다. 원소 상태로도 추출되며, 바닷물에서 식염을 추출하고 남은 모액에 염소를 가해 브로민화 이온을 산화시킨 후 공기를 불어넣어 회수하고, 이를 응축시켜 얻기도 한다. 질량수 67~98의 여러 방사성 동위 원소가 만들어졌으며, 반감기가 57.04시간인 ^{77}Br이 가장 안정하다. ^{79}Br(50.69%)과 ^{81}Br(49.31%)의 두 동위 원소로 존재하는 사방정계 구조의 17족 원소이며, 밀도는 3.1 g/cm^3, 녹는점은 영하 7.25도, 끓는점은 58.8도이다. -1~+7의 산화 상태를 가지며 주요 산화 상태는 -1이다. 물과 유기 용매에 비교적 잘 녹으며 산소, 질소, 수소와는 반응하지 않으나, 오존과는 반응하여 이산화 브로민(BrO_2)을 내놓는다. 열이나 빛에 민감하며, 금속과는 격렬하게 반응한다.

예전에는 가솔린 첨가제, 훈증제, 살충 및 살균제 등의 제조에 쓰였으나, 지금은 섬유나 플라스틱 제품이 불에 타지 않도록 하는 난연제, 밀도가 높은 성질을 이용한 석유 시추액, 수영장이나 온천장의 물 소독제, 염료, 사진 필름의 감광제로 사용된다. 또 해양 생물인 바다 아스파라거스(Asparagopsis taxiformis)의 정유(essential oil)에 브로민화 메틸(CH_3Br)로 들어 있다. 중추 신경계에 진정 작용을 하는 것으로 여겨지지만, 다른 할로젠족 원소들과 달리 인체 내의 기능은 알려져 있지 않다. 한편, 콜라겐을 만드는 데 중요한 역할을 한다는 보고가 있으며, 원소 상태의 브로민은 매우 유독하여 피부에 닿으면 심한 염증을 일으키고, 점막을 자극하여 기관지와 폐 손상을 일으킨다.

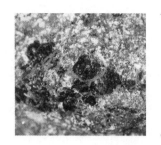

원자 번호 4
베릴륨

고대 이집트에서 이 원소가 포함된 녹주석(beryl)을 사용하였다는 문헌이 있으며, 1세기 로마 시대의 노 플리니우스Pliny the Elder의 『자연사(Natural History)』에는 녹주석과 에메랄드 광석이 유사하다고 기술되어 있다. 그리고 클라프로트도 두 광석을 알루미나 실리케이트(aluminium silicate)라고 결론 내렸다고 한다. 하지만 1798년에 보클랭이 녹주석 광석에서 알루미나와 유사하나, 과량의 수산화 알루미늄 수용액에도 녹지 않고 단맛이 나는 새로운 산화물을 발견하고, '달다'라는 그리스어 'glucus'에서 따와 'Glucium'으로 명명하였다. 그러나 클라프로트는 이트륨 광석 역시 달기 때문에 이 새로운 원소의 이름이 녹주석 광석의 이름에 근거하는 것이 타당하다고 생각하였다. 여기에 1828년에 염화 베릴륨($BeCl_2$)을 금속 포타슘으로 환원하여 베릴륨 금속을 얻은 뵐러도 동의하여, 녹주석과 금속을 나타내는 접미어를 합해 'Beryllium'으로 명명하였다. 원소 기호는 'Be'이다. 1898년에 프랑스의 르뷰P. Lebeau는 이플루오린화 베릴륨(BeF_2)과 플루오린화 소듐 용융액의 전기 분해로 순수한 베릴륨 금속을 분리하였다. 아르헨티나, 브라질, 인도가 주요 생산국이다.

원자 번호 4번 베릴륨은 지각에는 $2{\sim}6 \times 10^{-3}$% 있으며, 원소 상태로는 존재하지 않고, 단지 ^{9}Be으로만 존재하는 육방 조밀 채움 구조의 2족 원소이다. ^{10}Be은 우주 선에 의한 산소와 질소로부터 생성되거나 핵폭발에서 공기 중의 이산화 탄소에 있는 탄소가 고속 중성자와 충돌하여 생성되기도 한다. 반감기가 136만 년으로 매우 긴 ^{10}Be은 흙에 축적되어 토양의 침식과 생성을 조사하는 데 사용되며, 과거 핵실험 장소의 확인에도 사용되고 있다. 밀도는 1.85 g/cm^3, 녹는점은 1287도, 끓는점은 2469도이며, -1과 +2의 산화 상태를 가진다.

베릴륨이 들어 있는 주요 광석으로 녹주석, 베르트랑다이트 (bertrandite, Be$_3$Si$_2$O$_7$(OH)$_2$), 금록석(chrysoberry, Al$_2$BeO$_4$), 페나카이트(phenakite, Be$_2$SiO$_4$) 등이 있다. 녹주석과 육플루오린화 규소 소듐(Na$_2$SiF$_6$)을 700도 부근에서 가열한 후, 물로 이플루오린화 베릴륨(BeF$_2$)을 추출하여 pH를 염기성으로 조정한 후 수산화 베릴륨(Be(OH)$_2$)를 침전시키거나 추출된 이플루오린화 베릴륨을 약 1300도에서 마그네슘과의 환원 반응으로 베릴륨을 분리한다. 덩어리 상태에서는 물이나 산소와 반응하지 않으나 분말 상태에서는 잘 반응하며, 산이나 알칼리 수용액에도 잘 녹는다.

구리에 0.5~3% 베릴륨을 넣은 합금은 강도가 클 뿐만 아니라 비자성이고, 열 및 전기 전도성, 내마모성, 내부식성이 좋아 항공 엔진, 정밀 기계, 각종 전자 제품의 릴레이, 강력 용수철의 재료로 사용된다. 니켈과 2% 베릴륨 합금은 용수철, 클립, 전기 연결기, 치과용 재료로 쓰이며, X선이나 고에너지 입자를 잘 통과시키기 때문에 X선관의 창, 방사광의 필터 또는 창으로, 핵반응기에서 중성자 감속제와 반사제로 사용된다. 또한 고온에서 안정하고 열팽창 계수가 적어 방위 산업 및 항공 우주 산업의 재료로, 고성능 스피커의 떨림판 재료로, p형 반도체 첨가물로 쓰인다.

산화 베릴륨(BeO)은 단단하고 녹는점이 높으며, 부도체이면서 열전도체이므로 고출력 트랜지스터 기판으로 사용된다. 인체 내에 약 35마이크로그램의 베릴륨이 있으며, 그 역할은 마그네슘과 유사하다고 여겨진다. 하지만 베릴륨과 그 화합물은 독성이 매우 강하며, 오랫동안 베릴륨 먼지나 증기에 노출되면 알레르기성 폐질환 및 폐에 염증을 일으키는 베릴륨증(berylliosis)이 일어나기 때문에 형광등관 제조에는 더 이상 사용하지 않는다.

원자 번호 90
토륨

우라늄 붕괴와 더불어 지구 내부 열의 주된 원천으로 여겨지는 토륨은 천연 방사성 원소이다. 1815년에 스웨덴의 파렌 지역에서 새로운 광석을 발견한 베르셀리우스는 이로부터 추출한 산화물을 '전쟁과 천둥의 신'으로 스칸디나비아 신화에 나오는 'Thor'의 이름에서 따오고, 금속을 나타내는 접미어를 합하여 'Thorium'으로 명명하였다. 그런데 10년 후 그가 발견한 물질이 이미 1789년에 가돌린이 발견한 인산 이트륨(YPO_4)으로 판명되자, 바로 자신의 실수를 인정하였다. 1829년에 베르셀리우스는 에스마르크M. T. Esmark로부터 노르웨이에서 발견한 검은색 광석을 받아 연구한 끝에 드디어 새로운 산화물을 얻었고, 이를 이전에 사용한 원소 이름 그대로 명명하였다. 이 산화물에서 사염화 토륨($ThCl_4$)을 만들었고, 이를 포타슘으로 환원시켜 금속 토륨을 얻었다. 원소 기호는 'Th'이다. 1898년에 독일의 슈미트 G. K. Schmidt는 토륨의 방사성 붕괴를 처음으로 관찰하였고, 퀴리가 이를 확인하였다. 3개의 동소체가 있는데, 낮은 온도에서 안정한 α형의 면심 입방 구조는 1360도의 높은 온도에서는 β형의 체심 입방 구조로 바뀌며, 높은 압력에서는 체심 입방 정사면체 구조의 동소체로 존재하는데, 그 성질은 알려져 있지 않다. 미국, 호주, 터키, 남아프리카공화국, 인도, 베네수엘라, 브라질, 캐나다 등 세계 곳곳에 고루 매장되어 있다.

원자 번호 90번 토륨은 지각에 1.2×10^{-3}% 있기 때문에 자연계에 흔하며, 원소 상태로는 존재하지 않는다. 질량수 209~238인 방사성 동위 원소 30가지가 알려져 있으며, 반감기가 140.5억 년인 ^{232}Th이 가장 안정하다. 심해에 존재하는 ^{230}Th의 반감기는 7만5380년으로 그 다음으로 길다. 악티늄 계열 원소로서, 밀도는 11.7 g/cm^3, 녹는점은 1750도, 끓는점은 약 4800도이며, +3과 +4의 산화 상태를 가진다. 토륨이 들어 있는 주요 광석으로 토라이트(thorite, $ThSiO_4$), 우라노토라이트(uranothorite, $(U,Th)SiO_4$), 토리아나이트(thorianite, $(U,Th)O_2$), 모나자이트, 지르콘, 타이타늄석(titanite), 가돌리나이트 광석 등이 있다. 토륨은 모나자이트에서 희토류 금속 생산에서의 부산물로 얻는다. 물과 산소와 느리게 반응하며 보호 피막 산화 토륨을 형성한다. 분말 상태에서는 실온에서도 자연 발화한다. 염산이나 플루오린산에는 잘 녹으나 다른 산에는 녹지 않으며 알칼리와는 반응하지 않는다.

1925년 네덜란드의 반아르켈과 드보어는 사아이오딘화 토륨(ThI_4) 증기를 뜨거운 텅스텐 필라멘트 위에서 열분해하여 순수한 토륨을 얻었다. 모나자이트 광석에서 토륨을 분리하기 위해서는 분쇄된 광석을 120~150도에서 황산 처리하여 토륨과 희토류의 수용성 황산염으로 만든 다음, 여과하여 녹지 않은 찌꺼기를 제거해야 한다. 이후 여액에 수산화 소듐을 가해 pH 3~4로 높이면 침전물이 얻어지는데 이를 질산에 녹여 유기 용매로 추출하여 질산 토륨 형태로 정제하는 산 처리 방법으로 얻는다. 알칼리 처리는 광석을 140도에서 45% 수산화 소듐 수용액으로 처리한 후 80도에서 여과하여 얻은 수산화물 혼합물을 물로 씻어 염산에 녹인 후 알칼리로 중화하여 얻은 토륨 수산화물을 질산 토륨 형태로 정제하는 방법이다. 이러한 질산 토륨 화합물의 열분해로 얻은 산화 토륨을 염소 기체와 반응시켜 일단 염화 토륨으로 전환시킨 후, 아르곤 기류하에서 알칼리 금속 또는 알칼리 토금속으로 환원시켜 순수한 토륨을 얻는다.

토륨과 그 화합물은 가스등의 점화구에 덮는 그물망, 화학 반응의 촉매, 고온용 도가니 재료, 텅스텐 아크 용접 전극의 첨가제로 사용된다. 항공 산업에서는 마그네슘과의 합금이, 전극과 필라멘트에서는 텅스텐과의 합금이 쓰이며, X선 진단 조영제로서 산화 토륨의 콜로이드 용액인 토로트라스트(thorotrast)가 사용된다. 하지만 방사능에 대한 우려로 이러한 용도로의 사용은 크게 줄고 있다. 토륨의 생물학적 역할은 없으나, 식물은 뿌리로부터 흡수하며, 채소에도 극미량 들어 있다. 사람은 음식물을 통해 극미량의 토륨을 섭취하여 골격에 축적되나, 건강에 미치는 위험은 거의 없다. 하지만 토륨 화합물에는 약한 독성이 있어 이를 취급하는 사람은 피부염에 시달리기도 하고, 장기간 노출 시에는 암을 유발하는 것으로 알려져 있다.

우라늄보다 3~4배 많이 지각에 존재하는 토륨은 인공 핵원료인 우라늄-235로 전환되어 원자력 발전의 연료로 사용될 수 있을 뿐만 아니라, 저렴한 가격, 수천 년간의 사용 가능성, 게다가 폐기물에 의한 방사능 위험마저 낮아 미래의 대체 에너지로 관심을 받고 있다. 우라늄은 적당한 에너지의 중성자만 있으면 그 자체로 핵분열하며, 일단 시작하면 빠르게 붕괴하기 때문에 붕소가 들어 있는 제어봉으로 속도를 조절한다. 하지만 토륨은 핵분열을 해도 연쇄 반응을 일으키는 중성자 수가 부족하며, 게다가 이어지지 못하고 중단되기 때문에 중성자를 지속적으로 공급해 그 순환 반응을 지속시키는 것이 무엇보다 중요하다.

이러한 문제는 선형 가속기로부터 얻은 중성자를 이용하여 토륨 원자로의 가능성을 밝혀낸 이탈리아의 루비아K. Rubbia에 의해 해결되었다. 즉 토륨-232는 가속기에서 얻은 중성자에 의해 토륨-233으로 바뀌며, 이 불안한 핵종은 붕괴되어 프로트악티늄-233으로 전환되면서 다시 붕괴하여 우라늄-233이 된다. 이 우라늄 핵종은 비교적 낮은 에너지에서도 중성자와 충돌해 핵분열을 일으키고, 에너지와 함께 중성자를 내놓으며, 이 중성자는 다시 토륨-232 또는 우라늄-233과 충돌해 핵분열을 지속시키는 순환 과정을 거친다.

토륨 원전은 우라늄 원전과 달리 가속기를 이용해 고속으로 가속시킨 양성자를 납이나 텅스텐에 충돌시켜 다량의 중성자를 만들기 때문에 '원자로'라기보다 '에너지 증폭기'라고 볼 수 있다. 토륨 원전 개발에는 미국, 중국, 인도, 벨기에가 뛰어들었다. 토륨 에너지 증폭기를 이용할 경우 양성자에서 중성자를 만드는 과정에서 반감기가 긴 방사성 핵종이 생겨, 농축 우라늄이나 플루토늄을 섞어야 하는 문제가 있지만, 토륨 원자로가 갖는 장점만 보아도 실현 가능성은 무시하지 못할 것이다. 미국, 영국, 프랑스, 일본, 독일, 러시아 같은 나라에서 토륨 원자로를 시도하였지만 현재 그 설비의 작동은 멈춰져 있으며, 인도가 1985년에 설치한 FBTR(fast breeder test reactor)은 아직도 작동 중이다.

원자 번호 57
란타넘

원자 번호 57번 란타넘에서 71번 루테튬까지의 원소들은 모두 같은 광석에 함께 들어 있고, 그 성질이 란타넘과 유사하여 란타넘족 원소(lanthanide 또는 lanthanoid)라고 부른다. 또 이들 원소들을 비롯하여 스칸듐과 이트륨의 산화물들은 예전부터 희귀하여 희토류 금속으로 다루고 있다. 몇몇 원소들은 여기에 포함되지 않지만, 여전히 다른 광물들에 비해 채광할 수 있는 광석이 적은 데다가 여러 희토류 금속들이 섞여 있어, 분리해 내는 데 많은 비용이 들고 그 과정도 복잡하다. 1803년에 스웨덴의 히싱거V. Hisinger는 베르셀리우스와 함께 바스트나스(bastnäs) (후에 세라이트(cerite, $(Ce, La, Ca)_9(Mg,Fe)(SiO_4)_6(SiO_3H)$)로 바뀜) 광석에서 새로운 산화물로 여겨지는 물질을 분리하였다고 생각하였다. 하지만 1839년에 베르셀리우스와 같은 집에 사는 모산데르C. G. Mosander가 이 산화물을 공기 중에서 구운 후 찬 묽은 질산을 첨가하였더니 일부만 녹는 사실을 발견하고, 이 녹은 용액에 옥살산 소듐($Na_2C_2O_4$)을 첨가하여 생성된 침전물을 가열하여 새로운 산화물을 얻었다. 그는 산화물의 이름을 '숨어 있는'이란 뜻의 그리스어 'lanthano'에서 따와 'lanthana'로, 원소 이름은 이에 금속을 나타내는 접미어를 합해 'Lanthanum'으로 명명하였다. 원소 기호는 'La'이다. 중국, 미국, 인도, 브라질에 많이 매장되어 있다.

원자 번호 57번 란타넘은 지각에 $3.9 \times 10^{-3}\%$ 존재하며, $^{138}La(0.09\%)$과 $^{139}La(99.91\%)$의 두 동위 원소가 있다. 질량수 117~155의 인공 방사성 동위 원소 38가지가 알려져 있으며, 그중 반감기가 6만 년인 ^{137}La이 가장 안정하다. 란타넘의 밀도는 $6.16 \ g/cm^3$, 녹는점은 920도, 끓는점은 3464도이며, +3의 산화 상태를 가진다. 공기에 노출되면 쉽게 산화되며, 찬물과는 천천히 반응하지만 더운 물과는 빠르게 반응하고 대부분의 묽은 산에 잘 녹는다.

란타넘은 주로 모나자이트와 희토류광에서 분리되어 생산된다. 가루 상태의 희토류 광석의 선광 후, 120~150도에서 황산 처리하여 황산염으로 만들고, 여과하여 찌꺼기를 제거한 다음 수산화 소듐을 가해 희토류 수산화 침전물로 만든다. 여기에 옥살산 암모늄

$((NH_4)_2C_2O_4)$을 첨가하여 희토류 옥살산 침전물로 바꾼 후, 공기 중에서 열분해하여 희토류 산화물을 얻는다. 1950년대 후반까지는 기존의 혼합 산화물을 질산에 녹인 용액에 질산 암모늄을 가한 질산 란타넘 암모늄 복염 분별 결정 방법으로 얻었고, 1960년 이후에는 양이온 교환 크로마토그래피와 용매 추출 방법을 이용하여 분리한 란타넘 화합물을 공기 중에서 열분해시켜 산화 란타넘을 얻었다. 이 산화 란타넘을 염화 암모늄(또는 플루오린화 암모늄)이나 염산(또는 플루오린산)으로 처리하여 염화 란타넘(또는 플루오린화 란타넘)으로 만들고 진공이나 아르곤 기류하에서 리튬 또는 칼슘으로 환원시키거나, 염화 란타넘을 염화 소듐 또는 염화 포타슘과 용융 혼합물을 만들어 전기 분해하여 금속 란타넘을 얻는다.

란타넘 산화물을 분리하는 것은 힘들고 비용도 많이 들기 때문에 혼합 산화물 상태로 환원시켜 얻는데, 이러한 희토류 금속 혼합물 형태를 미시 메탈(misch metal)이라고 한다. 이러한 메탈에서 금속의 조성은 사용한 금속 산화물의 종류와 과정에 따라 다르다. 미시 메탈은 주로 긁거나 문지르면 불꽃이 나는 발화 합금과 하이브리드 자동차에 사용되는 니켈 수소 전지의 양극으로 쓰인다. 전성, 충격 저항성, 연성을 높이기 위해 강철과의 합금, 강도와 온도에 대한 민감성을 줄이기 위해 몰리브데넘과의 합금, 내열성을 높이기 위해 알루미늄과 마그네슘과의 합금으로 란타넘을 사용한다.

란타넘 화합물은 탄소 전극 사이에 전류를 흘려 빛을 얻는 탄소 아크 등, 적외선 유리, 높은 굴절률과 낮은 분산력을 활용하는 사진기, 현미경과 망원경 렌즈용 유리, 광섬유용 유리, 진공관에서 열 전자 방출원, 자동차 배기가스 정화 장치, 석유 분해 촉매, 흡습성 재료로 이용된다. 란타넘의 생물학적 성질과 그 역할은 알려져 있지 않으나, 중추 신경계의 신경 전달 물질인 가바(GABA, γ-aminobutyric acid, $NH_2(CH_2)_3CO_2H$)가 수용기에 결합하는 것을 돕거나 칼슘 이온의 통로에 영향을 미치는 것으로 알려져 있다. 높은 농도에서는 독성을 가지며, 과혈당증(hyperglycaemia)과 저혈압과 관련이 있으며, 지라(비장)와 간 변환의 퇴행을 초래한다고 알려져 있다. 만성 신부전 환자의 고인산 혈증 치료에 쓰이는 포스레놀(fosrenol, $La_2(CO_3)_2$)도 장기간은 사용하지 말 것을 권고한다.

원자 번호 58

세륨

구리 다음으로 지각 내에 풍부하게 존재하지만 희토류 금속으로 분류되는 이 새로운 원소는 1803년에 세라이트 광석에서 히싱거와 베르셀리우스가 얻은 산화물에서 발견되었다. 1801년에 발견된 왜소 행성 'ceres'에서 따오고 금속의 접미어를 합해 'Cerium'이라고 명명되었다. 실제로는 1839년 모산데르가 그 산화물에 찬 묽은 질산을 첨가하여 순수한 상태의 산화 세륨(CeO_2) 침전물로 얻었으며, 원소 기호는 'Ce'이다. 4개의 동소체가 있는데, 영하 150도 이하에서는 면심 입방 구조의 α형, 상온과 영하 150도의 평형 상태에서는 이중 육방 조밀 채움 구조의 β형, 726도와 상온에서는 면심 입방 구조의 γ형, 726도 이상에서는 체심 입방 구조의 δ형이 각각 안정하다.

원자 번호 58번 세륨은 지각에 4.6×10^{-3}% 존재하며, $^{136}Ce(0.185\%)$, $^{138}Ce(0.251\%)$, $^{140}Ce(88.450\%)$, $^{142}Ce(11.114\%)$의 4가지 동위 원소가 있다. 질량수 117~155의 인공 방사성 동위 원소 20가지가 알려져 있으며, 그중 반감기가 284.893일인 ^{144}Ce이 가장 안정하다. 세륨은 가장 먼저 발견된 란타넘 계열 원소로서 밀도는 6.77 g/cm³, 녹는점은 795도, 끓는점은 3443도이며, +3과 +4의 산화 상태를 가진다. 공기 중에서 쉽게 산화되며 찬물과는 느리게 반응하나 더운 물과는 빠르게 반응하고, 대부분의 묽은 산에 잘 녹는다.

주로 갈염석(allanite, $(Ca,Ce,La,Y)_2(Al,Fe)_3(SiO_4)_5(OH)$), 모나자이트, 희토류광, 세라이트에서 분리되어 생산된다. 세륨은 란타넘족 원소들 중 +4의 가장 높은 산화 상태를 가지므로 희토류 광물에서 쉽게 추출할 수 있다. 세라이트 광석을 염산 처리하여 탄산 칼슘을 제거하고 공기 중에서 구워 산화시켜서 산화 세륨을 얻는다. 자기적 성질을 가지고 있는 모나자이트의 경우, 먼저 반복된 전자기 분리 후 진한 황산으로 처리하여 수용성 황산염을 만든다. 이어 수산화 소듐으로 pH 3~4로 조절하여 중화시킨 후 옥살산 암모늄으로 침전시킨 다음 열을 가해 다시 산화물로 만들고, 이를 질산에 녹여 산화 세륨 침전물을 얻는다. 또 높은 온도에서 염화 세륨이나 플루오린화 세륨을 칼슘과 환원시키거나 염화 세륨의 전기 분해로 순수한 세륨을 얻는다.

희토류 금속 혼합물의 일반적 형태인 미시 메탈, 또는 이 메탈에 19% 철과 4% 마그네슘을 혼합한 형태로 주로 이용하며, 20% 산화 철과 2% 산화 마그네슘이 포함된 페로세륨(ferrocerium, FeCe)도 산업적으로 이용된다. 몰리브데넘, 알루미늄, 마그네슘과 세륨의 합금은 란타넘과 비슷한 용도로 사용된다. 세륨 화합물은 유리 연마제 및 착색제, 자외선 차단 유리, 방사선에 민감한 유리를 만드는 데 쓰인다. 또한 방수 처리제, 항균제, 고체 전해질, 자동차 배기가스 촉매 전환기의 산화 촉매, 물의 열분해 촉매, 디젤 완전 연소의 첨가제, 석유 분해 촉매로도 사용된다. 세륨의 생물학적 역할은 알려져 있지 않으나, 과량의 세륨은 심장마비를 일으키는 것으로 보고되었으며, 옥살산 세륨($Ce_2(C_2O_4)_3$)은 구토 방지제로 사용된다.

원자 번호 68

에르븀

1843년에 스웨덴의 모산데르는 이트륨 산화물 이트리아에서 분홍색의 산화물 에르비아를 얻었는데, 이로부터 새로운 원소를 발견하고 'Erbium'으로 명명하였다. 원소 기호는 'Er'이다. 1860년 이후에 테르븀 산화물 테르비아가 에르비아로 그 이름이 바뀌었고, 1870년 이후에는 다시 에르비아가 테르비아로 바뀔 정도로 명명 과정이 매우 혼란스러웠다. 어느 정도 순수한 에르비아는 1905년에 우르뱅G. Urbain

에 의해 분리되었으며, 1934년에 와서야 무수 염화물을 포타슘 증기로 환원시킴으로써 순수한 에르븀 금속을 얻게 되었다. 중국이 주요 생산국이다.

원자 번호 68번 에르븀은 지각에 2.8×10^{-4}% 있으며, 천연 상태로 ^{162}Er(0.139%), ^{164}Er(1.60%), ^{166}Er(33.50%), ^{167}Er(22.87%), ^{168}Er(26.98%), ^{170}Er(14.91%)의 6가지 동위 원소가 존재한다. 질량수 142~177인 인공 방사성 동위 원소 30가지가 알려져 있으며, 그중 반감기가 9.4일인 ^{169}Er이 가장 안정하다. 란타넘 계열 원소로서 밀도는 9.066 g/cm³, 녹는점은 1529도, 끓는점은 2868도이며, 주로 +3의 산화 상태를 가진다. 물이나 공기에 의해 아주 느리게 산화되며, 가열된 공기와 뜨거운 물과는 빠르게 반응한다. 대부분의 묽은 산에 잘 녹는다.

에르븀은 주로 모나자이트, 제노타임, 가돌리나이트, 희토류광, 육세나이트(euxenite, $(Y,Ca,Er,La,Ce,U,Th)(Nb,Ta,Tl)_2O_6$)에서 분리되어 생산되는데, 그 과정을 보면 다음과 같다. 먼저 선광된 광석을 황산이나 염산 처리하여 수용성 염화물이나 황화물로 전환시킨 후 녹지 않는 찌꺼기를 여과하여 얻은 산성 용액에 수산화 소듐을 가한다. 이렇게 하면 일차적으로 토륨 산화물이 제거된다. 이 여액을 옥살산 암모늄으로 침전시키고 열을 가해 다시 혼합 산화물을 만든다. 이어 이를 질산에 녹여 산화 세륨 침전물을 제거하고, 질산 마그네슘으로 처리하면 분홍색의 에르븀 복염이 얻어진다. 이온 교환 크로마토그래피나 용매 추출 방법으로 복염에서 에르븀을 얻을 수도 있으며, 이를 염화 에르븀($ErCl_3$)이나 플루오린화 에르븀(ErF_3)으로 전환시킨 후 1450도에서 아르곤 기체하에서 칼슘과의 환원 반응으로 순수한 금속 에르븀을 얻는다. 에르븀은 영하 254도 부근에서는 강자성, 영하 254~197도에서는 원자의 스핀이 인접한 스핀과 그 크기는 같으나 반대 방향으로 배열하여 자성이 영이 되는 반강자성(antiferromagnetic), 영하 197도 이상에서는 상자성 배열을 가진다.

에르븀 이온의 형광 성질을 이용하여 주로 광섬유 통신과 레이저에 쓰인다. 에르븀이 도핑된 광섬유 증폭기(Er-doped fiber amplifier, EDFA)는 값비싼 중계기 없이 장거리 통신을 가능하게 한다. YAG:Er 레이저는 2940나노미터 파장의 적외선을 방출하면서 물에 잘 흡수되므로 물이 들어 있는 조직의 수술에는 사용할 수 없으나, 피부 주름, 여드름, 흉터, 색소성 병변, 문신 및 사마귀 제거, 치아 및 뼈 절삭에 쓰인다. 에르븀과 니켈 또는 코발트의 합금은 아주 낮은 온도에서 열용량이 커 MRI 장치의 냉각기 재료로 쓰이고, 에르비아는 유리, 큐빅 지르코니아, 도자기의 분홍색 착색제로 사용된다. 에르븀-167은 중성자를 잘 흡수하기 때문에 원자로 제어봉으로 쓰인다. 에르븀의 생물학적 역할은 알려져 있지 않으며, 과량을 섭취할 경우 독성을 나타낸다. 인체 내에서는 뼈에 가장 높은 농도로 축적되어 있지만, 신장과 간에도 들어 있다.

원자 번호 44
루테늄

남아메리카 대륙 원주민들은 오래전부터 백금 광석을 사용해 왔으며, 16세기 중반에는 이것이 유럽에도 알려지기 시작하였다. 18세기 중반에 백금이 금속임을 알게 되었고, 19세기 초 백금 광석에서 팔라듐, 로듐, 오스뮴, 이리듐이 분리되었지만, 루테늄은 그때까지도 발견되지 않았다. 최초 발견자로 폴란드의 시니아데츠키J. Śniadecki가 거론되는데, 그는 1807년 남미의 백금 광석에서 새로운 원소를 발견하고, 이를 'Vestium'로 명명하여 1808년에 발표하였다. 그러나 그 결과가 확인되지 않아 새 원소의 발견을 철회하였다.

16세기 말에 러시아 왕국이 동쪽으로 영토를 확장하기 시작하였는데, 우랄 지역에 광물이 풍부한 것을 알게 되면서 이 지역에 대한 본격적인 개발이 이루어졌다. 1827년에 스웨덴의 베르셀리우스와 오산G. W. Osann은 러시아에서 채취한 백금 광석을 왕수에 녹이고 남은 찌꺼기를 조사하였는데, 특히 오산은 이 찌꺼기에 들어 있는 3개의 새로운 금속을 각각 '루테늄', '플루라늄(Pluranium)', '폴리늄(Polinium)'으로 명명하였다. 하지만 그가 분리하였다고 여겨진 이것들은 다른 금속과의 혼합물이라는 것이 나중에 확인되었다.

1844년에 러시아의 클라우스K. Klaus(C. E. Claus)는 백금 광석을 왕수에 녹였는데, 이때 녹지 않는 백금 원석 찌꺼기에서 로듐, 팔라듐, 백금, 철 등을 먼저 제거하고, 남은 검은색 잔류물을 포타슘과 가열하여 오스뮴, 이리듐, 루테늄 산화물을 얻었다. 산 처리 후 열을 가해 사산화 오스뮴을 증류한 후 염화 포타슘을 가해 암모늄 육염화 루테늄($(NH_4)_2[RuCl_6]$) 침전물을 얻었고, 이를 가열하여 순수한 금속을 얻었다. 이 새로운 원소 이름을 오산이 제안한 대로 자신의 모국의 라틴어 명 'Ruthenia'와 금속을 나타내는 접미어를 합하여 'Ruthenium'으로 명명하였으며, 원소 기호는 'Ru'이다.

이전에 오산이 얻었던 루테늄은 오스뮴과의 혼합물, 플루라늄은 지르코늄, 철, 규소, 이산화 타이타늄과의 혼합물, 폴리늄은 이리듐과의 혼합물로 여겨진다. 오산은 자신이 이 원소의 최초 발견자라고 주장하였지만 인정받지는 못하였으며, 클라우스는 루테늄-로듐-팔라듐, 오스뮴-이리듐-백금의 삼인조(triad) 원소에 대한 방대한 연구를 지속적으로 하였다. 남아프리카공화국에서 주로 생산되며, 캐나다, 짐바브웨, 러시아에서도 생산된다.

원자 번호 44번 루테늄은 지각에 $4.0 \times 10^{-8}\%$ 존재하는 지구상에서 가장 희귀한 원소 중 하나이며, $^{96}Ru(5.54\%)$, $^{98}Ru(1.87\%)$, $^{99}Ru(12.76\%)$, $^{100}Ru(12.60\%)$, $^{101}Ru(17.06\%)$, $^{102}Ru(31.55\%)$, $^{104}Ru(18.62\%)$으로 존재한다. 30가지가 넘는 방사성 동위 원소가 알려져 있으며, 그중 반감기가 373.59일인 ^{106}Ru이 가장 안정하다. 8족 원소로 육방조밀 채움 구조를 가지며, 밀도는 12.45 g/cm³, 녹는점은 2334도, 끓는점은 4150도이다. -2, +1~+8의 산화 상태를 가지나 +2, +3, +4의 상태가 가장 안정하다.

백금과 이리도스민 광석에 존재하나, 다른 백금족 금속들과 같이 주로 구리와 니켈 제련의 부산물로 얻은 양극 전물을 오스뮴에서 기술한 과정을 이용하여 휘발성의 사산화 루테늄(RuO_4)과 사산화 오스뮴을 얻는다. 분별 증류, 염화 암모늄에 의한 암모늄 염화 루테늄의 침전 또는 용매 추출 방법으로 사산화 오스뮴을 제거한다. 루테늄 금속은 이 암모늄 착화합물과 수소 기체와의 환원 반응으로 얻은 분말 또는 스펀지 형태를 분말 야금법으로 가공한 것이다. 실온의 덩어리 상태에서는 안정하나 분말이 되면 반응성이 커지고, 산에도 녹지 않고 100도 이하에서는 왕수에도 녹지 않는다. 공기 중에서 상온에서는 녹슬지 않으나, 800도가 되면 산화하여 이산화 루테늄(RuO_2)으로 변한다. 산화성 용제인 과산화 소듐 또는 염소산 포타슘에서 잘 녹아 사산화 루테늄염($[RuO_4]^-$)이 된다.

루테늄은 백금과 팔라듐의 경도를 높이는 경화제로 사용되며, 이들 합금은 내마모성이 매우 우수하여 주로 전기 접점으로 이용되며, 내부식성을 향상시키기 위해 타이타늄에 루테늄을 소량 첨가하여 사용하기도 한다. 값비싼 금속 장식구, 만년필 펜촉 끝, 의료 기구 등에 쓰이며, 니켈과의 합금은 제트 엔진의 터빈 날개에 사용된다. 하드 디스크의 기억 용량을 높이기 위해 자성층 사이에 3개 원자 정도의 얇은 루테늄 막인 픽시 더스트(pixie dust) 층의 제조, 후막 칩 저항(thick film chip resistor)과 같은 전자 재료로도 쓰인다. 염화 수소로부터 염소를 얻는 디컨 공정과 올레핀의 탄소-탄소 이중 결합을 자르고 다른 올레핀과 결합시키는 반응인 올레핀 복분해 반응(olefin metathesis)에서의 유기 금속 촉매로도 사용된다.

루테늄 화합물, 특히 $[Ru(bpy)_3]^{2+}$는 자외선이나 가시광선 영역의 빛을 잘 흡수하고 들뜬 상태에서 전자를 내놓고 $[Ru(bpy)_3]^{3+}$로 되거나 전자를 받아 $[Ru(bpy)_3]^+$로 될 수 있다. 이러한 화학종들은 다른 화합물에 의해 원래의 $[Ru(bpy)_3]^{2+}$로 되돌아갈 수 있기 때문에 태양에너지를 전기 에너지로 바꾸는 광산화 환원 촉매로 사용될 수 있다.

아울러 루테늄 화합물은 광 촉매와 유사한 염료-감응 태양 전지(dye-sensitized solar cell, DSSC)의 염료로 쓰이며, 들뜬 상태에서 내는 형광 특성이 주위 환경에 따라 민감하게 변하는 성질을 이용하여 형광 표지 물질 또는 화학 센서로 사용된다. 잘 알려진 항암제 시스플라틴은 암세포뿐만 아니라 정상 세포에도 손상을 입히는 반면 이와 유사한 구조를 가지며, 중심 금속 백금을 루테늄으로 바꾼 루테늄 항암제는 암세포에 선택적이다. 루테늄의 생물학적 역할은 알려져 있지 않으나 사산화 루테늄은 강한 산화제로서 독성이 크고 심지어 폭발할 수도 있다.

원자 번호 55

세슘

2011년 3월 일본 후쿠시마 원자력 발전소 사고에서 유출되어 공포의 대상이 되었던 세슘은 1860년 독일의 분젠과 키르히호프G.

Kirchhoff가 분광기를 이용하여 광천수의 불꽃 스펙트럼에서 새로운 두 개의 푸른색 선을 발견함으로써 확인되었다. '푸른 하늘색'을 뜻하는 라틴어 'caesius'와 금속을 나타내는 접미어를 합해 'Cesium'(이 원소 이름은 미국에서 주로 쓰이며, IUPAC이 추천한 원소 이름은 'Caesium'이다)으로 명명하였으며, 원소 기호는 'Cs'이다. 이들이 발명한 분광기는 가열된 원소에서 나오는 빛을 프리즘으로 분산시켜 원소의 불꽃 스펙트럼을 측정하는 간단한 장치인데, 이를 이용하여 많은 금속염의 불꽃 스펙트럼을 조사하였다. 그 결과, 금속의 종류에 따라 고유한 스펙트럼 선이 얻어진다는 사실을 발견하여 새로운 원소의 발견에 크게 기여하였다. 캐나다가 주요 매장국인 동시에 생산국이며, 짐바브웨에서도 상당한 양이 매장되어 있으나 소량 생산되고 있다.

원자 번호 55번 세슘은 지각에 3.0×10^{-4}% 있으며, 바닷물에 3.0×10^{-7}% 정도 녹아 있다. ^{133}Cs으로만 존재하나, 핵연료 분열 시 ^{137}Cs이 극미량 생성된다. 방사성 동위 원소 39가지가 알려져 있으며, 그중 반감기가 230만 년인 ^{135}Cs이 가장 안정하다. 체심 입방 구조를 가지는 1족의 알칼리 금속으로, 밀도는 1.93 g/cm³, 녹는점은 28.5도로 체온에 녹을 정도이며, 끓는점은 671도이다. 주로 +1의 산화 상태를 가진다. 공기 중에서 자발적으로 발화하고 물과도 격렬하게 반응하기 때문에 석유나 파라핀유에 넣어 보관하며, 아르곤이나 네온과 같은 비활성 기체하에서 다룬다.

주로 캐나다에 매장되어 있는 폴루사이트(pollucite, $(Cs,Na)_2Al_2Si_4O_{12}$), 페조타이트(pezzottaite, $Cs(Be_2Li)Al_2Si_6O_{18}$), 애버가드라이트(avogadrite, $(K,Cs)BF_4$), 론도나이트(londonite, $(Cs,K)Al_4Be_4(B,Be)_{12}O_{28}$),

로디자이트(rhodizite, $(K,Cs)Al_4Be_4(B,Be)$) 광석 등에 들어 있으며, 녹주석과 인운모 또는 홍운모(lepidolite, $(K,Rb)Li_2AlSi_4O_{10}F_2$) 등에서도 발견된다. 분젠과 키르히호프는 광천수를 졸여 농축 염 용액을 만들고, 여러 단계의 분별 침전과 용해 과정을 거쳐 염화 루비듐($RbCl$)과 염화 세슘($CsCl$)을 얻는다.

일반적으로 산 처리나 알칼리 분해 방법으로 얻은 세슘 화합물을 칼슘이나 바륨과 함께 700~800도로 가열한 후 진공 증류로 분리하거나 세슘의 알루미늄산 염, 탄산 염, 수산화물을 마그네슘과 함께 가열하여 환원시켜 금속 세슘을 얻는다. 용융 사이안화 세슘($CsCN$)을 전기 분해하여 얻기도 한다. 폴루사이트 광석을 이용한 산 처리 방법을 살펴보면, 폴루사이트 광석 분말에 염산을 넣어 염화물 혼합물 용액을 만들고, 여기에 삼염화 안티모니($SbCl_3$), 염화 납($PbCl_2$), 이염화 주석($SnCl_2$), 사염화 세륨($CeCl_4$)과 같은 염화물을 첨가하여 물에 잘 녹지 않는 복염 형태로 침전시켜 회수한 후에 이를 분해시켜 염화 세슘을 얻는다. 알칼리 분해의 경우, 이 광석 분말을 $CaCO_3$-$CaCl_2$ 또는 Na_2CO_3-$NaCl$ 혼합물과 함께 구운 후, 물 또는 암모니아수로 우려낸 묽은 염화 세슘 용액을 증발시키거나 황산 알루미늄 세슘 수화물($CsAl(SO_4)_2 \cdot 12H_2O$) 또는 탄산 세슘($Cs_2CO_3$)으로 전환시킨다.

점성도가 낮고 인체에 거의 무해하면서 안정한 폼산 세슘(HCO_2Cs) 화합물은 고온과 고압의 천공 작업의 시추액으로 적합한데, 이 물질은 드릴 날의 윤활제 역할을 하며, 파쇄된 암석을 뜨게 하고 시추공에서 석유나 천연가스가 분출되지 않게 높은 압력이 유지되게 한다. 세슘은 원자에서 전자 전이가 일어날 때 방출 또는 흡수되는 고유한 전자파의 주파수를 시간 기준으로 사용하는데, 이 시계는 3000만 년에 1초의 오차가 있을 정도로 정확성이 높은 것으로 알려져 있다. 또한 세슘은 범지구 위치결정 시스템(Global positioning system, GPS), 인터넷과 휴대 전화 전송, 항공기 유도 장치에 핵심적인 역할을 한다. 산소와 반응을 잘하는 세슘은 전구와 진공관에 남아 있는 기체를 제거하는 게터로, 금속 야금에서 불순물을 제거하는 제거제로 사용된다. 빛을 받으면 쉽게 전자를 내놓는 성질을 이용하여 빛 에너지를 전기 에너지로 바꾸는 광전지, 빛 검출기, 광증폭 관(photomultiplier tube), 비디오 카메라 등의 광-전기(photo-electric) 장치의 음극 재료로도 쓰인다.

세슘-131은 방사성 물질을 전립선암 조직에 심어, 여기에서 나오는 방사선으로 그 조직을 파괴시키는 치료 방법인 근접 치료에 쓰이며, 세슘-137은 r선 방출원으로 암치료뿐만 아니라 식품, 하수 진흙, 수술 도구의 멸균에도 쓰인다. 이 밖에 수분계, 밀도계, 두께 측정기, 유량계 등의 산업용 계기에도 사용된다. 잘못하여 방사선 세슘을 섭취한 경우에는 장에서 세슘과 착화합물을 만들어 다시 흡수하는 것을 막아 세슘을 보다 빨리 몸 밖으로 배출시키는 기능을 하는 프러시안 블루를 복용한다. 질산 세슘($CsNO_3$)은 불꽃놀이에도 사용되지만, 열 추적 미사일을 교란시키는 기만용 불꽃 탄인 적외선 교란탄에도 쓰인다. 수은과 함께 우주 탐사용 우주선의 이온 엔진 추진체로도 사용되었다.

세슘 화합물은 밀도가 높은데, 분자생물학에서 시료를 분리하는 데 쓰는 밀도-기울기 원심 분리법(density gradient ultracentrifugation)이

이 특징을 이용한 것이다. 이 방법은 먼저 원심 분리관 내에 들어가는 용액에 밀도 기울기를 만들고, 이 용액에 시료를 넣은 다음, 초고속 원심 분리하여 침강 평형에 이르게 하여, 시료 성분들이 자신의 부유 밀도와 용액의 밀도가 같은 위치에 놓이게 됨으로써 분리되게 된다.

세슘의 생물학적 역할은 아직 알려져 있지 않으나, 포타슘과 비슷하여, 그 대체물로서의 사용이 가능한 것으로 여겨진다. 세슘 화합물은 약간의 독성을 가지며 과다 노출 시 과잉 자극 감수성과 발작을 일으킬 수 있다.

원자 번호 37

루비듐

1790년대 독일의 포다A. N. Poda von Neuhaus는 새로운 원소가 들어 있는 인운모를 처음 발견하였고, 1860년에 독일의 분젠과 키르히호프는 분광기를 이용하여 이 광물로부터 진한 붉은색의 스펙트럼 선을 발견하였다. 그들은 이 색의 라틴어 'rubidus'와 금속을 나타내는 접미어를 합해 원소 이름을 'Rubidium'으로 명명하였다. 원소 기호는 'Rb'이다. 그들은 광천수에서 얻은 염화 루비듐을 용융시켜 금속 루비듐을 얻는 데는 성공하지 못하였지만, 분젠은 주석산 루비듐을 태운 후 다시 가열하여 루비듐 금속을 얻었다.

인도의 보즈S. N. Bose는 스핀이 영 또는 정수인 아원자(소위 보손(boson) 입자들)의 대부분이 절대 영도(0 K) 부근에서 낮은 양자 상태를 가져 초유동성 상태에 이르게 되면, 아무런 에너지 손실이나 저항 없이 흐르게 된다는 이론을 제안하였고, 1995년에 위멘C. Wieman, 케털리W. Ketterle, 코넬E. Cornell은 ^{87}Rb 기체를 사용하여 아인슈타인A. Einstein이 확장시킨 보즈-아인슈타인 응축(Bose-Einstein condensation) 현상을 발견하였다. 이들은 이 공로로 2001년에 노벨상을 수상하였다. 이 발견으로 원자보다 작은 입자들의 움직임을 육안으로 볼 수 있게 되었으며, 원자에 대한 통제로 이어지면서 정확한 시간을 측정할 수 있게 되었다.

원자 번호 37번 루비듐은 지각에 6.0~9.0 × 10^{-3}% 있으며, 바닷물과 광천수에 0.13 mg/L 녹아 있다. ^{85}Rb(72.17%)과 ^{87}Rb(27.83%)으로 존재하며, 질량수 79~95의 여러 방사성 동위 원소가 알려져 있지만, 그중 반감기가 86.2일인 ^{83}Rb이 가장 안정하다. 알칼리족으로서 체심 입방 구조를 가지며, 밀도는 1.532 g/cm^3, 녹는점은 39.30도, 끓는점은 688도이다. 주로 +1의 산화 상태를 가진다. 산소, 물, 알코올, 암모니아 등과 격렬하게 반응하여 석유나 파라핀유에 넣어 보관한다.

루비듐은 알칼리 금속 광물인 백류석(leucite, $KAlSi_2O_6$), 카널라이트, 폴루사이트, 인운모, 포타슘 장석 등에 소량 들어 있다. 인운모 광석에서 리튬이나 포타슘 염을 추출하고 남은 염 화합물이나 폴루사이트 광석에서 얻은 세슘 염을 추출한 후, 남은 탄산 알칼리 금속 염화합물을 30번 정도의 분별 결정 과정을 거쳐 루비듐 명반(Rb_2SO_4. $Al_2(SO_4)_3 \cdot 24H_2O$)을 분리해 내고, 여기에 알칼리 처리한 수산화 루비듐(RbOH)으로부터 얻는다. 최근에는 크라운 에터(crown ether)를 이용하여 알칼리 금속을 크기에 따라 선택적으로 결합하게 하고, 이를 이온 교환 방법으로 분리시킨다. 용융된 염화 루비듐을 전기 분해시키거나, 칼슘과의 환원 반응 또는 아자이드화 루비듐(RbN_3)의 열분해로 금속 루비듐을 얻는다.

우주의 나이 138억 년보다 훨씬 긴 488억 년의 반감기를 가지는 ^{87}Rb 동위 원소는 붕괴 후 ^{87}Sr이 되는데, 마그마에서 시간이 지날수록 ^{87}Sr의 양이 증가하면서 잘 섞이지 않아 $^{87}Rb/^{86}Rb$과 $^{87}Sr/^{86}Sr$의 비를 측정하여 암석이나 광물의 생성 연대를 결정한다. 이러한 루비듐-스트론튬 연대 측정법에 루비듐이 사용된다.

루비듐과 세슘은 그 성질이 유사하기 때문에 루비듐 원자 시계, 광전기 장치, 밀도 기울기 원심 분리법 등의 용도로 쓰인다. 그러나 탄산 루비듐(Rb_2CO_3)은 광섬유 통신 및 야간 투시 장치에 사용되는 특수 유리에 첨가되며, 아이오딘화 루비듐(RbI)은 갑상샘종 치료에서 아이오딘화 포타슘의 대체물로 사용된다. 다른 여러 루비듐 염들은 수면제, 진정제, 간질 치료제, 비소 화합물 투여 시 따르는 쇼크

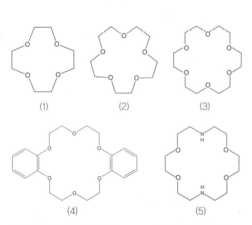

다양한 크라운 에터: (1) 12-crown-4, (2) 15-crown-5, (3) 18-crown-6, (4) dibenzo-18-crown-6, (5) diaza-18-crown-6

완화제 등으로 쓰인다. 양전자 단층 촬영에 사용되는 방사성 루비듐은 심장에서의 혈액 순환을 조사하는 관상동맥질환 진단에 유용하다. 루비듐은 생명체에 필수적이지 않지만, 생체 내에서 루비듐 이온은 포타슘 이온과 유사하게 작용하고, 독성은 보이지 않지만 과량 섭취 시 위험하다.

원자 번호 81

탈륨

1850년에 영국의 크룩스W. Crookes는 황산 제조 공장에서 얻은 납 찌꺼기에서 셀레늄을 추출한 후, 남은 잔류물에 텔루륨이 있을 것이라고 생각하여 보관하였다. 그는 비록 텔루륨을 얻는 데는 실패하였지만, 프라운호프J. von Fraunhofer가 발명한 분광기를 사용하여 그 찌꺼기를 조사한 결과, 진한 초록색 스펙트럼 선을 발견하였다. 1861년에 이것이 새로운 원소임을 파악하고, 그 이름을 '초록색 작은 가지'를 뜻하는 그리스어 'thallos'와 금속을 나타내는 접미어를 합해 'Thallium'으로 명명하였다. 원소 기호는 'Tl'이다.

프랑스의 라미C. A. Lamy도 1862년에 똑같은 찌꺼기에서 진한 푸른색 선을 내는 탈륨을 발견하였을 뿐만 아니라 탈륨 염을 전기 분해시켜 금속 탈륨을 얻고 이를 주괴로 만들었다. 라미는 1862년에 런던 전시회에서 크룩스가 제조한 샘플은 황화물이므로 자신이 탈륨의 최초 발견자라고 주장하였다. 당시에 배심원들도 그의 손을 들어주었으나, 크룩스도 많은 실험을 통해 다양한 탈륨 화합물을 만들었기 때문에 지금은 크룩스를 공동 발견자로 간주한다. 실온에서 안정하며 육방 조밀 채움 구조를 가지는 α형과 230도에서 체심 입방 구조로 변환되는 β형의 두 동소체로 존재하며, 카자흐스탄과 중국에서 주로 생산된다.

원자 번호 81번 탈륨은 지구 암석 무게로 $6.0 \times 10^{-5}\%$, 해저에서는 망가니즈 단괴에도 들어 있다. 13족의 원소로, 크룩사이트(crookesite, $TlCu_7Se_2$), 로란다이트(lorandite, $TlAsS_2$), 허친소나이트(hutchinsonite, $(Tl,Pb)_5As_5S_9$) 등의 광석에서 채광한다. $^{203}Tl(29.524\%)$과 $^{205}Tl(70.476\%)$으로 존재하며, 질량수 176~212인 다양한 인공 방사성 동위 원소가 있지만, 반감기가 3.78년인 ^{204}Tl이 가장 안정하다. 밀도는 11.85 g/cm³, 녹는점은 304도, 끓는점은 영하 1473도이다. +1과 +3의 산화 상태를 가지지만 +1의 상태가 안정하고 흔하다.

일반적으로 금속 탈륨은 아연, 구리, 납의 황화물 광석에서 금속들을 제련할 때 발생하는 연진을 따뜻한 산에 녹여, 납을 황산 납으로 침전시켜 제거한다. 이어 염산을 가해 얻은 염화 탈륨(TlCl) 침전물을 황산과 함께 마를 때까지 끓여 황산 탈륨(Tl_2SO_4)으로 전환시키고, 이를 끓는 물에 녹인 용액에 백금선을 전극으로 사용하여 전기 분해하여 얻는다. 공기나 수증기와 쉽게 반응하기 때문에 금속 탈륨은 석유에 넣어 보관한다. 염산과 묽은 황산에는 느리게, 질산에는 빠르게 녹지만 알칼리에는 녹지 않는다.

황산 탈륨은 초기에 쥐와 개미 등을 죽이는 살충제, 백선증과 같은 피부 질환 치료제 및 탈모제 등에 쓰였지만, 안정성 문제로 다른 약품으로 대체되었다. 브로민화 탈륨($TlBr$)과 아이오딘화 탈륨(TlI) 결정은 적외선 검출기의 프리즘, 창, 렌즈로, 황화 탈륨(Tl_2S)은 적외선에 노출되면 전기 전도도가 증가하기 때문에 장파장 적외선 검출기로, 셀레늄화 탈륨(Tl_2Se)은 열 효과를 이용한 광검출기인 볼로미터(bolometer)로 쓰였다. 대부분의 탈륨의 셀레늄화물과 텔루륨화물($TlSe$, Tl_2Se_3, Tl_5Se_3, $TlTe$, Tl_2Te_3)은 반도체, 반금속, 광전도체이며, 열전 효과를 보인다. 셀레늄 반도체에 탈륨을 미량 첨가하면 반도체의 특성이 향상되기 때문에 정류기(rectifier)로 쓰이며, 감마선 검출 장치인 섬광 계수기(scintillation counter)에 사용되는 아이오딘화 소듐(NaI)에 탈륨을 미량 첨가하면 그 섬광 생성 효율이 증가한다.

　　탈륨과 수은의 합금은 어는점이 수은보다 낮아 저온 온도계와 전기 스위치로 사용되며, 탈륨이 포함된 고온 초전도체 물질인 산화탈륨 바륨 칼슘 구리($Tl_mBa_2Ca_{n-1}Cu_nO_{2n+m+2}$, TBCCO) 중 $Tl_2Ba_2Ca_2Cu_3O_{10}$(TBCCO-2223)는 임계 온도가 127 K로서 NMR 영상, 자기 에너지 저장, 자기 추진, 전력 생산과 송전 등에 중요하게 사용될 것으로 생각된다. 방사성 동위 원소 탈륨-201은 방사선 영상을 얻는 신티그램(scintigram)을 얻는 데 쓰인다. 탈륨은 12족의 카드뮴과 수은, 14족의 납보다 독성이 커서 살인 도구로 사용되었으며, 체내에 들어가면 중독증을 일으켜 심한 경우 사망에 이르게 된다. 탈륨의 생물학적 역할은 없지만, 탈륨 화합물은 독성이 매우 크며, 생체 내에서 포타슘 이온 대신 작용하여 중추 신경계를 손상시킨다.

원자 번호 49

인듐

1863년 독일의 라이히F. Reich와 리히터H. T. Richter는 아연 광석에도 탈륨이 있을 것이라고 생각하고, 그 광석 용액을 분광기를 통해 조사하였더니, 탈륨의 녹색 스펙트럼 선 대신에 새로운 원소라고 여겨지는 청람색(indigo blue) 선을 발견하였다. 그는 새로운 원소에 해당되는 색의 라틴어 'indicum'과 금속을 나타내는 접미어를 합해 'Indium'으로 명명하였다. 원소 기호는 'In'이다. 중국, 한국, 일본, 캐나다에서 주로 생산된다.

원자 번호 49번 인듐은 지구 암석 무게로 2.0×10^{-5}%를 차지하며, 정방정계 구조를 가지고 있는 13족의 원소이다. ^{113}In(4.3%)과 ^{115}In(95.7%)로 존재하며, 질량수 97~135인 여러 인공 방사성 동위 원소가 있지만, 반감기가 2,805일인 ^{111}In이 가장 안정하다. 밀도는 7.31 g/cm^3, 녹는점은 156.6도, 끓는점은 2072도이다. +1과 +3의 산화 상태를 가지며, +3의 상태가 가장 안정하다. 인다이트(indite, $FeIn_2S_4$)와 잘인다이트(dzhalindite, $In(OH)_3$) 등의 광석에 존재하며 아연, 철, 납, 구리의 황화물 광석에 소량 들어 있다. 섬아연석에서 아연을 제련할 때 부산물에서 인듐 화합물을 녹여낸 후 전기 분해로 정제하여 얻는다. 액체 인듐은 유리 표면에 잘 펴져 거울 같은 면을 만든다. 상온의 산소와는 반응하지 않으나, 고온에서는 산화하여 산화 인듐(In_2O_3)이 되며, 산에는 녹으나 알칼리와는 반응하지 않는다.

P형 반도체 첨가물로 사용되는 인듐 화합물 중 $In_{1-x}Ga_xN$과 $In_{1-x}Ga_xP$은 발광 다이오드와 다이오드 레이저로, 안티모니화 인듐(InSb)과 비소화 인듐(InAs)은 적외선 검출기, 열 영상 카메라, 적외선 미사일 유도 장치, 적외선 천문 기기 제조에 쓰인다. 인화 인듐(InP)은 실리콘 반도체에 비해 전자의 이동 속도가 빨라 고출력, 고주파 전자 제품 및 에피텍시(epitaxy) 방법으로 만드는 광-전자 소재의 기판으로 사용된다. 산화 인듐에 약간의 산화 주석(SnO_2)을 첨가하여 만든 산화 인듐 주석(ITO)은 투명하고 전기 전도성이 우수하여 티브이, 컴퓨터 모니터, 휴대 전화 등의 액정 화면을 비롯한 여러 평판 소자의 투명 전극으로 쓰인다. 아울러 정전기 방지와 전자파 차단을 위한 코팅에도 사용되며, ITO 막이 입혀진 유리는 적외선을 반사하는 성질이 있어 자동차의 차 유리와 소듐 증기 램프 등의 코팅에도 사용된다.

인듐을 포함하는 셀레늄화 구리 화합물(copper indium gallium selenide, CIGS) 박막 태양 전지는 빛을 흡수하는 효율이 매우 우수하여 발광 다이오드, 다이오드 레이저, 트랜지스터 등에 중요하게 쓰인다. 또한 녹음열을 비교적 정확하게 측정할 수 있기 때문에 시차 주사열량 측정법(differential scanning calorimetry, DSC)에서 온도 척도와 열량의 보정 물질로 사용되기도 한다. 갈린스탄(galinstan, 68.5% Ga/21.5% In/10% Sn) 합금은 녹는점이 매우 낮아 수은을 대신하여 의료용 온도계로, 유독한 납과 카드뮴이 들어 있지 않은 인듐 합금

(32.5% Bi/51% In/16.5% Sn)은 우드 메탈의 대체물로 쓰인다. 금이나 백금 합금에 인듐을 소량 첨가하면 훨씬 단단해지므로 전자 장치와 치과 치료로, 은과 카드뮴 합금에 인듐을 첨가한 웨스팅 하우스 제어봉은 열 중성자를 잘 포획하기 때문에 원자로에 사용된다. 내분비 종양, 뇌, 숨겨진 감염을 찾아내는 영상 촬영에는 인공 방사성 동위 원소 인듐-111이 사용된다. 생물학적 역할은 알려져 있지 않으며, 독성은 없는 것으로 여겨지나, 인듐 화합물은 신장, 심장, 간 등에 이상을 일으키는 것으로 보고되고 있다.

원자 번호 9
플루오린

예전부터 형석(CaF_2) 광물은 금속을 제련할 때 녹는점을 낮추는 용제(flux)로 사용되어 왔는데, '흐른다'라는 라틴어 'fluore'에서 따와 'fluorite'라고 불렀다. 이 광물의 한자어 '螢石'은 가열할 때 튀면서 청색의 인광을 내놓는 것이 반딧불이 날아다니는 모습과 같다는 것에서 유래되었다. 유리 용기에 든 황산에 형석을 넣고 가열하여 얻은 산은 유리를 부식시키는데, 데이비는 이 산이 들어 있는 새로운 원소를 같은 족의 접미어를 사용하여 'Fluorine'으로 명명하였으며, 원소 기호는 'F'이다. 대한화학회에서 '플루오린'으로 그 이름을 통일하였으나 아직까지도 불소, 플루오르, 플루오린이 함께 사용되고 있다. 플루오린은 반응성이 매우 커서 대부분의 물질과 격렬하게 반응하며 독성도 매우 강하다. 1886년에 프랑스의 무아상은 백금-이리듐 합금을 전극으로 하고 형석을 마개로 한 U자 관을 이용하여 이플루오린화 포타슘(KHF_2)을 무수 액체 플루오린산에 녹인 용액을 전기 분해시켜 처음으로 원소 상태의 플루오린을 얻었고, 이 업적으로 1906년에 노벨 화학상을 받았다.

원자 번호 9번 플루오린은 지구 암석 무게로 0.065%를 차지하며, 원소 상태로는 있지 않고 형석, 빙정석, 플루오린화 인회석(fluorapatite, $Ca_5(PO_4)_3F$) 등의 광석에 존재한다. ^{19}F으로만 존재하며, 질량수 14~31인 여러 인공 방사성 동위 원소가 있지만, 반감기가 109.77분인 ^{18}F이 가장 안정하다. 17족 원소이며, 밀도는 1.696 g/cm^3, 녹는점은 영하 219.67도, 끓는점은 영하 188.11도이다. -1의 산화 상태를 가진다.

채광된 형석의 반은 금속 제련에서 용융 금속의 유동성을 높이는 용제로, 나머지 반은 플루오린산(HF)을 만드는 데 사용된다. 플루오린산은 실리카와 반응하여 플루오린화 규소가 되고, 이는 다시 육플루오린화 규소산(H_2SiF_6)을 생성하므로, 플루오린산을 얻기 위해서는 원료인 형석에서 실리카를 제거해야 한다. 형석과 진한 황산의 반응으로 얻은 산은 황산보다 더욱 강한 산으로서 초강산(super acid)이라고 한다. 초강산에는 플루오르 설폰산(FSO_3H), 삼플루오르 메테인 설폰산(CF_3SO_3H), 플루오르 안티모니산($HSbF_6$) 등이 있다. 강산과 루이스 산(예로 SbF_5)의 혼합물을 마술 산(magic acid)이라고 하며,

그 세기는 황산의 $10^7 \sim 10^{19}$배로서 심지어 탄화수소도 산화시켜 탄소 양이온과 수소 기체를 발생하게 한다. 반응성이 매우 큰 플루오린은 18족 기체와도 화합물을 만드는데, 흥미롭게도 육플루오린화 백금(PtF_6)과 제논의 반응으로 얻어진 결정성 육플루오린화 백금산 제논의 구조를 초기에는 $[Xe]^+[PtF_6]^-$로 여겼으나, 후에 $[XeF]^+[Pt_2F_{11}]^-$, $[XeF]^+[PtF_6]^-$ 등을 포함하는 것으로 밝혀졌다.

유기 화합물에서 수소가 플루오린으로 치환된 유기 플루오린 화합물은 화학약품과 열에 대한 안정성이 높고, 표면에 물이 잘 스며들지 않으며 녹는점과 끓는점이 높다. 특히 메테인, 에테인과 같은 탄화수소의 수소 원자를 염소나 플루오린으로 치환시킨 염화플루오린화 탄소 화합물(chlorofluorocarbon, CFC)을 프레온(Freon) 가스라고 부른다. 이 물질은 안정하며 인체에 대한 독성이 없어 예전에는 냉장고와 에어컨 등의 냉매, 발포제, 스프레이나 소화기의 분무제로 쓰였다. 그러나 이들이 오존층을 파괴한다는 증거가 제시된 1990년대 중반 이후 사용이 금지되었으며, 일부 염소가 수소로 치환된 수소화염화플루오린화 탄소 화합물(hydrochlorofluorocarbon, HCFC) 또는 수소화플루오린화 탄소 화합물(hydrofluorocarbon, HFC)이 개발되어 대체물로 사용하였지만, 이 물질은 오히려 이산화 탄소보다 월등하게 온실 효과(green house effect)를 나타내는 것으로 밝혀져, 이들의 사용도 역시 규제를 받고 있다.

충치 예방을 위해 수돗물과 치약에 플루오린화 소듐(NaF), 플루오린화 주석(SnF_2), 플루오르인산 소듐(Na_2PO_3F) 등을 넣어 사용하기도 한다 플루오린을 포함한 합성수지 폴리사플루오로에틸렌

(polytetrafluoroethylene, PTFE)는 테프론(Teflon)이라고도 불리는데 화학적으로 반응성이 없으며, 우수한 내열성과 절연성을 보여 준다. 또한 마찰 계수가 낮아 주방 기구의 코팅, 방수, 통기성 섬유인 고어텍스의 표면 처리, 각종 산업용 부품의 제조에 쓰인다. 플루오린 화합물인 프로작(Prozac)은 항우울제로, 5-플루오로우라실(5-fluorouracil)은 항암제로 쓰인다. 플루오린-18의 반감기는 2시간 정도로, 생산하자마자 영상 센터로 이동하는 데 적절한 시간이므로 PET의 방사성 추적자로도 쓰인다.

유리와 실리콘을 부식시키는 플루오린산의 성질을 이용해 실리콘 웨이퍼의 식각(etching)에 사용하기도 하며, 핵연료 생산에 사용하는 육플루오린화 우라늄(UF_6)의 중간체인 사플루오린화 우라늄(UF_4)의 합성에도 사용한다. 플루오린 기체는 고전압 회로 차단기에 사용되는 절연 기체인 육플루오린화 황(SF_6)을 만드는 데 사용되지만, 이산화 탄소보다 2만 배 이상 온실 효과를 보여 국제적으로 생산과 사용에 규제를 받고 있다. 적은 양의 플루오린은 뼈의 강도를 유지하는 데 필요한 것으로 여겨지지만 확실하지는 않다.

5장

천연 상태에서 발견된
나머지 원소

멘델레예프는 원소의 주기율표를 만들면서 그 당시 발견되지 않았던 많은 원소들의 자리를 공란으로 두었다. 그리고 빈칸을 채울 수 있을 것이라고 확신하면서 원자 번호를 포함한 여러 성질을 예언하였다. 여기에서는 그의 예측대로 발견된 갈륨부터 스웨덴의 작은 마을 이테르비와 연관된 여러 원소들을 포함하여 입자 가속기에서 인공적으로 얻어지기도 한 아스타틴까지. 천연 상태에서 존재하는 나머지 28개의 원소들에 대해 알아보자.

멘델레예프는 1869년에 주기율표를 만들면서 그 당시 발견되지 않았던 몇 가지 원소의 위치를 과감히 빈칸으로 남겨 두면서, 그곳에 들어갈 각 원소의 원자 번호와 원자량뿐만 아니라, 밀도와 녹는점을 포함한 여러 성질을 예측하였다. 그가 예언한 지 6년 후에 프랑스의 부아보드랑P. E. Le coq Boisbaudran이 처음으로 빈칸에 있는 원소 하나를 발견하였는데, 알루미늄 바로 아래에 있어 에카-알루미늄(eka-aluminium, eka는 산스크리트어로 1을 의미)이라고 부른 이 새로운 원소는 섬아연석의 스펙트럼에서 두 개의 보라색 선으로 관찰되었다. 부아보드랑은 이 원소를 섬아연석의 수산화물 용액을 수산화 포타슘 용액에서 전기 분해하여 얻고, 그의 조국 프랑스의 라틴어 명 'gallia'와 금속을 나타내는 접미어를 합해 'Gallium'으로 명명하였다. 원소 기호는 'Ga'이다. 이 원소 이름은 그의 이름 '수탉(Le Coq)'의 라틴어 'gallus'에서 왔다는 일화도 전해진다.

부아보드랑은 에카-알루미늄을 발견한 사실을 멘델레예프에게 알리고, 밀도를 측정한 결과 예측한 밀도 5.9 g/cm³와는 달리 실제로는 4.7 g/cm³이라고 전했다. 멘델레예프의 요구에 의하여 재측정한 결과 놀랍게도 예측한 값이 맞다는 사실을 알게 되었다. 부아보드랑은 이 외에도 그의 스펙트럼 기술을 이용하여 1886년에 디스프로슘, 1889년에 사마륨, 그리고 드 마리악과 공동으로 1886년에 가돌리늄을 발견하였다. 중국, 독일, 카자흐스탄이 갈륨의 주요 생산국이다.

원자 번호 31번 갈륨은 지구 암석 무게의 1.7×10^{-4}%를 차지하며, 사방정계 구조의 13족 원소이다. 밀도는 상온에서 5.91 g/cm^3이나 액체 상태에서는 6.095 g/cm^3, 녹는점은 29.76도, 끓는점은 2400도이다. +1과 +3의 산화 상태를 가지지만 +3의 상태가 안정하다. ^{69}Ga(60.11%)과 ^{71}Ga(39.89%)으로 존재하며, 여러 인공 방사성 동위원소가 있지만, 반감기가 3.3일인 ^{67}Ga이 가장 안정하다. 갈륨은 액체 갈륨에서 고체로 바뀔 때 부피가 약 3.1% 증가하기 때문에 금속이나 유리 용기에 넣어 보관하지는 않는다. 갈륨은 녹는점 이하의 온도에서는 고체로 되지 않고 액체로 존재하며, 수은과 달리 유리 또는 도자기에 잘 퍼져 거울 같은 면을 만들며 유리관에서는 물처럼 오목한 면을 만든다. 상온에서 공기나 물과는 반응하지 않으나, 고온에서는 산화하여 산화 갈륨(Ga_2O_3)이 된다. 강산과 알칼리에 모두 녹는 양쪽성 물질이다.

갈륨은 갈라이트(gallite, $CuGaS_2$)와 저마나이트(germanite, $Cu_{26}Fe_4Ge_4S_{32}$) 등의 광석에 미량 존재하며, 섬아연석에서 아연을 얻을 때 또는 보크사이트에서 알루미늄을 생산할 때의 부산물로 얻기도 한다. 보크사이트를 수산화 소듐으로 처리하면 알루미늄산 소듐($NaAlO_2$)과 갈륨산 소듐($NaGaO_2$)이 함께 녹아 나오는데, 수은을 양극으로 하여 이 용액을 전기 분해하면 Na/Ga/Hg 아말감으로 바뀌며, 이를 다시 수산화 소듐으로 가수 분해시켜 갈륨산 소듐을 추출한 용액을 농축시키고, 다시 전기 분해하여 갈륨을 얻는다. 고순도의 반도체용 갈륨은 띠 정제나 결정 성장 방법으로 정제하여 얻는다.

액체로 존재하는 영역이 넓은 갈륨은 유독성의 수은 대신 고온 온도계를 만드는 데 사용되며, 유리 벽에서 잘 퍼져나가는 성질이 있어 온도계 유리관 벽에 산화 갈륨 투명막을 입혀 그러한 현상을 방지한다. 주석과의 합금인 갈린스탄(galinstan, stan은 주석을 의미)은 녹는점이 영하 19도로 매우 낮아 실온에서 액체 상태로 존재하므로, 컴퓨터의 냉각제 또는 치과용 수은 아말감의 대체 물질로 사용이 가능하다. 갈륨은 낮은 에너지의 중성 미자(neutrino)에 민감하므로, 태양 중심부에서 일어나는 핵융합 반응에서 발생하는 입자를 검출하여 관찰할 수 있는 장치에 쓰인다. 규소에 비해 전자의 이동 속도가 6배나 빠르고, 열에 덜 민감하며, 잡음, 소비 전력, 열 발생, 배선 용량이 적어 고집적화에 많이 사용되는 비소화 갈륨(GaAs) 반도체는 초고속 논리 칩, 마이크로파 주파수 영역의 집적 회로 등의 제작 및 휴대 전화와 인공위성 등에 사용된다.

전류를 빛으로 변환시키는 장치인 발광 다이오드는 전자 기기의 표시등, 계산기의 숫자판, 티브이의 배면광 및 각종 조명 기구 등에 널리 쓰인다. 그 기본 물질인 질소화 갈륨(GaN)과 인화 갈륨(GaP)은 녹색 빛을, 비소화 갈륨은 붉은색 빛을 내며, 갈륨의 일부를 알루미늄이나 인듐으로 또는 비소의 일부를 인으로 치환시키면 다양한 파장의 빛을 얻을 수 있다. 다이오드 레이저로 사용하게 되면, 가시 광선이나 적외선 영역에 속하는 다양한 파장의 단색광이 얻어지기 때문에 통신, 레이저 포인트, CD 판독, 화학물질 검출 장치 등에 사용된다. 갈륨의 생물학적 역할은 알려져 있지 않으며, 사람과 동물에 독성을 나타낸다는 보고가 있다. 또한 갈륨에 장기간 노출되면 피부염을 일으키고 혈액 세포의 생성이 줄어 들며, 피부에 접촉하면 갈색 반점이 생긴다. 갈륨 염은 핵 의학 영상 촬영(gallium scan), 양전자 컴퓨터 단층 촬영기(PET-CT)에 사용된다. 암과 관련된 과칼슘혈증의 치료제로 쓰이는 질산 갈륨(Ga(NO₃)₃)은 파골 세포 활성을 억제하여 뼈가 침식되는 것을 막아주어 혈중 칼슘 농도를 낮추는 역할을 하는 것으로 추정한다.

65　　**Terbium**　　Tb

원자 번호 65

테르븀

Atomic mass: 158.92

핀란드의 가돌린이 원자 번호 39번 이트륨에서 소개한 가돌리나이트 광석에서 테르븀을 얻었는데, 비록 그는 란타넘족 원소를 모두 분리하지는 못하였지만 집단으로 가려내어, 이 광석 연구에 크게 기여하였다. 1843년에 스웨덴의 모산데르는 이트리아를 녹인 용액에 암모니아를 가해 염기성에 따른 분별 침전으로 흰색, 분홍색, 노란색의 산화물 침전물로 분리하였으며, 이들을 '이테르비(ytterby)' 마을 이름의 부분과 산화물에 사용하는 접미어 '아(a)'를 따서 '이테리아(ytteria)', '테르비아(terbia)', '에르비아(erbia)'라고 각각 명명하였다. 이

색깔에 따른 이름은 후에 테르비아는 분홍색의 에르비아로, 에르비아는 노란색의 테르비아로 바꾸어 현재 사용하고 있다. 이 노란색의 산화물에서 얻은 새로운 원소는 'Terbium'으로 명명되었으며, 원소 기호는 'Tb'이다. 대부분 중국에 매장되어 있고 생산된다.

원자 번호 65번 테르븀은 지각에 9.0×10^{-5}% 있으며, 오로지 ^{15}Tb으로만 존재한다. 질량수 135~171인 36가지의 인공 방사성 동위 원소가 알려져 있으며, 그중 반감기가 180년인 ^{158}Tb이 가장 안정하다. 란타넘 계열 원소로서, 밀도는 8.23 g/cm³, 녹는점은 1356도, 끓는점은 3123도이다. +2와 +4의 산화 상태를 가지지만 용액에서는 주로 +3의 상태를 가진다. 공기 중에서 쉽게 산화되며, 찬물과는 느리게, 더운 물과는 빠르게 반응하며, 대부분의 묽은 산에 잘 녹는다. 모나자이트, 제노타임, 육세나이트, 세라이트, 가돌리나이트와 희토류광에서 얻어지는 테르븀의 분리과정은 에르븀의 그것과 같다.

영하 54도 부근에서는 강자성, 영하 54~43도에서는 반강자성, 영하 43도 이상에서는 상자성 배열을 가지는 테르븀은 주로 형광등이나 컬러 티브이 브라운관의 녹색 형광체로 사용된다. 또한 X선 스크린의 녹색 형광, 지폐의 위조 방지용 형광, 자기 변형 소자, 자석의 첨가제, 혼입물로서의 광-전자 재료, 연료 전지로도 사용된다. 특히 테르븀은 자기장에 의해 모양이 변하는 자기 변형(magnetostriction) 합금 터피놀-디(Terfenol-D, $Tb_xDy_{1-x}Fe_2$, $x \approx 0.3$)의 한 성분이기도 하다. 이는 유체 에너지로 기계적 작업을 하는 기기인 엑추에이터에 부착되는 물체를 진동시켜 소리를 만들어 내는 사운드버그스피커, 음향 표적 장치와 음향 변환기에 사용된다.

테르븀의 생물학적 역할은 알려져 있지 않으나, 테르븀 이온은 칼슘 이온과 그 움직임이 비슷하면서 형광을 내기 때문에 단백질에서 칼슘의 결합 자리를 연구하는 데 사용되며, 생물계에서 수용체 결합을 연구하는 형광 표지 물질로 사용된다.

원자 번호 70
이테르븀

1878년에 스위스의 드 마리악은 이트리아에서 얻은 새로운 산화물인 에르비아를 질산에 녹이고, 이를 가열하여 분해시킨 후, 잔여물을 추출하여 그때까지 알려지지 않은 흰색 가루를 발견하고, 이 새로운 물질을 마을 이름인 'ytterby'와 금속을 나타내는 접미어를 합해 'Ytterbium'으로 명명하였다. 원소 기호는 'Yb'이다. 하지만 1879년에 스웨덴의 닐손L. F. Nelson은 에르비아로부터 '스칸듐'을 발견함으로써 이 물질이 단일 물질이 아니라는 것을 밝혔다.

1907년에는 프랑스의 우르뱅G. Urbain이 이테르븀 산화물 이테르비아를 녹여 얻은 질산 이테르븀($Yb(NO_3)_3$)의 여러 차례 분별 결정으로 두 가지 산화물을 얻고, 하나는 '새로운 이테르븀'이란 뜻의 '네오이테르븀(neoytterbium)'으로, 다른 하나는 프랑스의 옛 이름 'lutecia'에서 따와 '루테슘(lutecium)'이라고 명명하였다. 같은 시기에 오스트리아의 벨스바흐C. A. von Welsbach도 이 두 산화물을 분리하고 각각 '알데바라늄(aldebaranium)'과 '카시오페이움(cassiopeium)'으로 명명하였으며, 미국의 제임스C. James 역시 그러한 산화물들을 발견하였다.

이 때문에 원소 발견의 우선권과 원소 이름에 대한 다툼이 있었지만, 우르뱅이 최초 발견자로 인정받아 그가 제안한 원소 이름이 채택되었다. 그러나 최종적으로 'Neoytterbium'은 'Ytterbium'으로, 'Lutecium'은 1949년에 'Lutetium'으로 이름이 바뀌었다. 낮은 온도에서 존재하는 α형, 실온에서 안정한 면심 입방 구조의 β형, 높은 온도에서 체심 입방 구조를 가지는 γ형의 3가지 동소체가 있다. 주로 중국, 미국, 브라질, 인도, 스리랑카, 호주에서 생산된다.

원자 번호 70번 이테르븀은 지각에 3.0×10^{-5}% 있으며, ^{168}Yb (0.13%), ^{170}Yb(3.02%), ^{171}Yb(14.22%), ^{172}Yb(21.75%), ^{173}Yb(16.10%), ^{174}Yb(31.90%), ^{176}Yb(12.89%)로 존재한다. 질량수 148~181인 27가지 인공 방사성 동위 원소가 알려져 있으며, 그중 반감기가 32.026일인 ^{169}Yb가 가장 안정하다. 란타넘 계열 원소로서 밀도는 6.90 g/cm³, 녹는점은 824도, 끓는점은 1196도이다. +2와 +3의 산화 상태를 가지지만, 주로 +3의 상태로 존재한다. 대부분 모나자이트 광석에서 얻지만, 제노타임과 육세나이트 광석에서도 만들어진다. 순수한 이테르븀은 1937년 염화 이테르븀(YbCl$_3$)을 포타슘과 함께 가열하여 처음으로 얻었지만, 좀 더 정제된 이테르븀은 1953년에 이온 교환 크로마토그래피 방법으로 얻을 수 있었다. 공기 중에서 빠르게 산화되며, 분말 상태에서는 더욱 빠르게 반응한다. 뜨거운 물, 산, 할로젠 원소들과 쉽게 반응한다.

이테르븀을 스테인리스 강에 첨가시키면 결정들이 미세화(grain refinement)되는데, 이렇게 하면 강도 및 기계적 성질이 향상된다. 고체 상태 레이저의 활성 매질에 이테르븀 이온이 첨가되면 고출력 및 파장-가변 고체 상태 레이저가 되며, 매질에 따라 다르지만 광섬유 레이저와 증폭기, 얇은 디스크 레이저로 사용된다. YAG의 활성 매질에 이테르븀이 첨가된 YAG:Yb 레이저는 1030나노미터의 적외선을 방출하는 고출력 레이저로서 YAG:Nd 레이저를 대체할 수 있고, 주파수를 두 배로 증폭시켜 아르곤 레이저를 대체한다. 이테르븀이 첨가된 광섬유 레이저는 금속이나 실리콘 웨이퍼의 정밀 절단에 쓰인다. 이테르븀은 높은 압력을 가하면 전기 비저항이 증가하는 성질이 있기 때문에 지진과 지하 핵폭발에 의한 지반 변위를 감지하는 데 사용된다.

교차하는 레이저 빛이 만든 격자에 이테르븀-174 원자를 가둘 수 있어 원자 시계에도 사용될 수 있는데, 이러한 광 주파수에 바탕을 둔 광시계(optical clock)는 현재 쓰이는 세슘 원자 시계보다 더 정확하다. 또한 복잡한 계산 과정, 시간, 비용 등을 줄일 수 있기 때문에 앞으로 주목을 받을 것이다. 이테르븀 화합물은 가시광선을 흡수하지 않고 적외선을 흡수하여 적외선 영역의 형광을 내므로, 지폐의 잉크 재료에 대한 연구가 이루어지고 있으며, 특수 유리와 도자기 유약의 채색제, 유기 반응의 촉매로도 쓰인다. 이테르븀-169는 감마선을 방출하는데, 신체의 연한 조직은 통과하지만 뼈와 같이 조밀한 조직에 의해서는 차단되기 때문에, 의료 진단이나 박판의 방사선 투과시험에 사용되는 휴대용 X선 장치의 방사원으로 쓰인다. 또한 이테르븀-169 화합물은 암의 근접 방사선 요법에 사용된다. 이테르븀의 생물학적 역할은 잘 알려져 있지 않으나, 수용성 화합물은 약간의 독성이 있다.

원자 번호 21

스칸듐

갈륨과 마찬가지로 멘델레예프의 주기율표에서 예측된 원소였던, 이 새로운 원소는 멘델레예프가 예언한 지 10년 후인 1879년에 스웨덴의 닐손이 발견하였다. 붕소 바로 아래에 위치하고 있어 에카-붕소(eka-boron)라고 불렀으며, 스펙트럼을 통해 확인하였다. 이것은 가돌리나이트에서 얻은 산화물 중에서 이테르븀과 유사한 성질을 보이며, 육세나이트 광석에서도 발견되었다. 그는 해당 광물이 발견된 지역인 'scandinavia'와 금속을 나타내는 접미어를 합해 'Scandium'으로 명명하였으며, 원소 기호는 'Sc'이다. 우크라이나, 중국, 러시아가 주요 생산국이다.

원자 번호 21번 스칸듐은 지구 암석 무게로 $2.5 \times 10^{-3}\%$를 차지하며, 토르트바이타이트(thortveitite, $(Sc,Y)_2Si_2O_7$)와 콜벡카이트(kolbeckite, $ScPO_4 \cdot 2H_2O$) 등의 광석에 존재하고, 우라늄과 텅스텐을 생산할 때의 부산물로 얻기도 한다. 3족 원소로, ^{45}Sc로만 존재하며, 인공 방사성 동위 원소 13가지가 있지만, 반감기가 83.8일인 ^{46}Sc 이 가장 안정하다. 밀도는 2.985 g/cm³, 녹는점은 1541도, 끓는점은 2836도이다. +3의 산화 상태가 가장 안정하다. 닐손에 의해 역시 처음으로 얻어진 산화 스칸듐(Sc_2O_3)과 이플루오린화 암모늄(NH_4HF_2)의 반응 생성물인 삼플루오린화 스칸듐(ScF_3)을 고온에서 칼슘이나 아연과 환원 반응시켜 스칸듐 금속을 얻는다. 공기와는 반응하지 않지만 물과는 반응하며, 가열하면 산화한다. 대부분의 묽은 산에는 녹으나 질산과 플루오린산의 1:1 혼합물에서는 부동막이 생겨 잘 녹지 않는다. 강산에 녹이면 물에 잘 녹는 염들이, 약산에 녹이면 물에 잘 녹지 않는 염들이 만들어진다.

알루미늄에 스칸듐을 섞으면 그 결정이 곱고 균일할 뿐만 아니라 강도, 탄성, 용접성이 크게 향상되어 항공기 부품, 경주용 자전거 뼈대, 골프 채, 야구 방망이, 휴대 전화 케이스로 사용된다. 산화 지르코늄에 스칸듐을 첨가한 고체 산화물은 연료 전지의 고효율 전해질로 쓰인다. 삼아이오딘화 스칸듐(ScI_3)을 수은 증기 램프에 첨가하여 제조한 스칸듐 램프는 태양 빛과 비슷한 정도로 밝기 때문에 티브이 촬영에서 천연색을 재생하기 위해 사용된다. 산화 스칸듐은 레이저 결정과 고출력 자외선 레이저의 표면 코팅에, 수산화 스칸듐($Sc(OH)_3$)은 광학 부품의 코팅, 전자 세라믹, 레이저 산업에, 삼플루오린화 메테인설폰산 스칸듐 염($Sc(CF_3SO_3)_3$)은 유기 화학에서 루이스 산 촉매로 많이 쓰인다. 스칸듐은 독성이 매우 낮은 것으로 알려져 있다.

원자 번호 62
사마륨

1841년에 모산데르는 차가운 묽은 질산에 녹는 세륨의 산화물 세리아 용액에 옥살산 소듐을 가한 후 이때 생성된 침전물을 가열하여 얻은 란타나를 단지 란타넘 금속의 산화물이라고 여겼다. 하지만 이 산화물에서 새로운 원소 란타넘과 세리아를 제거한 후 남아 있는 핑크색 용액을 단일 산화물로 여기고, 이 물질을 '쌍둥이'를 뜻하는 그리스어 'didymos'와 금속을 나타내는 접미어를 합해 'didymium'으로 명명하였다. 멘델레예프도 이를 새로운 원소로 인정하여 그의 원소 주기율표에 원소 기호 'Di'로 표시하였다. 그러나 이 원소는 실제로 혼합물임이 밝혀졌으며, 이 혼합물에서 사마륨, 가돌리늄, 프라세오디뮴, 네오디뮴, 유로퓸과 같은 많은 새로운 원소들이 분리되고 확인되었다.

러시아의 사마스키V. Samarsky-Bykhovets는 우랄 산맥 남부에서 발견한 광석을 독일의 로제H. Rose에게 주었는데, 로제는 이 광물을 그의 이름을 따서 사마스카이트로 명명하였다. 1879년에 프랑스의 부아보드랑은 이 광석에서 분리한 디디뮴 산화물 디디미아(didymia)에서 그 함량이 조성에 포함되지 않을 정도로 미량인 산화물의 새로운 스펙트럼 선을 관찰하였다. 이 디디미아로부터 처음으로 분리되고 확인된 원소를 최초 발견자 사마스키의 이름과 금속을 나타낸 접미어를 합해 'Samarium'이라고 명명하였다. 원소 기호는 'Sm'이다. 처음에 부아보드랑은 금속 사마륨을 '사마리아'라고 명명하였지만, 지금 그 명칭은 산화 사마륨(Sm_2O_3)을 나타낸다. 실온에서 삼방정계 구조를 가지는 α형, 731도로 가열하면 육방 조밀 채움 구조의 β형, 922도로 더욱 가열하면 체심 입방 구조의 r형과 같은 3개의 동소체로 존재한다. 실온에서는 상자성을 가지나 14.8 K로 온도를 내리면 반강자성으로 전환되며, 중국에서 대부분 생산된다.

원자 번호 62번 사마륨은 지각에 8.0×10^{-4}% 있으며, 바닷물에도 $5.0 \sim 8.0 \times 10^{-11}$%의 농도로 존재한다. ^{144}Sm(3.07%), ^{147}Sm(14.99%), ^{148}Sm(11.24%), ^{149}Sm(13.82%) ^{150}Sm(7.38%), ^{152}Sm(26.75%), ^{154}Sm(22.75%)과 같은 동위 원소가 있다. 질량수 128~165의 여러 인공 방사성 동위 원소가 알려져 있으며, 그중 반감기가 1.08×10^8년인 ^{146}Sm이 가장 안정하다. 란타넘족 원소로서, 밀도는 7.52 g/cm³, 녹는점은 1072도, 끓는점은 1900도이며, +2와 +3의 산화 상태를 가진다. 공기에 노출되면 쉽게 산화되며, 150도 이상의 고온에서는 자발적으로 불이 붙고, 물과 산에 녹아 수소 기체를 발생한다. 주로 모나자이트, 희토류광, 세라이트, 가돌리나이트, 사마스카이트 광석 등에 들어 있으며, 사마륨을 분리하는 과정은 테르븀의 그것과 유사하다.

사마륨과 코발트의 합금은 영구자석으로 쓰이는데, 가장 강력한 네오디뮴 자석에 비해 높은 온도에서 안정하고 녹슬지 않는 장점이 있다. 이 때문에 비록 값이 비싸고 자기장의 세기는 약하지만, 전기 모터, 헤드폰, 전기 기타의 소리, 빛, 진동을 전기적 신호로 변환시키는 장치인 픽업(pickup)에 많이 사용된다. 사마륨 화합물은 탄소-

탄소 결합 형성의 짝지음 반응과 환원 반응의 촉매로 쓰인다. 산화 사마륨은 유리에 노란색 착색제로 탄소 아크 등에 있어서 전극의 한 성분으로 사용되며, 아울러 적외선 유리와 같은 특수 광학 유리를 만드는 데도 쓰인다. 사마륨이 첨가된 플루오린화 칼슘 결정은 고체 상태의 특수 용도 레이저이며, 사마륨을 입힌 유리에 적외선 네오디뮴: 유리 레이저에서 나오는 펄스를 쪼여 사마륨 플라스마를 생성시킬 수 있다. 이를 활성 매질로 하는 X선 레이저는 홀로그래피 및 고분해능 현미경에 사용된다.

방사성 동위 원소 사마륨-153은 폐암, 전립선암, 유방암, 골육종과 같은 암의 치료제와 전이성 골암에 의한 뼈 통증의 완화제의 주성분으로 쓰인다. 사마륨-149는 흔히 중성자 흡수제로 사용되는 붕소나 카드뮴보다 흡수력이 더 좋으며 오랫동안 안정하게 사용할 수 있는 장점도 있다. 사마륨의 생물학적 역할은 알려져 있지 않으나, 물에 녹는 사마륨 염은 독성이 약간 있는 것으로 알려져 있고 그렇지 않은 염은 독성이 없다

원자 번호 67

홀뮴

1878년에 스위스의 소레J. L. Soret와 드라폰테인M. Delafontaine은 이트리

아에게서 얻은 분홍색의 에르븀 산화물 에르비아에서 새로운 스펙트럼 선을 발견하고, 이 물질을 새로운 원소의 산화물에 의한 것으로 여겨 학회에 보고하였다. 1879년에 스웨덴의 클레베P. T. Cleve는 모산데르가 테르비아와 에르비아를 발견하였을 때와 똑같은 방법을 사용하여 에르비아에서 흰색, 갈색, 녹색의 세 가지 새로운 산화물을 분리하고, 흰색의 산화물은 이트리아로, 갈색의 산화물은 그의 고향 스톡홀름(stockholm)의 옛 라틴어 명을 따와 'holmia'로 명명하였다. 이로부터 얻은 새로운 원소의 이름을 홀미아와 금속을 나타내는 접미어를 합해 'Holmium'으로 지었으며, 원소 기호는 'Ho'이다. 비교적 순수한 홀뮴 산화물은 1911년에 독일의 홈베르크O.Homberg에 의해 처음으로 얻어졌으며, 주로 중국에 매장되어 있으며 거기서 생산된다.

원자 번호 67번 홀뮴은 지각에 1.3×10^{-4}% 있으며, ^{165}Ho으로만 존재한다. 질량수 140~175인 30가지 인공 방사성 동위 원소가 알려져 있으며, 그중 반감기가 4570년인 ^{163}Ho이 가장 안정하다. 란타넘족 원소로서 육방 조밀 채움 구조를 가지며 밀도는 8.795 g/cm^3, 녹는점은 1461도, 끓는점은 2600도이다. 주로 +3의 산화 상태를 가진다.

홀뮴은 이트륨 함량이 높은 제노타임, 가돌리나이트, 육세나이트, 퍼거소나이트(fergusonite) 광석에 1%까지 들어 있으며, 그것보다 매우 적게 들어 있는 모나자이트나 희토류광 광석에서는 다른 희토류 원소들을 생산할 때 부산물로 얻는다. 홀뮴 역시 다른 희토류의 생산과 유사한 과정을 거쳐 이온 교환 크로마토그래피 방법을 이용하여 분리된다. 이렇게 얻은 홀뮴 이온을 옥살산염 침전물을 거쳐 홀뮴 산화물(Ho_2O_3)로 전환시킨다. 이 산화물을 염산에 녹인 후 플루오린산을 첨가하여 얻은 삼플루오린화 홀뮴(HoF_3)을 칼슘과 환원 반응시켜 순수한 금속 홀뮴을 얻는다. 홀뮴은 공기 중에서 비교적 안정하나 가열된 공기와 물에 의해 쉽게 산화되고, 찬물과는 느리게, 뜨거운 물과는 빠르게 반응하며, 대부분의 산과도 반응한다.

천연 원소 중 자기 모멘트가 가장 크기 때문에 강한 전자석의 자극 또는 자속 유도기(magnetic flux concentrator)의 재료로 사용된다. YAG, YIG, 이트륨 란타넘 가닛(yttrium lanthanum fluoride, YLF)과 같은 고체 상태 레이저를 만들기 위해 사용되는 에너지 축적 물질인 이득 물질에 홀뮴을 첨가하여 방광염 치료, 요도 결석의 파괴, 비대해진 전립선종의 적층술 등 의료용 레이저의 재료로 사용한다. 아울러 홀뮴 레이저는 목표물에 레이저를 쏘아 반사되어 돌아온 전자파의 시차와 에너지로부터 원하는 정보를 얻는 라이더(light detection and ranging, LIDAR)에 쓰이며, 풍속 측정 및 대기 감시에도 사용된다. 홀뮴 염 용액과 홀뮴 유리는 분광기의 자외선 및 가시광선 영역의 파장 보정에서 기준 물질로 쓰인다. 유리의 착색에도 사용하며, 중성자를 잘 흡수하는 성질을 이용하여 원자로 제어봉으로 쓰인다. 인체에 미량 들어 있는 홀뮴의 생물학적 역할은 알려져 있지 않으며, 독성은 적으나 과량 섭취하면 해롭다. 산화 홀뮴에 반복적으로 많이 노출되면 육아종(granuloma)과 혈색 소혈증(hemoglobinemia)을 일으킨다.

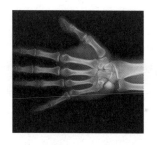

원자 번호 69

툴륨

홀뮴을 발견한 스웨덴의 클레베는 에르비아에서 분리한 3가지 새로
운 산화물 중 녹색 산화물을 '스칸디나비아'의 옛 이름인 'thulia'를 따
와 새로운 원소의 이름을 그 산화물 명과 금속을 나타내는 접미어를
합해 'Thulium'으로 명명하였다. 원소 기호는 'Tm'이다. 아이러니하
게도 같은 나라의 닐손이 같은 해에 같은 광석에서 스칸듐을 발견하
였다. 1910년에 미국의 제임스는 브로민 산 툴륨 염을 무려 1만5000
번이나 재결정한 끝에 드디어 순수한 툴륨을 분리해 냈다. 고순도의
산화 툴륨(Tm_2O_3)은 이온 교환 크로마토그래피 방법으로 얻는다. 중
국이 주요 매장국이자 생산국이며, 미국, 호주, 브라질, 인도, 스리랑
카에서도 소량 생산된다.

원자 번호 69번 툴륨은 지구 암석 무게로 5.0×10^{-6}%를 차지하
며, 가돌리나이트, 육세나이트, 제노타임, 모나자이트, 바스트나스 등
의 광석에 미량 존재한다. 란타넘족 원소로, ^{169}Tm으로만 존재하며,
질량수 145~179의 인공 방사성 동위 원소 34가지가 있지만 반감기
가 1.92년인 ^{171}Tm이 가장 안정하다. 육방 조밀 채움 구조로서 밀도
는 9.321 g/cm^3, 녹는점은 1545도, 끓는점은 1950도이다. +3의 산화
상태가 안정하다.

32 K에서는 강자성, 32~56 K에서는 반강자성, 56 K 이상에서는 상자성을 띤다. 처음에는 모나자이트 광석에서 얻은 산화 툴륨을 란타넘과 함께 가열하여 얻었지만, 지금은 삼염화 툴륨($TmCl_3$)이나 삼플루오린화 툴륨(TmF_3)을 비활성 기체의 존재하에서 칼슘과 함께 가열하여 얻는다. 찬물과는 느리게 반응하지만 뜨거운 물, 산과는 빠르게 반응한다.

YAG와 같은 고체 상태 레이저에 이득 물질로 툴륨, 크로뮴, 홀뮴이 첨가되면 효율이 높고 강한 적외선이 방출된다. 특히 툴륨 레이저는 눈에 안전하며, 방출되는 빛의 파장은 물에 잘 흡수되고 조직에서의 침투 깊이는 작다. 또한 지혈 효과는 매우 크며, 특히 작은 면적의 조직을 아주 정밀하게 가열하여 그 표면만을 제거하는 데 효율적이다. 이 때문에 비대 전립선 적출술, 요도 결석 파쇄, 피부 미용과 같은 의료용 시술뿐만 아니라 군사 및 기상 관측용으로도 사용된다. 툴륨이 첨가된 광섬유 증폭기는 통신에 중요하게 쓰인다.

천연 동위 원소 툴륨-169에 중성자를 쪼여서 얻은 인공 방사성 동위 원소 툴륨-170과 툴륨-171은 휴대형 X선 장치의 X선 방출원으로서 의료 및 치과 진단, 기계 및 전자 부품의 비파괴 검사 등에 쓰이며, 근접 방사선 요법을 통한 암 치료에도 사용된다. 마이크로파 소자용 페라이트, 세라믹 자성 물질, 고온 초전도체, 초고온에서도 견디는 내열성이 큰 합금을 제조하는 재료에도 툴륨이 쓰인다. 툴륨 화합물은 들뜬 상태에서 푸른색 형광을 내놓기 때문에, 이런 특성을 이용하여 조명, X선 증감 화면의 형광체, 방사선 검출 배지, 지폐에서 위조 방지용 무늬 제조 등에도 사용된다. 인체에 극미량 들어 있는 툴륨의 생물학적 역할은 알려져 있지 않으나, 과량을 섭취하면 약간의 독성을 나타낸다.

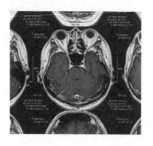

원자 번호 64

가돌리늄

스위스의 드 마리냑은 디디뮴 산화물에서 새로운 스펙트럼 선을 1년 먼저 관찰하였으나 당시에는 화합물로 분리하지 못하였지만, 디디미아에 사마륨과 함께 있는 새로운 물질을 확인하였다. 그는 이 원소가 가돌리나이트에도 분명히 들어 있다고 생각하고, 1880년에 가돌린의 이름을 따서 '가돌리니아(gadolinia)'라고 명명하였다. 그러나 가돌리늄 산화물 가돌리니아로부터 새로운 원소 사마륨을 이미 분리한 프랑스의 부아보드랑의 제안으로 그 이름을 'Gadolinium'으로 바꾸었다. 원소 기호는 'Gd'이다. 실온에서 육방 조밀 채움 구조의 α형과 1235도로 가열하면 체심 입방 구조의 β형이 되는 두 동소체로 존재한다. 중국에서 대부분 생산되며 인도, 브라질, 스리랑카에서도 소량 생산된다.

  원자 번호 64번 가돌리늄은 지각에 $4.5 \sim 6.4 \times 10^{-4}\%$ 존재하며, $^{152}Gd(0.20\%)$, $^{154}Gd(2.18\%)$, $^{155}Gd(14.80\%)$, $^{156}Gd(20.47\%)$ $^{157}Gd(15.65\%)$, $^{158}Gd(24.84\%)$, $^{160}Gd(21.86\%)$과 같은 동위 원소가 있다. 질량수 128~165의 여러 인공 방사성 동위 원소가 알려져 있으

며, 그중 반감기가 1.08×10^{14}년인 ^{152}Gd가 가장 안정하다. 란타넘족에 속하며, 밀도는 7.90 g/cm³, 녹는점은 1312도, 끓는점은 3000도이다. +3의 산화 상태를 가진다.

모나자이트, 희토류광에 들어 있는 가돌리늄 역시 이온 교환 크로마토그래피 방법을 이용하여 각 성분 원소로 분리하고, 이때 얻어진 가돌리늄 이온은 가돌리늄 산화물(Gd_2O_3) 또는 염 형태로 전환시킨다. 이러한 산화물이나 염을 1450도의 고온에서 아르곤 기류하에서 칼슘과의 환원 반응으로 순수한 금속 가돌리늄을 얻는다. 건조한 공기 중에서는 안정하지만, 습기가 존재하면 쉽게 산화된다. 찬물과는 느리게, 뜨거운 물, 묽은 산과는 빠르게 반응한다.

가돌리늄은 자성이 매우 강하여 NMR 분광기의 이동 시약, 의료 진단용 MRI 촬영에서 뇌종양, 내이암 같은 암 조직의 이미지를 선명하게 보이도록 하는 조영제, X선과 PET 장비의 영상기기, 골밀도 측정기에 쓰인다. 가돌리늄 이트륨 가넷($Gd:Y_3Al_5O_{12}$)은 전자 레인지의 마이크로파 발생 소자, 가돌리늄 갈륨 가넷($Gd_5Ga_5O_{12}$, GGG)은 모조 다이아몬드와 광학 부품으로 사용된다. 특히 가돌리늄-157은 열 중성자의 흡수 성질이 가장 커서 원자력 발전 및 핵연료 저장에서의 중성자 제어와 차단제로 쓰이며, 중성자 치료 요법에서 종양 표적 물질로도 사용된다.

테르븀이 첨가된 옥시황화 가돌리늄($Tb:Gd_2O_2S$)은 X선 검출 스크린의 녹색 형광체로 쓰이며, 세륨이 첨가된 가돌리늄 옥시오쏘규산염($Ce:Gd_2SiO_5$)은 중성자의 검출뿐만 아니라 의료 영상 장치에서 신틸레이터(scintillator)로 사용된다. 가돌리늄과 철 또는 크로뮴의 합금은 가공성과 고온에서의 산화 저항성이 증가하기 때문에, 사용후핵연료의 저장 용기 또는 핵반응로의 중성자 차단제 등에 유용하게 쓰인다. 가돌리늄-규소-저마늄 합금은 외부에서 걸어 준 자기장에 의해 단열된 물질의 온도가 변하는 자기 열량 효과(magetocaloric effect)를 가지므로, 자기 냉각 소자 등에 중요하게 사용된다. 가돌리늄의 생물학적 역할은 알려져 있지 않으나, 착이온을 형성하지 않는 가돌리늄 이온은 큰 독성을 나타낸다.

원자 번호 59

프라세오디뮴

1885년에 벨스바흐는 디디뮴의 질산 암모늄 복염을 질산 용액에서 여러 차례 분별 결정하여 초록색을 띠는 염과 핑크색을 띠는 염으로 분리하는 데 성공하였다. 특히 분리된 초록색의 새로운 염을 '녹색 쌍둥이'라는 뜻의 그리스어 'prasios didymos'와 금속을 나타내는 접미어를 합해 'Praseodymium'이라고 명명하였다. 원소 기호는 'Pr'이다. 육방 조밀 채움 구조의 α형과 약 800도에서 면심 입방 구조를 갖는 β형의 두 가지 동소체가 있다. 순수한 프라세오디뮴은 1931년에야 얻었으며, 중국에서 전량 생산된다.

원자 번호 59번 프라세오디뮴은 지각에 9.5×10^{-4}% 있으며, ^{141}Pr로만 존재한다. 질량수 121~159의 여러 인공 방사성 동위 원소가 알려져 있으며, 그중 반감기가 13.57일인 ^{143}Pr이 가장 안정하다. 란타넘족 원소로서 밀도는 6.77 g/cm³, 녹는점은 935도, 끓는점은 3130도이다. +2~+4의 산화 상태를 가지나 +3이 가장 흔하다.

모나자이트와 희토류광에 들어 있어, 예전에는 질산 암모늄 복염의 용해도 차이를 이용한 분별 결정으로 분리하였지만, 지금은 이온 교환 크로마토그래피 방법과 용매 추출 방법을 이용한다. 공기와의 반응성은 다른 희토류 금속들에 비해 작지만 실온에서는 천천히 산화되기 때문에 석유나 밀폐된 용기에 넣어 보관한다. 찬물과는 느리게 반응하나 뜨거운 물, 산과는 빠르게 반응하며, 다른 비금속과도 가열하면 반응한다.

다른 희토류광에 비해 산업적 용도는 많지 않으나, 귀하고 비싼 희토류 금속 원소를 대체하여 사용되기도 한다. 유리, 도자기, 법랑 등의 밝은 노란색 또는 녹색 착색제로 사용되며, 큐빅 지르코니아에 첨가하여 황록색을 내는 모조 감람석을 만드는 데도 쓰인다. 용접이나 유리 세공 시 착용하는 보안경의 특수 유리의 제조에도 쓰이고, 라이터돌로 사용되는 발화 합금인 미시 메탈이나 영화 촬영용 조명, 영사기 광원으로 사용되는 탄소 아크 등의 전극에 사용된다.

마그네슘과의 합금은 항공기 엔진 재료로 쓰이며, 니켈과의 합금은 자기 열량 효과가 매우 커서 0 K에 가까운 온도를 얻는 데 사용된다. 프라세오디뮴의 생물학적 역할은 알려져 있지 않으며, 독성은 거의 없는 것으로 여겨진다. 그러나 프라세오디뮴 화합물은 피부와 눈에 자극을 주고, 프라세오디뮴 먼지가 들어간 공기를 장기간 마시면 폐의 혈관이 막히는 폐색전증(lung embolism)이 유발되며, 체내에 축적되면 간 손상을 일으킨다.

원자 번호 60
네오디뮴

프라세오디뮴을 발견한 벨스바흐는 디디뮴의 질산 암모늄 복염에서 핑크색을 띠는 염을 분리하고, '새로운 쌍둥이'라는 뜻의 그리스어 'neos didymos'와 금속을 나타내는 접미어를 합해 'Neodymium'으로 명명하였다. 원소 기호는 'Nd'이다. 육방 조밀 채움 구조의 α형과 약 863도에서의 체심 입방 구조를 가지는 β형의 두 가지 동소체로 존재한다. 순수한 네오디뮴은 1925년에야 비로소 얻었으며, 중국에서 전량 생산된다.

원자 번호 60번 네오디뮴은 지각에 $3.8 \times 10^{-3}\%$ 존재하며, $^{142}Nd(27.2\%)$, $^{143}Nd(12.2\%)$, $^{144}Nd(23.8\%)$, $^{145}Nd(8.3\%)$ $^{146}Nd(17.2\%)$, $^{148}Nd(5.8\%)$, $^{150}Nd(5.6\%)$과 같은 동위 원소가 있다. 질량수 124~161의 여러 인공 방사성 동위 원소가 알려져 있으며, 그중 반감기가 10.98일인 ^{147}Nd이 가장 안정하다. 란타넘족 원소로서 밀도는 7.01 g/cm^3, 녹는점은 1024도, 끓는점은 3074도이다. +2~+4의 산화 상태를 가지나 +3이 흔하며, 수용액에서도 그러한 산화 상태를 가진다.

모나자이트와 희토류광에 들어 있으며 이온 교환 크로마토그래피와 용매 추출 방법으로 분리한다. 그러나 모나자이트 광석의 경우 토륨이나 라듐을 제거하기 위해 pH 3~4에서 토륨산(ThO$_2$)으로 침전시키거나 황산염으로 황산 바륨(BaSO$_4$)과 함께 황산 라듐(RaSO$_4$)으로 침전시키는 과정이 필요하다. 금속 네오디뮴은 무수 할로젠화 네오디뮴을 칼슘으로 환원시켜 얻는다. 20 K 이상의 온도에서는 상자성을 가지지만, 이보다 낮은 온도에서는 반강자성을 보인다. 공기 중에서 산화되어 노란색 피막이 형성되며, 찬물과는 느리게 반응하나 더운 물, 산과는 빠르게 반응한다.

네오디뮴은 철, 붕소와의 합금 NIB(neodymium-iron-boron, Nd$_2$Fe$_{14}$B) 자석의 재료로 쓰인다. 작은 부피와 무게의 네오디뮴 합금은 강한 영구 자석으로, 비교적 값싸게 얻을 수 있어 마이크, 스피커, 이어폰, 컴퓨터 하드 디스크, 하이브리드 자동차와 전기 자동차의 모터, 항공기와 풍력 발전기, 폐쇄 공포증 환자를 위한 개방용 MRI 스캐너 등에 사용된다. 네오디뮴이 이득 물질로 첨가된 Nd:YAG와 같은 고체 적외선 레이저는 약 1064나노미터의 적외선을 방출하여 금속, 플라스틱의 절단, 용접, 가공과 산업용으로 쓰인다. 이 밖에 백내장 수술, 홍채 절개술, 전립선 수술, 피부암 제거, 양성 갑상샘종 제거, 구강 내의 연조직 수술과 같은 의료용을 비롯하여 레이저 표적 지시기와 거리 측정기와 같은 군사용으로도 쓰인다.

강력한 출력의 레이저 유리에 네오디뮴을 첨가하면 주파수가 3배로 증폭되기 때문에, 네오디뮴은 인류의 미래 에너지원으로 많은 관심을 받고 있는 관성 봉입 핵융합(inertia confinement fusion) 실험에 사용된다. 실제로 영국의 핵무기 연구소가 보유한 1조 와트의 출력을 가지는 네오디뮴:유리 레이저는 핵 탄두 내의 압력, 온도, 밀도 사이의 관계를 조사하는 데 사용되었으며, 이를 이용하여 백만 도의 플라스마를 얻었다. 또한 유리의 적자색 착색제로도 쓰이는데, 네오디뮴 유리는 햇빛이나 백열등 아래에서는 자주색, 형광등 아래에서는 푸른색, 3파장 아래에서는 녹색을 띠는 이색성(dichroism)을 가진다. 광학 필터, 용접 또는 유리 세공 시에 보안경으로 쓰이기도 하며, 컬러 티브이 브라운관에서 녹색과 붉은색의 색 대비를 향상시키고 화면을 밝게 하는 데도 사용된다. 이 밖에 타이타늄산 바륨에 섞어 전자 부품의 절연 코팅과 전자 부품의 적층 콘덴서로 쓰인다. 식물 성장을 촉진하는 것으로 알려져 있는 네오디뮴은 동물에는 약간의 독성을 가지며, 그 먼지와 염들은 눈, 점막, 피부에 자극을 주고, 네오디뮴 염 용액을 정맥 주사하면 항응고 작용이 있는 것으로 알려져 있다.

원자 번호 66
디스프로슘

1886년에 프랑스의 부아보드랑은 홀뮴 산화물 홀미아를 산에 녹이고 암모니아를 가해 산화물의 염기성 세기에 따라 금속 수산화물을 분별 침전시켜 새로운 산화물을 얻었다. 이 산화물은 홀미아보다 염기성이 낮아 산에는 느리게 녹지만, 녹는 용액에 염기를 가하면 수산화물로 먼저 침전되기 때문에 이런 과정을 32번의 반복된 분별 침전으로 분리할 수 있었다. 그는 옥살산 염의 용해도 차이를 이용한 반복된 분별 침전 과정으로도 같은 산화물을 얻을 수 있어, 그 원소 이름을 '얻기 어려운'이란 뜻의 그리스어 'dysprositos'와 금속을 나타내는 접미어를 합해 'Dysprosium'로 명명하였다. 원소 기호는 'Dy'이다. 3가지 동소체로 존재하며, 1906년에 우르뱅에 의해 디스프로슘 금속이 처음으로 분리되었고, 순수한 디스프로슘은 1950년에 이르러서야 이온 교환 크로마토그래피 방법을 통해 비로소 얻었다. 중국에서 거의 전량 생산된다.

원자 번호 66번 디스프로슘은 지각에 5.2×10^{-4}% 존재하며, 바닷물 1리터에 9.0×10^{-10}% 정도의 극미량이 녹아 있다. ^{156}Dy(0.06%), ^{158}Dy(0.10%), ^{160}Dy(2.34%), ^{161}Dy(18.91%) ^{162}Dy(25.51%), ^{163}Dy(24.90%), ^{164}Dy(28.18%)와 같은 동위 원소가 있다. 질량수 138~173의 여러 인공 방사성 동위 원소가 알려져 있지만, 그중 반감기가 3.0×10^{6}년인 ^{154}Dy이 가장 안정하다. 란타넘족 원소로서 육방 조밀 채움 구조를 가지며, 밀도는 8.54 g/cm^3, 녹는점은 1407도, 끓는점은 2562도이다. +2~+4의 산화 상태를 가지나, 화합물에서는 주로 +3의 상태를 가진다.

80 K 이하의 온도에서는 강자성, 80~179 K에서는 반강자성, 179 K 이상에서는 상자성을 가진다. 제노타임, 가돌리나이트, 육세나이트, 모나자이트, 희토류광에 들어 있으며, 이온 교환 크로마토그래피 방법으로 분리한 산화물(Dy_2O_3), 플루오린화물(DyF_3), 또는 염화물($DyCl_3$) 형태로 생산된다. 플루오린화 디스프로슘 또는 염화 디스프로슘을 칼슘이나 리튬으로 환원시켜 얻기도 한다. 실온에서는 반응성이 낮아 공기와 느리게 반응하며, 찬물과도 느리게 반응한다. 더운물, 산과는 빠르게 반응한다.

높은 온도에서 자력을 잃지 않게 하면서 자기 유도가 포화된 상태에 있는 강자성체의 자화 정도를 영으로 내리기 위해서는 그 방향과 반대로 자기장을 걸어주어야 하는데, NIB 자석은 이 소거 자기장의 세기를 나타내는 보자력(coercivity)이 지금까지 알려진 자석 중 가장 높다. NIB 자석의 Nd-Fe-B 성분 중 네오디뮴의 일부를 디스프로슘으로 치환시킨 자석 역시 사용된다.

디스프로슘은 녹는점이 높고 열 중성자를 잘 흡수하기 때문에 원자로의 중성자 제어봉으로 쓰이며, 강철과의 합금은 원자로 재료로 쓰인다. 음향 표정 장치, 자기 기계적(magnetomechanical) 센서, 엑추에이터, 음향 변환기, 사운드버그 스피커 등과 같은 자기 변형 물질의 합금 재료로도 사용된다. 자화율이 커서 CD와 하드 디스크의 데이터 저장 매체, 고성능 축전기, 광디스크와 온도 보상용 축전기에도 쓰인다. 할로젠화 디스프로슘 램프는 영화 산업과 레이저 재료로 사용된다. 물에 녹는 디스프로슘 화합물은 약간의 독성이 있으나 녹지 않는 것은 거의 독성이 없으며, 디스프로슘 금속 분말은 공기 중에서 발화하며 폭발할 수 있다.

원자 번호 32
저마늄

멘델레예프가 원소의 주기율표를 만들면서 규소 바로 아래에 있어 에카-규소(eka-silicon)라고 예측한 이 새로운 원소는 1886년에 독일의 빙클러C. A. Winkler가 발견하였다. 아기로다이트(argyrodite, Ag_8GeS_2) 광석을 분석하여 이 원소의 존재를 밝힌 그는 원소 이름을 자신의 조국의 라틴어 명 'germania'와 금속을 나타내는 접미어를 합해 'Germanium'으로 명명하였다. 원소 기호는 'Ge'이다.

우리말 원소 이름에 있어서 로마 시대 독일의 옛 지역 이름인 '게르마니아'에서 따와 '게르마늄'으로 표기한 예전의 이름이 지금의 영어식 발음에 근거한 '저마늄'보다 타당한 것으로 여겨진다. 더욱이 'Germanium'이 독일의 영어식 표기 '저마니(Germany)'에서 온 것이 아니기 때문이다. 다이아몬드 구조의 α형과 120 Kba 이상의 압력에서 정방정계 구조를 가지면서 밀도가 25% 증가하는 β형의 두 동소체로 존재한다. 중국이 주요 생산국이나 벨기에, 독일, 러시아에서 생산한다.

원자 번호 32번 저마늄은 지구 암석 무게로 1.6×10^{-4}% 정도 있다. 아기로다이트, 게르마나이트, 브리아타이트(briartite, $Cu_2(Fe,Zn)GeS_4$), 레니어라이트(renierite, $Cu_{10}(Cu,Zn)Ge_{2-x}As_xFe_4S_{16}$) 등의 광석에 미량 존재하고, 섬아연석에서 아연을 생산할 때의 부산물로 얻어지기도 한다. 14족 원소로, ^{70}Ge(20.52%), ^{72}Ge(27.45%), ^{73}Ge(7.76%), ^{74}Ge(36.52%), ^{76}Ge(7.75%)으로 존재하며, 질량수 58~89의 여러 인공 방사성 동위 원소가 있지만, 반감기가 270.95일인 ^{68}Ge이 가장 안정하다. 밀도는 5.323 g/cm^3, 녹는점은 938.25도, 끓는점은 2833도이다. -4~+4의 산화 상태를 가지지만, +2와 +4의 상태로 주로 존재한다. 고체 저마늄은 녹을 때 부피가 약 5% 줄어들며, 실온에서는 물 또는 공기와 반응하지 않으며 가열하면 산화된다. 묽은 산이나 알칼리에는 녹지 않으나, 뜨거운 황산과 질산에는 천천히 녹는다.

섬아연광 광석을 공기 중에서 태운 다음, 황산 처리하여 얻은 용액을 중화시키면, 아연 등은 용액에 남고, 저마늄은 산화 저마늄으로 침전된다. 이 침전물에는 수산화 아연($Zn(OH)_2$)도 약간 포함되어 있지만, 염산이나 염소 기체와 반응시켜 얻은 염화 아연($ZnCl_2$)과 사염화 저마늄($GeCl_4$)의 끓는점 차이가 매우 다른 점을 이용하여 분별 증류로 분리한 염화 저마늄을 가수 분해하여 산화 저마늄을 얻는다. 이 산화물을 수소 기체로 환원시켜 금속 저마늄을 얻지만, 반도체용 고순도 저마늄은 띠 정제 방법을 사용하여 재정제하여 얻는다.

1948년에 저마늄이 최초의 트랜지스터 원료로 사용되면서 고체 전자 공학 시대가 활짝 열렸다. 저마늄은 1970년 초반까지만 해도 반도체 소자의 주요 물질이었다. 지금은 값싸고, 가공이 용이하며, 띠 간격이 커서, 높은 온도에서도 반도체의 성질을 잘 유지할 수 있는 데다가, 대량으로 얻을 수 있는 규소로 대체되었다.

실리카에 산화 저마늄을 섞으면 유리의 점성도는 낮아지나 굴절률이 높아지기 때문에 이산화 타이타늄을 첨가할 때에 비해 열처리 과정을 줄이는 효과가 있다. 그 유리는 광케이블의 중심을 이루는 광섬유와 빛을 매질 내에 가두어 놓고 축 방향으로 전파시키는 매질인 광도파관(optical waveguide)으로 사용되어 첨단 광섬유 통신 시설에 이용된다. 저마늄과 산화 저마늄 유리는 적외선을 잘 통과시킬 뿐만 아니라 적외선에 대한 굴절률이 높기 때문에 열 영상 촬영, 열 감지, 야간 투시, 화재 경보 등 각종 적외선 광학 장치의 창, 프리즘, 렌즈로 쓰인다.

군사적으로 중요한 열 감지 장치와 야간 투시 장치로도 쓰이며, 광각 렌즈와 현미경의 대물 렌즈, 규소와 합금 반도체는 규소만을 사용할 때와 비교하여 속도가 빨라 고속 집적용으로, 또 Ga-As 태양 전지의 기판으로도 사용된다. 투명도가 좋은 필름과 병의 제조에 쓰이는 폴리에틸렌프탈레이트 수지를 제조할 때 촉매로 쓰이기도 한다. 저마늄은 생명체의 필수 영양소로 여겨지지는 않으며, 일부 화합물을 제외하면 인체에 독성을 보이지 않는다.

원자 번호 18
아르곤

수소를 처음 발견한 캐번디시는 공기에는 산소와 질소 외에 화학적 방법으로는 제거되지 않는 소량의 기체가 존재하는 것을 확인하였다. 1894년에 레일리R. Rayleigh(J. W. Strutt)는 먼저 공기에서 산소, 이산화 탄소, 수증기를 화학 반응으로 제거하고 남은 기체의 밀도가 암모니아를 분해시켜 얻은 질소의 그것보다 약 0.5% 크다는 사실을 발표하였다. 이에 램지W. Ramsay는 잔여 공기를 가열된 마그네슘으로 처리하여 질소를 제거한 후, 반응하지 않고 남아 있는 밀도가 큰 기체를 소량 제거하고 스펙트럼을 통해 새로운 원소의 존재를 확인하였다. 원소 이름은 '게으름뱅이' 또는 '비활성'을 뜻하는 그리스어 'argos'에서 따와 'Argon'으로 명명하였으며, 원소 기호는 'Ar'이다. 비활성 기체 중에서 가장 먼저 분리되고 확인된 아르곤은 1950년대 후반까지는 원소 기호로 'A'를 사용하였다.

멘델레예프의 원소 주기율표에는 아르곤이 들어갈 자리가 없었기 때문에, 램지는 17족 오른쪽에 이 새로운 원소 족을 추가할 것을 제안하였고, 결국 18족이 만들어지게 되었다. 이 원소들은 화학 반응성이 거의 없기 때문에 초기에는 '비활성(inert)' 기체라고 하였지만, 반응성이 없는 다른 기체들도 존재하고, 게다가 이 족의 원소들 중 일부는 반응하는 것도 있다. '희귀(rare)' 기체라고도 부르지만, 헬륨, 네온, 아르곤은 여기에 해당되지 않아 이 용어도 적절하지 않으며, 멘델레예프는 이 원소를 고상한 척하며 평민을 상대하지 않는다는 의미로 '귀족(noble)' 기체라고 불렀다.

원자 번호 18번 아르곤은 공기 무게의 1.286%를 차지하고, 바닷물에는 4.0×10^{-5}% 정도 녹아 있으며, $^{36}Ar(0.34\%)$, $^{38}Ar(0.06\%)$, $^{40}Ar(99.60\%)$으로 존재한다. 밀도는 1.784 g/cm³, 녹는점은 영하 189.35도, 끓는점은 영하 185.85도이며, 주로 영의 산화 상태를 가진다. 18족 원소들 중 가장 먼저 분리되고 확인되었으며, 순수한 아르곤은 방전 시 연보라색을 띠고 수은과 섞이면 푸른색을 띤다. 공기 중에 비교적 풍부하게 존재하며, 액화 공기를 분별 증류하여 얻는다. 공기에서 얻은 질소를 마그네슘이나 칼슘과 반응시켜 질소를 제거시키고 남은 기체에서 얻거나, 질소를 천연가스에서 얻은 수소와 반응시켜 암모니아를 생산하는 과정의 부산물에서 얻기도 한다.

아르곤의 원자량은 39.948로서, 원자 번호 19번 포타슘의 38.098

보다 크다. 따라서 원자량 순서로 배열한 멘델레예프의 주기율표로 보았을 때는 맞지 않았다. 이 문제는 원자 번호 순으로 배열한 모즐리에 의해 해결되었다. 소량의 플루오린화 수소가 들어 있는 고체 아르곤에 자외선을 쪼이면 [HArF]가 만들어지며, 이 화합물은 영하 233도까지 안정하게 존재한다. 아르곤을 포함하는 준안정한 분자 이온 $[ArCF_2]^+$이 관찰됨으로써 '비활성'이라는 용어를 사용할 수 없게 되었다.

아르곤 기체는 다른 반응성이 있는 기체로부터 흑연 전기로에서 흑연을 보호하거나 아크 용접에서 텅스텐을 보호하기 위해 사용하며 규소나 저마늄 반도체의 결정을 성장시키기 위해서도 사용한다. 공기와 질소에 민감한 물질을 다룰 때도 아르곤을 보호 기체로 사용하는데, 이는 산소와의 접촉을 막음으로써 산화되는 것을 방지해 주기 때문이다.

저압 아르곤 기체의 아크 방전을 사용하는 청록색의 강한 빛을 내는 아르곤 기체 레이저는 지혈, 응혈, 피부 치료 등과 같은 각종 레이저 수술과 치료에 쓰이며, 아르곤 염료 레이저는 암 치료, 손상된 혈관 치료, 안과 질환 치료, 망막 수술 등에 이용된다. 아르곤을 사용하는 엑시머 레이저는 파장이 짧기 때문에 반도체 집적 회로나 칩과 같은 미세 전자 장치를 만드는 데 많이 이용된다.

높은 에너지의 아르곤 기체나 아르곤 이온을 고체 표면에 충돌시켜서 표면의 불순물 층을 제거하고 분석하는 것을 스퍼터링(sputtering)이라고 하는데, 이러한 과정은 주사 전자 현미경(SEM)의 시료를 만들거나 집적회로와 같은 초미세 전자회로의 제조에 쓰인다. 아르곤은 암세포를 제거하기 위한 냉동 수술 및 혈액에 녹아 있는 질소를 제거하기 위해 사용되기도 한다.

아르곤은 백열등에 질소와 함께 넣어 고온에서 필라멘트가 산화되는 것을 방지하며, 형광등에 수은과 함께 넣어 전기 방전을 일정하게 유지하는 데도 쓰인다. 또 네온 사인에 섞어 독특한 빛을 내게 하는 등 조명 관련 장치에 쓰인다. 아르곤은 독성이 없지만 공기보다 38% 더 무겁기 때문에 밀폐된 공간에서 사용하면 질식을 일으킬 수 있으며, 색깔이 없고 냄새와 맛이 없기 때문에 검출하기도 매우 힘들다.

원자 번호 2

헬륨

1868년에 프랑스의 장센P. Janssen은 개기일식 때 태양의 채층 스펙트럼에서 밝은 노란색을 발견하였으며, 영국의 로키어J. N. Lockyer 역시 같은 색 선을 관찰하고, 이것이 새로운 원소에 의한 것임을 확인하였다. 영국의 프랭크랜드E. Frankland는 이 원소가 주로 '태양'에 존재하므로, 그리스어 'helios'에서 따와 'Helium'이라고 명명하였다. 원소 기호는 'He'이다. 1882년에 이탈리아의 팔미에리L. Palmieri가 베수비우스 화산암에서 헬륨을 분광학적으로 검출하였으며, 영국의 램지는 1895년에 클레베석이라고 하는 우라늄 광석에 갇혀 있는 기체가 헬륨임을 증명하였다. 1900년에 비로소 대기에서 분리한 네온 기체 시료에서 헬륨을 분리해 내는 데 성공하였으며, 1907년에 알파 입자가 헬륨의 원자핵이라는 사실이 밝혀졌다.

원자 번호 2번 헬륨은 18족으로서 대기 중에 부피비로 5.24×10^{-4}% 존재하며, 우주 질량의 24%를 차지한다. ^{3}He과 ^{4}He로 존재하며, 이들의 존재비는 생성 원에 따라 크게 다르지만 대략 ^{4}He가 100만 배 정도 많다. 밀도는 0.1786 g/cm^3, 녹는점은 영하 272.20도, 끓는점은 영하 268.93도이고, 주로 영의 산화 상태를 가진다. 헬륨의 밀도는 공기의 약 1/7에 불과하며 음속은 공기보다 3배나 빨라서 성대 부근이 이 기체로 가득 차면 성대의 진동이 공기에서와는 다른 주파수로 전해져 목소리가 다르게 들리게 된다. 물에 대한 용해도가 가장 낮은 단원자 분자이며, 순수한 헬륨 기체는 방전 시 연주황색을 띤다. 지구의 탄생과 함께 생성된 헬륨은 거의 모두 지구를 탈출하였고, 현재 지구상에 남아 있는 헬륨은 무거운 원소의 알파 붕괴로 생성된 것들이 암반에 포획되어 있는 것이 대부분이다. 이 때문에 헬륨은 방사성 광물에 많이 포함되어 있다.

1903년에 미국 캔자스 지역의 채굴자는 기름 시추 후 타지 않는 기체를 모아 인근 캔자스 대학에 분석을 의뢰하였는데, 그 대학의 캐디H. Cady와 맥팔랜드D. McFarland는 이 기체가 부피비로 질소 72%, 메테인 15%, 수소 1%, 확인할 수 없는 기체 12%로 구성되었음을 알게 되었다. 좀 더 자세히 분석한 결과, 1.84%가 헬륨이라는 사실을 확인하고, 이는 천연가스의 부산물로서 채산성이 있다고 판정받아 분별 증류로 생산하기 시작하였다. 한때

초유동성

미국은 헬륨의 전 세계공급량에 90%를 공급하였으며, 지금은 카타르와 알제리에서도 생산된다.

헬륨은 가벼우면서 폭발성이 없어 풍선, 기구, 비행선용 기체로 사용되며, 화학 분석에 사용되는 기체 크로마토그래피의 운반 기체로도 사용된다. 또한 신경 조직에 대한 용해도가 낮기 때문에 잠수부가 사용하는 산소통의 질소 대체 물질로서 잠수병을 예방하는 데도 사용된다. 고진공 장치 또는 고압 용기의 누출을 검출하는 보호 기체로도 쓰이며, 아주 낮은 끓는점을 이용하여 의료 진단용 자기 공명 이미지나 NMR 분광기의 자석을 극저온으로 냉각시켜 초전도의 성질을 갖도록 하는 데도 사용된다. 이 밖에 헬륨-네온 레이저의 제조, 암석 및 광물의 연대 측정, 핵반응기 열전달체, 로켓에서 연료와 산소를 밀어내는 데 쓰인다.

액체 헬륨은 온도에 따라 특성이 다른 상을 보여 준다. 끓는점 4.22 K와 소위 람다(λ) 온도 2.1768 K 사이의 액체 헬륨은 열을 가하면 끓고, 온도가 내려가면 부피가 주는 일반 액체의 특성을 가지는 헬륨 I 상태이다. 그러나 람다 온도 이하에서는 열전도율이 헬륨 I보다 백만 배나 더 커서 열을 가하면 끓지 않고 바로 기체로 증발하는 점성이 전혀 없는 초유동체(superfluid)의 특성을 보이는 헬륨 II 상태가 된다. 밀폐되지 않은 용기에 담긴 헬륨 II에서는 용기 벽을 따라 기어 나오는 초유동성 현상을 관찰할 수 있다. ^{3}He은 ^{4}He보다 훨씬 낮은 온도에서 초유동성을 보인다. 이와 같은 액체 헬륨의 특성은 양자역학적 영향에 의한 것으로 설명할 수 있으며, 이러한 특성으로 액체 헬륨은 응집체 물리학의 주요 연구 대상이 되었다.

원자 번호 10
네온

1898년에 영국의 램지와 트래버스M. Travers는 18족 헬륨과 아르곤 기체의 성질을 연구하던 중에 액화 공기의 저온 분별 증류에서 새로운 원소를 분리하고, 이를 스펙트럼으로 확인하였다. 원소 이름을 '새로운'을 뜻하는 그리스어 'neos'와 18족 원소의 공통 접미어를 합하여 'Neon'으로 명명하였으며, 원소 기호는 'Ne'이다. 1902년에 프랑스의 에어 리퀴드(Air Liquide) 사가 공기 중에서 네온을 분리하여 판매하기 시작하였고, 이어서 1910년에 네온 램프(neon glow lamp)를, 1912년에 네온 사인(neon sign)을 생산하였다. 1913년에 톰슨은 기체 방전관에서 나오는 양이온의 조성을 연구하는 과정에서 네온 양이온들의 경로에 수직으로 전기장과 자기장을 걸어 주었더니 두 개의 포물선을 그리며 휘는 것을 발견하고, 질량이 다른 2개의 네온 양이온 동위원소의 존재를 알게 되었다. 이것은 질량 분석기(mass spectrometry) 제조의 토대가 되었다.

원자 번호 10번 네온은 대기 중에 무게비로 $1.27 \times 10^{-3}\%$, 우주 질량의 0.13%를 차지하며, ^{20}Ne(90.48%), ^{21}Ne(0.27%), ^{22}Ne(9.25%)로 존재한다. 지구 탄생 시 생성된 네온은 대부분 지구를 빠져나간 데다가 다른 원소의 핵반응으로도 거의 만들어지지 않기 때문에 지구 암석에 매우 낮은 농도로 들어 있다. 18족에 속하는 네온은 일반적으로 공기를 액화시킨 후 분별 증류하여 얻는다. 밀도는 0.9002 g/cm³, 녹는점은 영하 248.59도, 끓는점은 영하 246.05도이고, 주로 영의 산화 상태를 가진다. 순수한 네온은 방전 시에 오렌지색을 띤다. 네온이 액체로 존재하는 온도 범위는 2.51도에 불과하며, 같은 부피에서 비교하면 네온의 냉동 능력은 헬륨의 40배, 수소의 3배이다. 화학 반응성이 가장 작으며, [NeAr]⁺, [NeH]⁺, [HeNe]⁺ 같은 이온성 분자들이 분광학적 실험이나 질량 분석에서 관찰되었다.

네온은 밝은 주홍색 빛을 내는 조명 기기인데, 네온 램프와 네온 사인의 두 가지 유형이 있다. 네온 기체가 조금 들어 있는 유리 전구의 두 전극을 2~3밀리미터 간격으로 두고 방전시켜, 음극에서 밝은 붉은색의 빛을 내는 장치가 네온 램프이다. 이는 소형 제작이 가능하며 가정용 전압으로도 작동되고, 소모 전력도 적어 전자 기기의 표시기, 야간 실내등, 전압 조절기, 고전압 보호기 등으로 쓰인다. 또한 네온 램프에서 나오는 빛의 스펙트럼은 광학 장치의 파장 보정에 사용된다.

네온 사인으로 알려진 네온 방전관(neon discharge tube)은 길거나 굽어진 유리관에 네온 기체를 조금 넣고 관의 양 끝에 전극을 두고 높은 전압으로 방전시켜 빛을 내는 장치이다. 기체의 종류를 바꾸면 각 기체의 특성적인 색깔의 빛이 나오며, 각종 전광판, 예술 작품 제조, 건물 장식용에 쓰인다.

네온 사인을 더욱 발전시킨 것이 플라스마 표시 패널(plasma display panel, PDP)로서 평판 티브이에 사용되었다. 조명 기기 외에도 피뢰기, 브라운관, 검전기 등을 만드는 데도 쓰인다. 네온과 헬륨이 혼합된 레이저는 붉은색 레이저 포인터, 의료용, 광학 디스크를 읽는 데 사용되고, 액체 네온은 저온 냉각기의 냉매로 사용된다.

원자 번호 36
크립톤

1898년에 영국의 램지와 트래버스는 18족 헬륨과 아르곤 기체의 성질을 연구하는 과정에서 비어 있는 원자 번호 10번, 36번, 54번, 86번을 찾고자 끊임없이 노력하였다. 그 결과, 그들은 액화 공기의 저온 분별 증류로 새로운 원소를 분리하여 스펙트럼으로 확인하였고, 원소 이름을 '숨겨진'을 뜻하는 그리스어 'kryptos'에서 따오고 그 족의 공통 접미어를 합해 'Krypton'으로 명명하였다. 원소 기호는 'Kr'이다.

이들은 이 분자가 하나의 원자로 안정하게 존재함을 분자량과 음속으로부터 확인하였다. 즉 기체 운동론에 근거하여 이상 기체에서 음속, 일정 압력에서의 기체 열용량과 일정 부피에서의 기체 열용량비, 분자량과의 관계를 나타낸 식 $c = (rRT/M)^{1/2}$(여기서 c: 음속, R: 기체 상수, M: 분자량, T: 절대온도, $r = (C_p/C_v)$)에서 하나의 원자 분자 기체의 경우 r는 1.67로 예측되는데, 크립톤의 경우 r는 1.40으로 얻어지기 때문이다.

원자 번호 36번 크립톤은 대기 중에 무게비로 1.5×10^{-8}%, 우주 질량의 4.0×10^{-6}%를 차지하며 18족에 속한다. $^{78}Kr(0.35\%)$, $^{80}Kr(2.25\%)$, $^{82}Kr(11.6\%)$, $^{83}Kr(11.5\%)$, $^{84}Kr(57.0\%)$, $^{86}Kr(17.3\%)$으로 존재하며, 질량수 69~101의 여러 인공 방사성 동위 원소가 알려져 있다. 공기를 액화시킨 후 분별 증류하여 얻으며, 밀도는 3.749 g/cm^3, 녹는점은 영하 157.37도, 끓는점은 영하 153.415도이다. 주로 영의 산화 상태를 가진다. 순수한 크립톤은 방전 시 흰색을 띠고 다른 기체와 합쳐지면 밝은 초록빛의 노란색을 띤다.

18족 원소들은 화합물을 만들 수 없다고 여겨졌지만, 램지는 1902년에 크립톤과 제논은 그렇지 않을 것이라고 예측하였다. 놀랍게도 1962년에 영국의 바틀렛N. Bartlett이 제논과 플루오린으로 이루어진 화합물을 합성함으로써, 램지의 예측을 확인시켜 주었다. 1963년에 제논 다음으로 반응성이 큰 크립톤을 이용하여 이플루오린화 크립톤(KrF_2)을 합성하고, 이로부터 $[KrF]^+$, $[Kr_2F_3]^+$, $[KrF]^+[AuF_6]^-$, $[KrF]^+[SbF_6]^-$와 같은 다양한 크립톤 화합물들을 만들었다.

주로 전등과 레이저로 사용되는 크립톤은 진공 방전관에서 녹색과 노란색이 혼합된 강한 빛을 낸다. 아르곤보다 전극에서의 손실을 줄일 수 있어 형광등에 크립톤을 첨가하여 사용한다. 제논과 함께 크립톤이 들어간 백열등은 필라멘트의 증발을 줄여 전구의 수명을 늘리고, 필라멘트의 온도를 더 높일 수 있는 장점이 있다. 크립톤 기체에 전류를 통과시키면 아주 밝은 백색빛이 얻어지는데, 이는 공항 활주로 표시등, 에너지 절약형 형광등, 네온사인 등에 쓰인다.

엑시머 레이저의 일종인 플루오린화 크립톤(KrF) 레이저는 자외선 영역인 248나노미터의 강한 빛을 내는데, 고분해능 사진 식각 (photolithography)에 널리 사용되어 반도체 집적 회로와 칩 제작, 레이저 미세 가공 등에 쓰인다. 액체 크립톤은 전자기 검출기 제작에 사용되며, 크립톤-83 동위 원소는 기관지의 MRI 영상 촬영에 쓰인다. 크립톤은 독성이 없으나 질식을 일으키는 기체로 알려져 있으며, 크립톤과 공기를 반반 섞은 기체를 흡입하면 마취 상태가 된다.

원자 번호 54

제논

1898년 영국의 램지와 트래버스는 액화 공기의 저온 분별 증류에서 새로운 기체를 분리하여 스펙트럼으로 확인하였고, 원소 이름을 '낯선'을 뜻하는 그리스어 'xenos'와 18족의 공통 접미어를 합쳐 'Xenon'으로 명명하였다. 원소 기호는 'Xe'이다. 예전에 그리스어 발음 '크세노스'에 근거하여 우리말 원소 이름으로 '크세논'으로 명명하였는데, 2012년 대한화학회는 이를 영어식 발음인 '제논'으로 바꾸었다. 고체 제논은 면심 입방 구조를 가지나 압력을 약 140 GPa로 높이면 육방 조밀 채움 구조로 바뀐다.

원자 번호 54번 제논은 대기 중에 무게비로 4.0×10^{-5}%, 우주 질량의 1.56×10^{-6}%를 차지하며, $^{124}Xe(0.095\%)$, $^{126}Xe(0.089\%)$,

^{128}Xe(1.91%), ^{129}Xe(26.4%), ^{130}Xe(4.07%), ^{131}Xe(21.29%), ^{132}Xe(26.89%), ^{134}Xe(10.4%), ^{136}Xe(8.86%)로 존재한다. 질량수 110~147의 여러 인공 방사성 동위 원소가 알려져 있으며, 이 중 반감기가 36.3일인 ^{127}Xe 이 가장 안정하다. 18족에 속하며, 밀도는 5.894 g/cm^3, 녹는점은 영하 111.75도, 끓는점은 영하 108.10도이다. 주로 영의 산화 상태를 가지며, 방전 시 연한 푸른색을 띤다. 이 족 원소 중 라돈 다음으로 반응성이 큰 제논은 수소 결합이 가능한 퀴놀(1,4-C$_6$H$_4$(OH)$_2$)이나 물의 3차원 골격 구조의 빈 공간에 화학 결합이 아닌 물리적으로 갇혀서 내포 화합물(clathrates)을 만드는데, 이러한 구조는 핵반응로에서 생성된 방사능 제논을 저장하고 취급하는 데 쓰인다.

1962년에 바틀렛은 육플루오린화 백금과 제논의 반응으로 노란색의 육플루오린화 백금산 제논([Xe]$^+$[PtF$_6$]$^-$)을 합성하였는데, 음이온 배위 화합물 [PtF$_6$]$^-$가 공기 중에 노출되면 색이 변하는 것을 발견하고, 이것이 [O$_2$]$^+$[PtF$_6$]$^-$의 생성에 기인한 것임을 밝혀냈다. 제논과 플루오린을 가열하거나, 자외선을 쪼이거나 또는 전기 방전을 하면 다양한 이플루오린화 제논(XeF$_2$), 사플루오린화 제논(XeF$_4$), 육플루오린화 제논(XeF$_6$)을 합성할 수 있다. 이플루오린화 제논은 플루오린화 시약, 산화제, 규소의 식각제로 쓰이며, 이것을 고온에서 이플루오린화 니켈 촉매와 함께 가열하여 얻은 육플루오린화 제논을 가수 분해하면 사플루오린산화 제논(XeOF$_4$)과 사플루오린이산화 제논(XeO$_2$F$_4$)을 거쳐 삼산화 제논(XeO$_3$)을 얻는다. 제논과 염소 기체 혼합물을 마이크로파 방전시켜 이염화 제논을 얻었지만, 이것이 화합물인지 제논과 염소 분자의 다른 2차적 결합으로 연결된 초분자인지는 분명하지 않다.

플루오린화물의 가수 분해로 이산화 제논(XeO_2), 삼산화 제논, 사산화 제논(XeO_4)이 얻어지며, 특히 사산화 제논은 육플루오린화 제논과 반응하여 사플루오린이산화 제논과 이플루오린삼산화 제논 (XeO_3F_2)이 생성된다는 것이 분광학적으로 관찰되었다. 이 외에도 제논과 탄소의 결합을 가지는 $[C_6F_5]_2Xe$ 그리고 [HXeH]과 [HXeOH] 같은 제논 수소화물이 합성되었다. 놀라운 것은 제논을 반응성이 적은 비활성 금과 반응시키면 $[AuXe_4(Sb_2F_{11})_2]$을 얻을 수 있다는 점이다.

제논은 정오 때의 태양광과 비슷한 강한 빛을 내기 때문에 기체 방전 램프에 주로 사용된다. 즉 텅스텐 전극을 사용한 아크 등으로 제작되어 사진 플래시, 영사기 및 그 광원, 모의 태양광, 자동차 전조등, 선탠용 램프, 야간 조명 등에 쓰인다. 넓은 파장 범위의 광원이 필요한 분광기 램프와 자외선 살균기의 광원으로 이용되며, 제논 엑시머 레이저도 크립톤과 같이 고분해능 사진 식각에 사용된다. 우주선의 이온 엔진 추진체, 과분극 MRI, 마취제로도 쓰인다. NMR이나 X선 회절을 이용한 단백질 구조 분석에도 이용된다. 독성은 없는 것으로 알려져 있으나 무거운 기체이기 때문에 밀폐된 공간에서 사용할 때에는 조심하여야 하며, 피에 잘 녹아 산소와 같이 높은 농도의 제논을 흡입하면 마취 상태가 된다.

원자 번호 84

폴로늄

1895년에 프랑스의 베크렐A. H. Becquerel은 검은 종이로 감싼 우라늄
염에서 X선과 비슷한 성질의 방사선이 발생하는 것을 발견하였다.
1897년에 프랑스의 마리 퀴리M. S. Curie는 이러한 방사선에 대한 연구
를 시작하면서, 남편 피에르 퀴리P. Curie가 만든 전류계를 사용하여
그 세기를 측정함으로써 새로운 방사능 물질을 찾고자 하였다. 마리
퀴리는 1898년에 토륨이 방사선을 내는 물질임을 발견하였는데, 우
라늄 광석 피치블렌드에서 나오는 방사선 세기가 이들에서 순수하게
분리해 낸 우라늄이나 토륨보다 더 강력한 것을 보고, 이 광석에 다
른 물질이 존재한다는 것을 간파하였다. 그들이 분리한 새로운 원소
는 자연 상태에서 매우 희귀하게 존재하며, 반감기도 짧아 분리에 많
은 노력이 필요하였다. 라듐을 생산하고 남은 찌꺼기 37톤에서 겨우
9밀리그램의 이 원소를 얻을 정도였다.

　　그들은 곧 비스무트와 유사한 성질을 가지는 새로운 금속이 들
어 있는 물질을 피치블렌드에서 추출하였다는 사실을 공식적으로 발
표하였으며, 영어 원소 이름을 마리 퀴리의 조국 폴란드와 금속을
나타내는 접미어를 합하여 'Polonium'으로 명명하였다. 원소 기호는
'Po'이다. 하지만 순수한 폴로늄 금속의 분리는 1944년에 미국의 마

운드 연구소(Mound Laboratory)에 의해 이루어졌다.

폴로늄 발견 5개월 후에 그들은 1톤의 피치블렌드에서 0.1 g의 염화 라듐을 얻은 후, 이로부터 새로운 원소 라듐을 발견하기도 하였다. 낮은 온도에서 입방 정계 구조를 가지는 α형과 약 36도에서 마름모정계 구조를 가지는 β형의 두 동소체로 존재한다. 1934년에 비스무트에 중성자를 쪼이면 폴로늄이 생성된다는 사실을 발견한 이후, 지금은 핵반응로에서 비스무트-209에 고에너지 중성자나 양성자를 충돌시켜 얻으며, 전량 러시아에서 생산된다.

원자 번호 84번 폴로늄의 동위 원소 ^{208}Po과 ^{209}Po는 합성되며, 특히 ^{210}Po은 자연계에 극미량 존재한다. 질량수 186~220의 33가지 인공 방사성 동위 원소가 알려져 있으며, 이 중 반감기가 103년인 ^{209}Po이 가장 안정하다. 텔루륨과 비슷한 성질을 가지는 16족에 속하며, 밀도는 α형은 9.196 g/cm^3, β형은 9.398 g/cm^{3}이며, 녹는점은 254도, 끓는점은 962도이다. -2 ~+6의 산화 상태를 가지나 +4의 상태가 가장 흔하다. 묽은 산에 쉽게 녹아 분홍색의 +2 상태의 폴로늄 염이 되며, 이 용액은 α선에 의해 용매가 산화되고, 산화된 용매에 의해 +2의 폴로늄은 +4로 산화되어 노란색으로 변한다. 공기나 물과 접촉하면 빠르게 산화 폴로늄(PoO$_2$)으로 바뀌며, 다시 수화되어 폴로늄산(H$_2$PoO$_3$ 또는 PoO(OH)$_2$)이 된다.

핵반응로에서 비스무트-209에 높은 에너지를 가지는 중성자를 쪼이면 비스무트-210이 생성되는데, 이 ^{210}Bi의 자발적 붕괴로 얻은 ^{210}Po을 금속 비스무트에서 진공 증류하거나, 은 금속 표면에서 전기화학적으로 석출시킨 후 진공 승화시켜 1회 수밀리그램씩 생산한다.

사이클로트론에서 비스무트-209에 양성자 또는 중수소 핵을 쪼여 폴로늄-208과 폴로늄-209를 얻기도 한다.

제이 차 세계 대전 때 일본의 나가사키에 투하된 플루토늄 원자 폭탄의 기폭 장치의 핵심 부품으로 사용되기도 한 폴로늄은 인공위성, 무인 등대 및 우주 탐사선의 경량 원자력 전지(atomic battery)로 사용된다. 종이 롤러 기계, 합성 섬유 방적기, 플라스틱 판 제조기, 카메라 렌즈, 사진 필름의 먼지 제거 등에서 일어나는 정전기를 제거하는 솔이나 도구로도 쓰인다. 방사성 붕괴에서 나오는 방사선과 열을 이용한 중성자 및 α선 원은 핵무기의 기폭제, 유정 감시, 두께 측정에 사용된다. 담배에 들어 있는 폴로늄-210은 폐암을 유발하는 물질로 알려져 있다.

원자 번호 63
유로퓸

1879년에 프랑스의 부아보드랑은 디디미아에서 사마리아를 분리하였고, 프랑스의 드마르세이E. A, Demarcay는 1901년에 사마리아에서 새로운 원소를 처음으로 분리하고 확인하였다. 1896년에 순수하다고 여겨졌던 사마륨의 스펙트럼을 다시 조사하던 그는 새로운 원소의 스펙트럼 선을 발견하였다고 주장하였는데, 실제로는 1880년대 후반에 이테르븀과 사마륨을 포함하는 광석의 스펙트럼에서 이미 관찰한 것이었다. 비록 드마르세이가 이 원소를 발견하였다는 사실에는 논란의 여지가 있지만, 그는 세리아에서 얻은 질산 사마륨 마그네슘 결정의 반복적인 재결정으로 새로운 원소의 화합물을

분리하여 그 공적을 인정받았다. 그는 원소 이름을 'Europe'과 금속을 나타내는 접미어를 합해 'Europium'으로 명명하였고, 원소 기호는 'Eu'이다. 중국에서 전량 생산된다. 이로써 세리아에 들어 있는 7가지의 희토류 원소가 모두 발견되었으며, 각 원소의 확인을 산화물에 근거하여 그림과 같이 분류하였다.

드마르세이는 매우 특이한 과학자로, 처음에는 유기화학을 전공하였지만, 나중에 무기화학에 관심을 가져 황화 질소에 대해 연구하다가 폭발 사고로 한쪽 눈을 실명하기도 하였다. 회복 후에는 진공 시스템을 만들고, 아연, 카드뮴, 금의 저온에서의 휘발성을 연구하기도 하였다. 그러다가 불꽃 스펙트럼 장치를 개발하여 희귀 금속의 분리를 연구하였는데, 물질의 스펙트럼에 대한 그의 설명은 마치 오페라의 악보를 읽는 것과 같이 탁월하였다고 한다. 그는 이러한 능력뿐만 아니라 훌륭한 분리 기술을 가져 유로퓸이 풍부한 물질을 분리하는 데 성공하였다. 드마르세이의 또 다른 업적으로는 퀴리 부부가 발견한 라듐의 스펙트럼을 분석하고, 이 물질이 순수하다고 인정하였다는 사실을 들 수 있다.

원자 번호 63번 유로퓸은 지각에 무게비로 1.8×10^{-4}%, 바닷물에도 극미량 녹아 있다. 체심 입방 구조로 란타넘족에 속하면서 ^{151}Eu(47.8%)과 ^{153}Eu(52.2%)으로 존재한다. 질량수 130~167의 36가지 인공 방사성 동위 원소가 알려져 있으며, 그중 반감기가 36.9년인 ^{150}Eu이 가장 안정하다. 밀도는 5.264 g/cm³, 녹는점은 826도, 끓는점은 1529도이고, +2와 +3의 산화 상태를 가지나 +3의 상태가 가장 흔하다. 공기 중의 산소와 빠르게 반응하며, 높은 온도에서는 자발적으로 불이 붙고, 물과 묽은 산에 잘 녹는다.

희토류광, 모나자이트, 가돌리나이트, 제노타임, 로파라이트(loparite) 광석에 함유되어 있고, 중국의 바이윈어보(Bayan Obo) 광상, 미국의 마운틴 패스(Mountain Pass) 광석에 상대적으로 높은 함량의 유로퓸이 포함되어 있다. 주로 이온 교환 크로마토그래피와 용매 추출 방법으로 분리하며, 여기에서 얻은 유로퓸(Ⅲ) 이온을 농축시켜 아연 또는 아연 아말감을 이용하여 유로퓸(Ⅱ) 이온으로 환원시킨다. 이 용액에 탄산염 또는 황산염을 첨가하여 얻은 탄산 유로퓸($EuCO_3$) 또는 황산 유로퓸($EuSO_4$) 침전물을 가열하여 생성된 유로퓸 산화물(Eu_2O_3)을 염산에 녹여 삼염화 유로퓸($EuCl_3$)으로 전환시킨다. 유로퓸 염화물을 염화 소듐과 염화 칼슘의 용융 혼합물에 넣어 흑연 전극을 사용하여 전기 분해시키거나 산화 유로퓸과 10% 과량의 란타넘 화합물을 탄탈럼 도가니에 넣고 진공하에서 가열하여 금속 유로퓸을 얻는다.

유로퓸 이온의 인광 성질을 이용하여 형광체 제조에 쓰는데, 브라운관 티브이와 컴퓨터 화면의 붉은색의 Eu^{2+} 이온 및 푸른색의 Eu^{3+} 이온이 바로 그것이다. 액정 화면의 후방 조명, 발광 다이오드에

서의 백색광, 에너지 절약형 소형 삼파장 형광등, 첨단 조명 장치, 영
상 장치 등의 형광체에 사용된다. 요즘에는 지폐와 우표의 위조 방지
용 형광 인쇄 및 형광 표시제로도 쓰인다. 셀레늄화 유로퓸(EuSe)은
자성 반도체 물질로서 적외선 검출기와 영상에 사용되며, 유로퓸은
중성자를 잘 흡수하기 때문에 원자로 제어봉으로도 쓰인다. 생물학
적 역할은 알려져 있지 않으나, 그 독성은 약한 것으로 여겨진다.

원자 번호 88

라듐

1895년에 독일의 뢴트겐w. Röntgen은 진공 유리관에 들어 있는 금속
전극에 높은 전압으로 강한 전류를 통과시켜서, 눈으로는 볼 수 없으
나 사진 건판을 변화시키는 어떤 정체 모를 X선을 발견하였다. 방사
선에 대한 연구를 시작한 퀴리 부부는 1898년 피치블렌드에서 우라
늄이나 토륨보다 방사선이 더 센 물질을 찾아내었는데, 하나는 비스
무트와 함께 침전한 폴로늄이고, 다른 하나는 바륨과 함께 침전한 라
듐이었다. 그들은 라듐을 염화물로 만든 후 여러 차례의 분별 결정을
통해 바륨을 제거하였고, 강한 방사선 물질의 농축물의 스펙트럼에
서 새로운 선을 관찰하였다. 그들은 원소 이름을 '빛살'의 그리스어
'radius'와 금속을 나타내는 접미어를 합하여 'Radium'으로 명명하였

다. 원소 기호는 'Ra'이다. 1906년에 남편인 피에르가 교통 사고로 사망하자 마리 퀴리는 혼자서 연구한 끝에 1910년에 순수한 라듐 금속을 얻었다.

당시에는 물리학자들 사이에 방사능의 존재에 대한 논쟁이 있었고, 노벨상 심사위원 중 일부는 그 공적에 '폴로늄'과 '라듐'이라는 원소가 들어가는 것을 반대하기도 하였다. 이 때문에 1903년에 퀴리 부부와 베크렐이 공동 수상한 노벨 물리학상 업적에는 폴로늄의 발견 업적이 포함되지 않았다. 다행스럽게도 이것은 마리 퀴리가 1911년에 새로운 원소 라듐의 발견, 분리 및 특성에 대한 공적으로 두 번째 노벨 화학상을 받는 계기가 되었다. 라듐은 콩고민주공화국과 캐나다에 많이 분포되어 있다.

원자 번호 88번 라듐은 자연계에 4가지로 존재하지만 ^{226}Ra가 대부분이고 ^{223}Ra, ^{224}Ra, ^{228}Ra는 극미량이다. 토륨-232로부터 라듐-228과 라듐-224가 얻어진다. 인공 방사성 동위 원소 30가지가 알려져 있으며, 반감기가 1600년인 ^{226}Ra이 가장 안정하다. 2족에 속하며, 밀도는 5.5 g/cm³, 녹는점은 700도, 끓는점은 1737도이다. +2의 산화 상태가 가장 흔하다. 라듐은 우라늄이나 토륨 광석에 포함되어 있으며, 우라늄과 토륨의 방사성 붕괴로 생성된다. 라돈을 거쳐 안정한 납으로 붕괴되며, 이 붕괴 과정에서 α 입자, β 입자, r선이 발생된다. 공기나 질소에 의해 쉽게 산화되며, 물과 반응하여 수산화 라듐($Ra(OH)_2$)을 생성한다. 우라늄 광석에서 바륨과 함께 분리한 후 분별 결정법으로 바륨을 제거하고 남은 용액을 수은 전극을 사용하여 전기 분해하면 금속 라듐 아말감을 얻는데, 이를 수소 기류하에서 증류하여 순수한 라듐을 얻는다.

베크렐과 퀴리는 라듐이 방사성 붕괴를 하면서 빛과 열을 발생시키는 것을 직접 체험하였기 때문에, 라듐은 질병, 특히 암 치료에 바로 사용할 수 있게 되었다. 이로써 오늘날의 방사성 치료 시대가 시작되었을 뿐 아니라 방사성 물질을 연구하는 방사화학(radiochemistry)이란 분야를 여는 계기가 마련되었다. 마리는 두 번째 노벨상을 수상한 후에 라듐을 암 치료 등에 활용하는 연구 목적을 위하여 '라듐 연구소(radium institute)'의 설립을 준비하였는데, 설립 도중에 제일 차 세계 대전이 발발하자 치료에 이용할 수 있는 방사성 물질과 그 장비를 갖춘 차량을 이끌고 부상병 치료에 전념하였다. 전쟁이 끝난 1919년에 파리 대학과 파스퇴르 연구소는 공동으로 생물리학, 세포 생물학, 종양학 연구의 세계적 중심이며 방사성 암 치료 병원인 '퀴리 연구소(Curie institute)'를 설립하였다. 1932년에 마리의 조국인 폴란드의 바르샤바에도 '라듐 연구소'가 설립되어 지금도 폴란드에서의 암 연구와 치료에 주도적인 역할을 하고 있다.

라듐 화합물에 황화 아연 인광체를 섞으면 빛을 쪼이거나 전기를 통하지 않아도 빛을 내는 방사성 발광 페인트를 만들 수 있다. 또 이 인광체에 구리를 첨가하면 청록색 빛을, 구리와 마그네슘을 함께 첨가하면 주황색 빛을 내는 야광 페인트를 만들 수 있다. 라듐은 뼈를 이루는 주요 원소인 칼슘과 비슷하기 때문에 체내에 있는 뼈의 칼슘을 대체하여 축적된다. 하지만 방사선으로 골수를 파괴하고 뼈세포의 돌연변이를 일으킬 수 있어 빈혈과 골수암이 생길 수 있다.

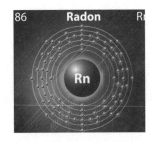

86 **Radon** Rn

Rn

원자 번호 86

라돈

1899년에 뉴질랜드의 러더퍼드와 영국의 오언스R. B. Owens는 토륨 산화물에서 방사성 기체가 발생할 때 그 방사능이 몇 분간 지속되다가 거의 없어지는 것을 관찰하였다. 이 기체를 '발산물'이란 뜻으로 '에마나티온(emanation)'으로 명명하고 원소 기호는 'Em'으로 나타내었다. 후에 토륨 원소에서 발산되는 것으로 나타내기 위해 '토륨 에마나티온(thorium emanation)'으로 이름을 바꾸었다. 1900년에 러더퍼드는 소디F. Soddy와 함께 액화 질소를 이용하여 이 기체를 응축시킬 수 있다는 것을 발견하였고, 같은 해 독일의 도른F. E. Dorn 역시 라듐 화합물이 들어 있는 용기 내에 방사싱 기체가 축적되는 것을 발견하고, 이 기체를 '라듐에서의 발산물'이란 뜻으로 '라듐 에마나티온(radium emanation)'이라고 명명하였다. 1903년에 프랑스의 드비에른A. L. Debierne은 악티늄에서 발생하는 방사성 기체를 발견하고, 이를 '악티늄에서의 발산물'이란 뜻으로 '악티늄 에마나티온(actinium emanation)'으로 명명하였다.

1918년에 18족 기체의 접미어를 합하여 '토륨 에마나티온'을 'Thoron'으로, '라듐 에마나티온'을 'Radon'으로 수정하였고, 'Acton'으로 제안된 '악티늄 에마나티온'은 1920년에 'Action'으로 수정되었다. 1923년에 IUPAC은 이들을 서로 다른 원소라고 생각하여 원소 기호를 각각 'Tn', 'Rn', 'An'으로 채택하였는데, 후에 Rn의 서로 다른 동위 원소로 판명되었으며, 지금은 이에 근거하여 'Tn'은 ^{220}Rn으로, 'Rn'은 ^{222}Rn으로, 'An'은 ^{219}Rn으로 표시하고 있다. 천연 라돈은 ^{222}Rn이므로 도른을 라돈의 최초 발견자로 간주한다.

라돈의 성질을 알아내고 이 기체가 18족에 속한다는 것은 1904년에 램지가 처음으로 발견하였는데, 그는 이 기체의 스펙트럼이 비활성 기체의 스펙트럼과 비슷하고, 화학 반응성도 없다는 사실을 관찰하였다. 그는 1908년에 영국의 그레이R. W. Gray와 함께 충분한 양의 라돈 기체를 분리하여 모은 후에 밀도 등 몇 가지 성질을 측정하고, 1910년에 원소 이름을 '빛을 내는 것'이란 뜻의 라틴어 'nitens'에서 따와 'Niton'으로 명명하였다. 원소 기호는 'Nt'로 제안하여 1912년에 국제원자량위원회가 한때 이를 받아들이기도 하였다.

원자 번호 86번 라돈은 대기 중에 부피비로 6.0×10^{-18}% 극미량 포함되어 있으며, 지각에는 무게비로 4.0×10^{-17}% 있다. 동위 원소 ^{210}Rn과 ^{211}Rn은 합성되고, ^{222}Rn은 자연계에 극미량 존재한다. 질량수 195~229의 31가지 인공 방사성 동위 원소가 알려져 있으며, 그중 반감기가 14.6시간인 ^{211}Rn이 가장 안정하다. 면심 입방 구조를 가지며, 밀도는 9.73 g/cm^3, 녹는점은 영하 71.15도, 끓는점은 영하 61.85도이다. 주로 영의 산화 상태를 가진다.

우라늄 광석을 1% 염산이나 브로민산 용액에 넣어 처리하면 라돈을 포함한 여러 기체가 발생하는데, 이를 720도 구리 위로 통과시키고, 다시 수산화 포타슘과 오산화 인이 담긴 관을 통과시켜 남은 기체를 액체 질소로 응축시킨 후 승화시키면 라돈 기체를 정제할 수 있다. 지진 활동 등으로 암반이 균열되면 라돈은 대기로 방출되기 때문에 환기가 잘 되지 않는 일부 건물의 실내나 지하실에는 외부 대기에서보다 월등히 높은 농도로 라돈이 축적될 수 있다. 일부 온천수, 광천수, 지하수 등에서도 평균 이상의 라돈이 발견되며, 과거에는 암의 방사선 치료에 사용되기도 하였지만, 현재는 보다 안전한 방사선 동위 원소들로 대체되었다. 오늘날에는 오히려 라돈 흡입이 흡연 다음으로 높은 폐암 발병의 원인이라고 경고하고 있다.

라돈은 화학 반응성이 거의 없으며, 강한 방사능을 내놓아 주위의 원자나 분자를 들뜨게 하여 빛을 내는 방사선 발광(radioluminiscence) 현상을 일으킨다. 라돈 역시 플루오린과 반응하여 노란색의 이플루오린화 라돈(RnF_2) 고체를 생성하지만 증발하지 않으며, 250도 이상에서 가열하면 원소들로 분해된다. 사플루오린화 라돈(RnF_4)과 육플루오린화 라돈(RnF_6)도 합성되었다는 보고가 있으나 확실하지 않다. 한편, 라돈 산화물(RnO_3)이 존재하는 것으로 확인되었으며, 풀러렌 또는 3차원 물 분자 내에 라돈이 물리적으로 결합된 라돈 내포 화합물(clathrate)도 알려져 있다.

라돈 기체를 밀봉된 금바늘에 넣고 생체에 이식시켜 암의 방사선 치료에 이용하였으나, 건강한 세포도 방사선에 의해 손상되는 데다가 조작도 복잡하여 지금은 다른 방사성 동위 원소들로 거의 대체되었다. 라돈을 다른 기체나 액체에 첨가하여 기체가 새는 것을 검출하는 데 사용하며, 기름과 같은 물질에 잘 흡착되는 성질이 있어 오염된 토양의 연대 측정에 사용된다. 또 지하수마다 라돈의 농도가 각각 다른 것을 이용하여 그 유입 여부를 나타내는 지표로 사용하기도 한다. 또한 지각이 분열되면 대기 중의 라돈 농도가 증가하므로, 지진 예측에 사용될 수 있다. 한때 라돈은 류마티스 관절염이나 스트레스와 연관된 질환을 치료하는 데 효능이 있다고 여겨져 널리 애용되었지만 확실한 근거는 없다.

원자 번호 71
루테튬

1907년에 프랑스의 우르뱅은 단일 물질로 여겨졌던 이테르븀의 산화물 이테르비아의 분별 결정과 열분해로 두 가지 산화물을 분리하고, 하나의 원소는 '새로운 이테르븀'이란 뜻으로 '네오이테르븀'으로, 또 다른 원소는 프랑스 파리의 옛 이름 '루테시아'에서 따와 '루테슘'이라고 명명하였다. 거의 같은 시기에 벨스바흐도 이테르비아에서 분리한 두 산화물을 각각 황소 자리의 알파 별 '알데바란'으로부터 'Aldebaranium'으로, 북쪽 하늘의 별자리 '카시오페이아'로부터 'Cassiopeium'으로 명명하였다. 하지만 1909년에 원자질량위원회가 우르뱅을 최초 발견자로 간주하여 그가 제안한 명칭을 채택하였다. 이 중 네오이테르븀을 '이테르븀'으로 되돌렸음은 앞의 이테르븀 원소에서 언급하였다.

사실 벨스바흐가 얻은 시료인 카시오페이움은 비교적 순수하였으나, 우르뱅의 시료에는 약간의 루테슘이 포함되어 있었다. 그는 1911년에 가돌리나이트에서 루테슘, 스칸듐, 그리고 원자 번호 72번의 새로운 원소 '셀튬(Celtium, Ct)'을 발견하였다고 발표하였지만, 1913년에 모즐리가 셀튬이 사실상 순수한 루테슘이라는 것을 확인하였다. 1923년에 원자 번호 72번에 해당되는 원소 '하프늄'이 발견되어 원소 이름의 혼란이 1950년대까지 지속되었다. 1949년에 드디어 루테슘은 'Lutetium'으로 그 이름이 바뀌었다. 원소 기호는 'Lu'이다. 1907년에 미국의 제임스도 이테르븀을 연구하다가 양질의 루테튬 산화물을 다량 얻었지만 원소 이름 논쟁에는 끼어들지 않았다. 하지만 세 사람 모두 순수한 원소 상태의 루테튬을 얻지는 못하였다. 루테튬은 주로 중국에서 생산된다. 아래 그림과 같이 이테리아에 들어 있는 9개 원소를 산화물에 근거하여 분류하였다.

원자 번호 71번 루테튬은 마지막 란타넘족 원소로, 지각에 무

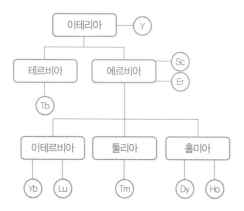

이테리아에 들어 있는 9개 원소를 산화물에 근거하여 분류

게비로 5.0×10^{-5}% 들어 있다. 육방 조밀 채움 구조를 가지며, $^{175}Lu(97.40\%)$과 $^{176}Lu(2.60\%)$으로 존재한다. 질량수 150~184의 32가지 인공 방사성 동위 원소가 알려져 있으며 반감기가 3.31년인 ^{174}Lu이 가장 안정하다. 밀도는 9.84 g/cm^3, 녹는점은 1652도, 끓는점은 3402도이다. +2와 +3의 산화 상태를 가지나 이 중 +3의 상태가 가장 흔하다.

희토류광, 모나자이트, 제노타임, 육세나이트 광석에 함유되어 있는 루테튬은 이온 교환 크로마토그래피 방법을 사용하여 분리한 희토류 성분을 다시 옥살산 염으로 침전시킨 후, 열분해시켜 얻은 루테시아라고도 불리는 산화 루테튬(Lu_2O_3)을 란타넘과의 환원 반응으로 얻는다. 또는 산화 루테튬을 무수 삼염화 루테튬($LuCl_3$)이나 삼플루오린화 루테튬(LuF_3)으로 전환시킨 후, 알칼리 금속 또는 칼슘에 의해 환원시켜 금속 루테튬을 얻기도 한다. 공기 중의 산소와 느리게 반응하며, 뜨거운 물과 묽은 산에는 잘 녹는다.

루테튬은 석유화학공업에서 탄화수소의 분해, 중합, 알킬화 및 수소화 반응의 촉매로 쓰인다. 투명한 광세라믹 물질인 루테튬 알루미늄 가넷($Al_5Lu_3O_{12}$, LuAlG)은 렌즈와 반도체 웨이퍼 사이에 액체를 넣어서 분해능을 향상시키는 반도체 미세 회로 제작 공정인 액침 노광(immersion lithography)에서의 고굴절 렌즈 재료로 적합할 것으로 여겨진다. 세륨이 첨가된 오쏘규산 루테튬($Ce:Lu_2SiO_5$) 가넷은 방사선이나 고에너지 입자가 충돌하면 센 빛을 내놓기 때문에 양전자 단층 촬영 검출기의 섬광체로 사용될 수 있으며, 홀뮴이나 툴륨이 첨가된 가넷은 고체 상태 레이저 물질로 쓰인다. 탄탈산 루테튬($LuTaO_4$)은 온도

옥트레오테이트

가 높아지면 빛을 내는 열발광(thermoluminescence) 성질을 보이며, 비록 형광은 약하지만 첨가된 원소에 따라 독특한 형광을 내놓기 때문에 LED 전구에 사용된다.

방사성 동위 원소 루테튬-177을 옥트레오테이트(octreotate)에 결합시킨 화합물(^{177}Lu-DOTATATE)은 신경 내분비 종양에 대한 방사선 치료제 및 대장암, 전이성 뼈암, 폐암 등의 치료제로 시험 중에 있다. 루테튬의 생물학적 역할은 알려진 것은 없으나, 대사를 촉진한다는 보고가 있으며, 인체 내에서는 뼈에 농축되어 있고, 간과 신장에서도 발견된다.

원자 번호 89
악티늄

1899년에 프랑스의 드비에른은 피치블렌드에서 라듐을 추출하고 남은 찌꺼기에서 새로운 원소를 분리하고, 처음에는 타이타늄과 비슷하다고 하였다가, 다음 해에는 토륨과 유사하다고 하는 등 오락가락하였지만, 이 원소가 어두운 곳에서 빛을 내는 것을 보고 '광선'을 뜻하는 그리스어 'aktinos' 또는 'aktis'와 금속을 나타내는 접미어를 합해 그 이름을 'Actinium'으로 명명하였다. 원소 기호는 'Ac'이다.

1902년에 독일의 기젤F. O. Giesel 역시 피치블렌드에서 새로운 원소를 발견하고, 2년 동안의 조사 끝에 원소 이름을 '발산하다'라는 뜻의 라틴어 'emanare'에서 따와 'Emanium'으로 명명하였다. 그런데 두 원소가 동일한 것으로 판명되어 먼저 발견한 드비에른이 제안한 이름으로 채택하였다. 하지만 방사화학적으로 악티늄을 처음으로 얻었고, 원자 번호까지 정확하게 확인한 기젤을 진정한 악티늄의 발견자로 간주해야 한다는 주장도 있다.

원자 번호 89번 악티늄에 있어서 ^{226}Ac은 합성되지만, ^{225}Ac과 ^{227}Ac은 자연계에 극미량 존재한다. 질량수 206~236의 31가지 인공 방사성 동위 원소가 알려져 있으며, 반감기가 29.37시간인 ^{226}Ac이 가장 안정하다. 우라늄의 자연 방사성 붕괴의 중간 생성물로 자연에 극

(1)

(2)

(1) DOTA: 1,4,7,10-tetraazacyclododecane-1,4,7,10-tetraacetic acid
(2) HEHA: 1,4,7,10,13,16-hexaazacyclohexadecane-N,N',N'',N''', N'''', N''''', N'''''' - hexaacetic acid

미량 존재하는 악티늄은 지구 형성 시 존재하지 않았던 비원시(non-primordial) 방사성 원소 중에서는 맨 처음 순수한 상태로 분리되었다.

악티늄과 그 다음에 있는 원자 번호 90~103번 원소들은 유사한 성질을 가지기 때문에 이를 하나로 묶어 악티늄족(actinide, actinoid)이라고 한다. 악티늄은 면심 입방 구조를 가지며, 밀도는 10.07 g/cm^3, 녹는점은 1227도, 끓는점은 3200도이다. +2와 +3의 산화 상태를 가지나 화합물에서는 +3으로 존재한다. 라듐-226에 중성자를 쪼여 악티늄-227을, 라듐-226에 20~30 MeV로 가속된 중수소 이온을 충돌시켜 악티늄-225를 얻는다. 공기 중에서 산소나 수증기와 빠르게 반응하며, 뜨거운 물과 묽은 산에 잘 녹는다.

반감기 10일의 악티늄-225는 암세포만 파괴하고 다른 건강한 세포에는 손상을 입히지 않기 때문에 이상적인 방사성 암 치료제의 특성을 가지고 있다. 악티늄(III) 이온을 DOTA 또는 HEHA와 같은 강한 킬레이트 화합물과 결합시켜 이를 하나의 항원에만 특이적으로 결합시키는 단일클론 항체(monoclonal antibody)에 연결하여 치료하는

a 면역 요법은 암세포의 미소 전이 질환, 백혈병, 림프종, 혈액 세포 암에 효과가 있을 것으로 기대된다. 또한 이미 난소암, 전립선암, 신경모세포종(neuroblastoma) 등에는 효과가 있는 것으로 밝혀졌다. 악티늄-227과 산화 베릴륨을 혼합한 중성자원은 흙에 포함된 수분 함량 측정, 방사성 동위 원소 발열 발전기로 쓰인다. 악티늄의 생물학적 역할은 알려져 있지 않으나, 강한 방사성 원소이기 때문에 세포를 파괴하거나 손상을 입힐 수 있다.

원자 번호 91
프로트악티늄

1871년에 러시아의 멘델레예프는 토륨과 우라늄 사이, 또 탄탈럼 아래에 들어갈 새로운 원소 에카-탄탈럼(eka-tantalum)을 예언하였고, 이후 많은 과학자들이 이 원소를 찾기 위해 백방으로 노력하였지만 성공하지 못하였다. 1900년에 영국의 크룩스는 우라늄에서 새로운 강한 방사성 물질을 분리하는 데 성공하였으나, 그것이 새로운 원소 임을 밝히지 못해 단지 '우라늄-X'라고만 명명하였다. 1913년에 독일의 괴링O. H. Göhring과 폴란드의 파얀스K. Fajans는 우라늄 붕괴 사슬 연구 과정에서 반감기가 매우 짧은 새로운 원소를 발견하고, '수명이 짧은'이란 뜻의 라틴어 'brevis'에서 따와 그 이름을 'Brevium'으로 명명하였다.

1917년에 오스트리아의 마이트너L. Meitner는 피치블렌드 가루를 뜨거운 질산으로 처리하여 녹지 않고 남은 찌꺼기를 회수하고, 이를 플루오린산에 녹인 용액에서 악티늄으로 전환되는 새로운 원소를 발견하였다. 이후 피치블렌드에서 우라늄과 라듐을 분리하고 남은 찌꺼기를 다량 확보한 후 그 실험 결과를 확인하여 1918년에 한O. Hahn과 함께 발표하였다. 이어 원소 이름을 '기원'의 뜻을 가진 'proto'와 'actinium'을 합해 '악티늄의 모(母) 원소'란 뜻으로 'Protactinium'으로 명명하였다. 원소 기호는 'Pa'이다.

원자 번호 91번 프로트악티늄은 대부분 질량수 231로 존재하며, ^{234}Pa와 ^{234m}Pa은 자연계에 극미량 존재한다. 질량수 212~240의 인공 방사성 동위 원소 29가지가 알려져 있으며, 그중 반감기가 27일인 ^{233}Pa이 가장 안정하다. 악티늄족에 속하며, 실온에서는 체심 정방 계 구조를, 1200도 이상에서는 면심 입방 구조를 가진다. 밀도는 15.37 g/cm³, 녹는점은 1568도, 끓는점은 4027도이다. +2~+5의 산화 상태를 가지며, 고체와 용액에서는 +4와 +5의 상태로 존재한다. 피치블렌드에 보통 3.0 × 10⁻⁵% 들어 있으나, 콩고민주공화국에서 산출되는 광석에는 그보다 10배 정도 더 많이 들어 있다.

독일의 그로세A. von Grosse는 산화 프로트악티늄(Pa_2O_5)을 아이오 딘과 반응시켜 얻은 오아이오딘화 프로트악티늄(PaI_5)을 진공하에서 가열된 필라멘트 위에서 열분해시켜 금속 프로트악티늄을 얻었다. 토륨 고온 반응로에서 토륨-232에 중성자를 쪼여 토륨-233의 붕괴 중간 생성물로 프로트악티늄-233을 얻을 수 있다. 산소, 수증기, 산과는 잘 반응하나 알칼리와는 반응하지 않으며, 가열하면 대부분의 비금속 원소들과 반응한다.

프로트악티늄은 희귀하고 방사능 위험이 크기 때문에 산업적으로 거의 이용되지 않고, 해양 퇴적물의 정확한 연대 측정 등 연구용으로만 쓰인다. 오염화 프로트악티늄($PaCl_5$)을 약 800도에서 수소로 환원시키면 사염화 프로트악티늄($PaCl_4$)을 얻는데, 이 물질은 실온에서 상자성을 가지나, 영하 91도로 냉각시키면 강자성이 된다. 생물학적 역할은 알려져 있지 않으나, 강한 방사능을 내놓고 독성이 매우 큰 위험한 물질이다.

원자 번호 72
하프늄

멘델레예프는 타이타늄, 지르코늄과 같은 족에 있으면서 성질이 유사하지만 질량이 더 큰 원소의 존재를 예측하였는데, 1911년에 프랑스의 우르뱅이 이를 발견하였다고 주장하며 '셀튬'이라고 불렀지만, 모즐리와의 공동 연구 결과 이미 자신이 발견한 루테튬을 오인하였다는 것을 알고 1913년에 이 사실을 학계에 보고하였다. 1923년에 헝가리의 헤베시G. K. von Hevesy는 노르웨이산 지르콘에서 새로운 원소에 해당되는 X선 스펙트럼을 발견하고, 원소 이름을 '코펜하겐'의 라틴어 명 'Hafnia'와 금속을 나타내는 접미어를 합하여 'Hafnium'으로 명명하였다. 원소 기호는 'Hf'이다. 영국의 스콧A.Scott 역시 이 원소를 발견하였다고 주장하며 '오션늄(oceanium)'이라고 불렀는데, 실제로는 타이타늄과 이산화 규소의 혼합물인 것으로 판명되었다.

이후에도 이 원소에 대한 논쟁이 지속되다가, 1925년에 당시 위원장이었던 우르뱅이 주재하는 화학 원소 위원회에서는 아예 주기율표에서 이 원소가 빠지게 되었다가 1927년에 다시 포함되었다. 스펙트럼으로 그 존재가 먼저 확인된 이 원소는 지르코늄과 하프늄 화합물의 플루오린 복염을 반복된 재결정으로 분리한 하프늄 화합물을 뜨거운 텅스텐 필라멘트 위에서 열분해하여 얻었다. 호주, 남아프리카공화국 등에 매장되어 있으며, 미국과 프랑스가 주요 생산국이다.

원자 번호 72번 하프늄은 지각에 무게비로 5.3×10^{-4}% 있으며, $^{174}Hf(0.16\%)$, $^{176}Hf(5.20\%)$, $^{177}Hf(18.06\%)$, $^{178}Hf(27.30\%)$, $^{179}Hf(13.63\%)$, $^{180}Hf(35.1\%)$으로 존재한다. 질량수 153~188의 30가지 인공 방사성 동위 원소가 알려져 있으며, 반감기가 8.9×10^6년인 ^{182}Hf이 가장 안정하다. 4족에 속하며, 실온에서는 육방 조밀 채움 구조이나 1760도 이상에서는 체심 입방 구조로 존재한다. 밀도는 13.29 g/cm³, 녹는점은 2230도, 끓는점은 4600도이며, 주로 +4의 산화 상태를 가진다. 하프논(hafnon, $HfSiO_4$)과 알바이트(alvite, (Hf, Th, Zr)SiO_4)와 같은 하프늄 광석이 있지만, 하프늄의 양은 희귀하며, 지르콘, 크리톨라이트(crytolite), 바델라이트(badedeleyite) 광석에 산화 하프늄(HfO_2) 형태로 소량 들어 있고, 이들 광석에서 지르코늄을 생산할 때 부산물로 얻는다.

지르코늄과 화학적 성질이 비슷하여 이 둘을 서로 분리하는 것은 쉽지 않다. 지르콘의 경우, 먼저 전기로에서 탄소와 염소 기체와의 반응으로 얻은 사염화 지르코늄($ZrCl_4$)을 마그네슘과 반응으로 지르코늄을 얻는다. 이 과정에서 얻은 사염화 하프늄($HfCl_4$)을 사염화 지르코늄으로부터 분리하기 위해서는 플루오린화 암모늄(NH_4F) 또는 플루오린화 포타슘(KF)의 복염으로 만들고, 이 화합물을 반복하여 재결정하거나 선택적 환원 방법을 이용하여 분리한다. 순수한 염화물을 마그네슘에 의해 환원시키면 금속 하프늄이 생성된다.

1925년에 네덜란드의 반아르켈과 드보어는 500도의 용기에서 아이오딘과 하프늄을 반응시켜 사아이오딘화 하프늄(HfI_4)을 얻고, 이를 뜨거운 텅스텐 필라멘트 위에서 열분해하여 금속 하프늄을 좀 더 정제하였다. 하프늄 가루는 공기 중에서 자발적으로 불이 붙으며, 덩어리 상태로는 표면에 단단한 산화물 보호 피막이 형성되어 내부 식성이 매우 크다. 산에 잘 부식되지 않으며, 강한 알칼리와도 반응하지 않으나, 고온에서는 산소, 질소와 잘 반응한다.

하프늄은 지르코늄보다 중성자를 600배나 잘 흡수하여 원자로의 제어봉으로 쓰인다. 기계적 성질이 좋고 가공이 쉬우며 뜨거운 물에서도 부식이 잘 되지 않기 때문에 가압수형 원자로(pressurized water reactor)와 같은 가혹한 환경에서 작동하는 원자로에 적합하여 핵 잠수함 원자로에 사용된다. 하프늄은 철, 타이타늄, 나이오븀, 탄탈럼 등의 금속들과 혼합하여 항공기와 가스 터빈 날에 사용되는 초내열성 합금 제조에 사용된다. 내열성이 큰 산화 하프늄은 집적 회로(integrated circuit, IC) 반도체 칩 제작에 있어서 게이트 누설 전류를 줄이고 집적도를 높이는 게이트 절연체(gate insulator), DVD 리더용 청

색 레이저, DRAM 축전기와 고온 소자의 내화물로 쓰인다. 산화 하프
늄 박막이 입혀진 재료는 유전율과 전기 저항이 높고 빛 산란이 낮
으며 높은 굴절률을 보인다.

　백열등에서 하프늄은 산소와 질소를 제거하기 때문에 사진 플
래시, 전구 필라멘트, 고압 방전관 전자 장치의 전극으로 사용된다.
또한 전자를 공기로 쉽게 방출할 수 있어 플라스마 절단 장치의 전
극으로 쓰인다. 질화 하프늄(HfN), 산화 하프늄, 이붕소화 하프늄
(HfB₂)은 고온로의 내장재로, 탄화 하프늄(HfC)은 초고온 장치의 제
작 재료로 사용된다. 하프늄의 생물학적 역할은 알려져 있지 않으며,
대체로 독성은 낮으나 일부 화합물들은 눈, 피부, 점막에 자극을 주
고 간 손상을 초래할 수 있다.

원자 번호 75

레늄

멘델레예프는 주기율표를 만들면서 망가니즈와 비슷한 성질을 가지
는 망가니즈 바로 아래의 에카-망가니즈(eka-manganese)와 두 번째
아래의 드비-망가니즈(dvi-manganese, dvi는 산스크리트어로 2를 의미)
가 존재할 것이라고 예언하였다. 그 당시 영국의 램지와 공동 연구를
수행한 일본의 오가와M. Ogawa는 토륨 광석인 토리아나이트에서 새

로운 원소에 해당되는 X선 스펙트럼을 발견하고, 이것이 원자 번호 43번의 에카-망가니즈에 해당하는 원소라고 여겨 그의 조국의 이름을 따서 'Nipponium'으로 명명하였다. 그러나 그 결과는 재현되지 않았으며 발견 역시 잘못되었음이 확인되었다. 실제로 오가와가 얻은 스펙트럼은 안타깝게도 드비-망가니즈로 예측된 원자 번호 75번의 원소로 1990년에 판명되었다.

이 새로운 원소는 하프늄이 발견되고 2년 후인 1925년에 독일의 노다크W. Noddack와 타케I. Tacke가 백금 광석에서 분리한 것을 베르크O. Berg가 X선 스펙트럼 분석을 통해 확인하였으며, 그 이름을 '라인' 강의 라틴어 명 'Rhenus'와 금속을 나타내는 접미어를 합해 'Rhenium'으로 명명하였다. 원소 기호는 'Re'이다.

재미있는 것은 오가와와 마찬가지로 노다크 등도 그들이 발견한 새로운 원소들 중 하나를 에카-망가니즈로 잘못 알고 심지어 그 이름을 지었지만, 다른 사람들이 재현할 수 없어 인정받지 못하였다는 점이다. 칠레, 미국, 페루, 폴란드, 카자흐스탄이 주요 생산국이다. 실제로 에카-망가니즈에 해당되는 원자 번호 43번 테크네튬은 이후 인공적으로 몰리브데넘에 중수소핵을 쪼인 시료에서 분리해 내고 확인하였다.

원자 번호 75번 레늄은 지각에 무게비로 5.0×10^{-8}%를 차지하며, ^{185}Re(37.4%)과 ^{187}Re(62.6%)으로 존재한다. 질량수 160~194의 33가지 인공 방사성 동위 원소가 알려져 있으며, 그중 반감기가 70일인 ^{183}Re이 가장 안정하다. 7족에 속하며 육방 조밀 채움 구조를 가진다. 밀도는 21.02 g/cm^3, 녹는점은 3186도, 끓는점은 5630도이다.

-1~+7의 산화 상태를 가지나 +2, +4, +6, +7의 상태가 흔하다.

레늄은 휘수연석에 비교적 높은 농도로 존재하지만, 몰리브데넘, 구리, 백금 광석에 소량 들어 있으면서 이들 금속 원소의 제련의 부산물로 얻는다. 산소 존재하에서 가열하면 산화 레늄(Re_2O_7)으로 산화되며, 이 화합물은 물에 잘 녹아 연진에서 물로 추출하고, 추출한 용액을 암모니아로 처리하여 과레늄산 암모늄(ammonium perrhenate, APR, NH_4ReO_4) 침전으로 얻는다. 이후 이를 재결정시켜 높은 온도에서 수소와의 환원 반응으로 금속 레늄을 얻는다. 덩어리로는 공기 중에서 잘 산화되지 않고, 염산이나 플루오린산에는 녹지 않으나 질산이나 진한 황산에는 녹아 과레늄산($HReO_4$)이 된다.

레늄은 초 고온에 견디는 내열 합금인 초합금(superalloy)의 제조에 주로 쓰이는데, 특히 Ni-Re 합금은 전투기 제트 엔진의 연소실, 터빈 날개, 배기가스 노즐로, W-Mo-Re 합금은 고온 연성을 높여 X선원, 고온 발열체, 높은 온도를 측정하는 열전대에 사용된다. 레늄 백금 합금은 석유화학 산업에서 저옥탄가 나프타를 고옥탄가 가솔린으로 전환시키는 탄화수소 개질(reforming) 촉매 및 올레핀 복분해 반응의 촉매로 쓰인다. 레늄 필라멘트는 질량 분석기, 이온 게이지, 사진 플래시 등에 사용되며, 잘 부식되지 않기 때문에 전기 아크도 견디는 전기 접점, 고온 노의 발열체 등으로 사용된다. 레늄의 생물학적 역할은 알려져 있지 않으며, 원소 상태에서는 인체에 무해하나 일부 화합물은 독성을 가지고 있다.

원자 번호 87
프랑슘

1870년에 멘델레예프는 1족의 세슘과 비슷한 성질을 가진 원소가
존재할 것이라고 예언하였다. 이에 1900년대 초반에 많은 과학자들
이 세슘 바로 아래에 위치한 에카-세슘(eka-caesium)을 찾고자 노력
하였다. 그 과정에서 이 원소의 발견과 관련하여 많은 오류가 있었는
데, 러시아의 도브로세르도프D. K. Dobroserdov는 1925년에 포타슘 시
료에서 발생한 약한 방사능 물질을 발견하고, 이를 에카-세슘으로
여겨 'russium'으로 명명하였지만, 실제로는 방사성 동위 원소인 포
타슘-40으로 판명되었다.

　　1926년에 영국의 드루스G. J. Druce와 로딩F. H. Loring은 황산 망가니즈
의 X선 스펙트럼에서 새로운 원소에 해당되는 선을 발견하고, 이를
'alkalinium'으로 제안하기도 하였다. 1930년에 미국의 엘리슨도 폴루사
이트와 인운모 광석을 자기광학기기로 분석하여 새로운 원소를 발견
하고, 이를 'virginium'으로 제안하였다. 1936년에 루마니아의 후루베이
H. Hulubei와 프랑스의 코시Y. Cauchois 역시 고분해능 X선 장치를 이용하
여 플루사이트 광석에서 몇 개의 약한 방사선을 확인하고 'molavium'
으로 명명하기도 하였는데, 후에 모두 잘못된 것임이 밝혀졌다.

　　1939년에 악티늄-227의 방사성 알파 붕괴를 연구한 프랑스의 페레M. C.Perey가 드디어 새로운 방사선을 검출하는 데 성공하였다. 그는 처음에는 이 새로운 원소를 '악티늄-K'로 명명하였으나, 이후 조국 프랑스와 금속을 나타내는 접미어를 합해 'Francium'으로 바꾸었다. 원소 기호는 'Fr'이다. 프랑슘은 자연계에서 발견된 원소 중에서 가장 늦게 확인된 것으로 알려져 있다. 물론 프랑슘 이후에 발견된 원소들도 있지만, 이들은 인공적으로 먼저 만들어졌기 때문이다. 프랑슘은 천연 원소 중 존재량이 적고 수명도 짧아 원자 구조 연구, 쥐 실험 등 연구용으로만 사용된다. 암 진단제로 사용될 수 있다는 주장이 있었지만, 그 가능성은 높지 않아 상업적 이용은 별로 알려져 있지 않다.

원자 번호 87번 프랑슘은 천연 우라늄 1톤당 ^{223}Fr으로 약 4.0×10^{-10} g, ^{221}Fr으로는 극미량인 1.0×10^{-17} g 들어 있을 것으로 여겨지며, 지각 전체의 존재량도 20~30 g 정도로 추정되는 아주 희귀한 원소이다. 질량수 199~232의 32가지 인공 방사성 동위 원소가 알려져 있으며, 이 중 반감기가 14.2분인 ^{222}Fr이 가장 안정하다. 1족에 속하며, 전기 음성도가 가장 낮다. 밀도 2.8~3.0 g/cm³, 녹는점 30도, 끓는점 680도는 외삽법으로 얻었으며, 주로 +1의 산화 상태를 가진다.

프랑슘 동위 원소는 선형 가속기에서 생성된 산소-18 원자빔을 녹는점 부근의 온도로 가열한 금 표적에 충돌시켜 얻는다. 이 원소를 중성 원자의 레이저빔과 자기장을 사용하여 절대 영도 부근의 온도로 냉각하여 감속시키는 장치인 자기-광학 트랩(magneto-optic trap)에 잡아 모을 수 있는데, 약 30만 개 이상의 원자로 이루어진 뭉치로 만들어지기도 하였다. 프랑슘은 라듐에 중성자를 쪼이거나 토륨에 양성자, 중수소 원자핵, 또는 헬륨 이온을 충돌시켜서도 얻을 수 있다.

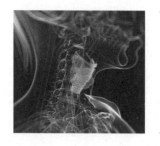

원자 번호 85
아스타틴

멘델레예프가 아이오딘 아래에 존재할 것이라고 예언한 에카-아이
오딘(eka-iodine)을 찾는 연구도 많이 이루어졌다. 1931년에 미국의
엘리슨F. Allison은 폴루사이트와 인운모 광석을 자기광학기기로 분석
하여 이 원소를 발견하였다고 주장하며 'alabamine'이란 원소 이름을
제안하였으나, 실험 결과가 재현되지 못하였다. 1939년에 루마니아
의 후루베이와 프랑스의 코시 역시 고분해능 X선 장치를 이용하여
라돈의 방출 스펙트럼에서 새로운 선을 확인하고 '더 좋은'이란 뜻의
루마니아어에서 따와 'dor'로 명명하기도 하였지만, 그 진위 여부가
확인되지 않았다. 같은 해 스위스의 마인더W. Minder는 폴로늄-218의
붕괴 생성물에서 이 원소를 발견하였다고 주장하며, 그의 조국 '스위
스'의 라틴어 명 '헬베티아'에서 따와 'helvetium'으로 명명하였으나,
오스트리아의 칼릭B. Karlik과 버너트R. Bernert는 그 실험 결과를 재현할
수 없었다. 이어 1942년에 마인더가 폴로늄-216의 β 붕괴 생성물에
서 이 원소의 동위 원소를 발견하였다고 주장하였지만, 이 역시 재현
할 수 없었다.

드디어 1940년에 미국의 코손D. R. Corson, 맥켄지K. R. Mackenzie, 세
그레E. Segrè는 사이클로트론에서 비스무트-83 원자핵에 α 입자를 충

돌시켜 새로운 원소를 얻었다. 새로운 원소는 7.21시간의 짧은 반감기를 가지고 있어 '불안정한'을 뜻하는 그리스어 'astatos'와 할로젠의 접미어를 합해 원소 이름을 'Astatine'으로 명명하였다. 원소 기호는 'At'이다. 3년 후 칼릭과 버너트는 토륨과 우라늄의 자연 방사성 붕괴 사슬의 생성물로 이 원소를 확인하였다. 아스타틴은 지구 생성 시 이미 오래전에 모두 다른 원소로 전환되었고, 현재는 우라늄과 토륨의 자연 방사성 붕괴 사슬의 중간 생성물로서 천연으로 존재하는 가장 희귀한 원소이다.

원자 번호 85번 아스타틴은 지각 전체에 약 25 g 있을 것으로 추정되며, 비스무트-209에서 ^{209}At, ^{210}At, ^{211}At 동위 원소가 생성된다. 질량수 191, 193~223의 32가지 인공 방사성 동위 원소도 알려져 있으며, 이 중 반감기가 1.8시간인 ^{208}At이 가장 안정하다. 알파 입자를 충돌시킨 비스무트 표적을 270도로 가열하여 휘발성 물질을 증발시켜 제거한 후, 다시 온도를 800도로 올려 얻은 아스타틴과 비스무트 증기를 냉각된 백금 표면 위에서 응축시킨 후, U자 석영 관으로 이동시킨다. 이를 500도로 가열하면 아스타틴이 증발되는데, 이를 응축시키고 묽은 질산으로 씻어내어 순수한 아스타틴 용액을 얻는다.

17족에 속하며, 밀도는 6.35 g/cm³, 녹는점은 302도, 끓는점은 336도로 추정되는 아스타틴은 주로 -1~+1, +5, +7의 산화 상태를 가지며, -1과 +1이 가장 흔하다. 물에 잘 녹지 않으며, 벤젠과 사염화탄소에는 녹는다. 뜨거운 수산화 소듐 용액에서는 이플루오린화 제논에 의해 산화된다.

아스타틴은 다른 할로젠 분자와의 반응으로 다양한 할로젠 화합물 AtX(X = Cl, Br, I)를 만들며, 특히 아이오딘화 아스타틴(AtI)은 아이오도 벤젠(PhI)과 반응하여 아스타토 벤젠(PhAt)을 생성한다. 아스타틴-211은 방사성 추적자로 사용되며, 아이오딘과 마찬가지로 갑상샘에 우선적으로 농축되기 때문에 핵의학에서 갑상샘암 치료에 쓰인다. 아이오딘에 비해 비정상 갑상샘 조직을 효과적으로 피괴하고 이웃한 부갑상샘에는 거의 영향을 주지 않는 장점을 가지고 있다.

인공적으로 만들어졌지만
천연 상태에서도
발견된 원소

1929년 노르웨이의 비더뢰R. Biderõe는 입자의 가속도를 증가시키기 위한 선형 가속기와 원형 가속기의 원리를 소개하면서, 실제로 원형 가속 장치를 제작하는 것은 어렵다고 발표하였다. 그런데 로렌스는 1930년에 이미 양성자를 80 KeV의 힘으로 가속시킬 수 있는 지름 9 cm의 사이클로트론이라고 명명된 원형 가속기를 만드는 데 성공하였다. 이후 1 MeV의 가속 에너지를 가지는 지름 30 cm의 가속기를 제작하였고, 이어 80톤 무게의 자석이 설치되어야 하는 3.6 MeV의 에너지를 가지는 지름 70 cm의 입자 가속기도 만들었다. 1935년에는 지름을 90 cm로, 1937년에는 지름을 150 cm로 확장시킨 가속기를 제작하였다. 비록 제작에 들어가는 비용이 가파르게 상승하였지만, 로렌스는 사이클로트론의 의료에의 응용 가능성을 내다보고 의사들을 상대로 모금 운동을 전개하였을 뿐만 아니라, 정부로부터 지속적으로 재정 지원을 받는 동시에 연구소를 공개해 많은 연구자들과 교류할 수 있게 하였다.

사이클로트론의 에너지가 증가하면 속도가 커지므로, 회전하는 원 궤도의 반지름도 같이 커진다. 상대성 이론에 따르면 속도가 커지면 양성자의 질량도 커지는데, 이러한 증가로 회전 속도가 달라져서 사이클로트론으로는 가속시킬 수 없게 된다. 이것을 극복하기 위해서 1946년에 일정한 고주파 전류 대신에 속도에 맞추어 주파수를 변경시키는 싱크로사이클로트론(synchrocyclotron) 가속기를 개발하였다. 아울러 지금까지의 가속기는 한 개의 자석으로 이루어졌지만, 양성자가 가속되는 원 궤도에 따라 여러 개의 자석이 놓여 있어 그 에너지가 6.4 GeV에 이르는 것도 있으며(버클리에 있는 베버트론(Bevatron), 540 GeV의 거대 가속기(페르미 연구소에 설치)도 있다.

1931년에 로렌스는 미국 캘리포니아대학 버클리 캠퍼스(University of California at Berkeley)에 로렌스 버클리 국립 연구소(Lawrence Berkeley National Laboratory, LBNL, 원래 이름은 방사성 연

구소(Radiation Laboratory))를 설립하고, 초대 소장을 역임하였다. 이 연구소와 관련된 무려 12명의 과학자가 노벨상을 수상하였다. 또한 이 연구소에서는 아스타틴과 원자 번호 93번 넵투늄부터 원자 번호 103번 로렌슘까지의 원소를 비롯하여 더브늄, 시보귬을 발견하였다.

지금까지 원자 번호 92번 우라늄 이전의 원소인 43번의 테크네튬과 61번의 프로메튬을 제외하고, 90개의 원소만이 자연계에서 발견된다고 여겼다. 하지만 이 두 원소뿐만 아니라 우라늄 이후의 원자 번호 93~98번의 6개 원소를 포함하여 총 8개의 원소가 미량이나마 우라늄 광석에 존재하는 것으로 밝혀짐에 따라 천연에서 발견되는 원소는 98개로 늘어났다. 여기에서는 테크네튬과 프로메튬을 포함하여 인공적으로 먼저 만들어졌지만 자연계에서도 얻어지는 8개의 원소들을 알아보자.

원자 번호 43
테크네튬

방사성 동위 원소로만 존재하는 테크네튬은 대부분 인공적으로 얻어지는데, 1962년에 콩고민주공화국의 피치블렌드와 같은 천연 우라늄 광석에서 우라늄-235의 핵분열에 의한 산물로서 테크네튬-99를 얻는 데 성공하였다. 한편, 테크네튬은 폐핵연료봉을 재처리하여서도 얻을 수 있다. 1937년에 이탈리아 팔레르모 대학(Università di Palermo)의 페리에C. Perrier와 세그레는 몰리브데넘 표적에 가속된 중수소를 쪼여 인공적으로는 첫 번째 원소인 테크네튬-97과 그 핵 이성질체이며 준안정성의 테크네튬-99m을 합성하였다. 이후 세그레는 미국의 시보그G. T. Seaborg와 함께 획기적인 의료 진단제로 사용되는 준안정성 테크네튬 동위 원소를 안전하게 분리하였고, 그 업적으로 노벨상을 수상하였다. 원소 이름은 '인공적'을 뜻하는 그리스어 'technetos'에서 따와 'Technetium'으로 명명하였으며, 원소 기호는 'Tc'이다.

1871년 멘델레예프가 에카-망가니즈 원소의 존재와 성질을 예측한 이후 많은 사람들이 자연계에서 이 원소를 발견하기 위해 노력하였다. 1877년에 러시아의 케른S. Kern이 이를 발견하였다고 주장하고, 영국의 화학자 데이비를 기리고자 원소 이름을 'Davyium'으로 제안하였데, 그가 발견한 것은 이리듐-로듐-철의 합금이었다. 1925년에 독일의 노다크, 베르크, 타케는 콜럼바이트에 전자 빔을 충돌시켜 얻은 X선 파장에서 관찰된 원소들 중 에카-망가니즈에 해당되는 원소를 발견하여 확인하였다고 주장하고, 독일 동부 마수리아 지역에서 그 이름을 따와 'Masurium'을 제안하기도 하였는데, 그 발견을 재현하지는 못하였다.

원자 번호 43번 테크네튬은 상자성으로서 레늄과 망가니즈 중간의 화학적 성질을 가지며, 지금까지 질량수 126~163의 동위 원소 30가지가 발견되었다. 가장 반감기가 긴 것은 테크네튬-98로서 420만 년이다. 테크네튬의 밀도는 11 g/cm^3, 녹는점은 2157도, 끓는점은 4265도이다. 산화 상태는 -3~+7로서 육방 조밀 채움 구조를 하고 있다. 우라늄 1킬로그램당 약 1나노그램의 테크네튬이 존재하는 것으로 추정되는데, 비교적 반응성이 커서 왕수, 질산, 진한 황산에는 잘 녹지만, 염산에는 녹지 않는다.

테크네튬-99m 발생기(technetium-99m generator)에서 얻은 ^{99m}Tc은 반감기가 6.01일이고 쉽게 관찰할 수 있는 140 keV 에너지의 감마선을 내놓는다. 이 준안정한 원자를 표식한 방사성 의약품을 사용하여 체내 분포 상태를 방사선 측정을 통해 영상으로 나타낸 것이 신티그램이다. 이를 이용한 진단 기기인 신티그래피(scintigraphy)는 테크네튬의 의학적 용도로 널리 사용되고 있다. ^{95m}Tc의 경우, 반감기가 61일이기 때문에 환경, 식물, 동물 내에서 테크네튬의 이동을 조사하는 데 유용하다. ^{99m}Tc의 모 동위 원소인 몰리브데넘-99는 핵반응로에서 우라늄과 플루토늄 핵반응의 생성물이기는 하지만, 재처리하는 동안 대부분 ^{99m}Tc을 거쳐 테크네튬-99로 바뀐 후, 최종적으로는 루테늄-99로 변한다. 이 때문에 의학용 ^{99}Mo은 주로 원자로에서 고농축 표적에 강한 중성자를 쪼여 얻는다. 이러한 용도로만 사용하는 원자로로 캐나다의 국가 연구 범용 원자로(National Research Universal Reactor)와 네덜란드의 고선속 원자로(High Flux Reactor)가 있다. 하지만 ^{99m}Tc이 점차 부족해지고 있어 몰리브데넘-99를 직접 사용하는 대신 몰리브데넘-100에 양성자 충돌 또는 몰리브데넘-98의 중성자 활성에 의한 생산에 더욱 관심을 가지고 있다. 테크네튬은 내부식성이 커서 강철 합금을 만드는 데 사용한다.

원자 번호 61

프로메튬

1902년 체코슬로바키아의 브라우너B. Brauner는 원자 번호 60번 네오디뮴과 원자 번호 62번 사마륨 사이에 어떤 원소가 존재해야 한다고 예언하였으며, 1913년에 여러 원소들에 캐소드 선을 충돌시킬 때 방출되는 X선 주파수와 원자 번호 사이의 관계를 나타낸 모즐리 법칙(Moseley's law)으로부터 이 새로운 원소의 존재가 다시 예측되었다. 많은 과학자들이 이 원소를 찾기 위해 노력하였는데, 1926년에 이탈리아의 롤라L. Rolla와 페르난데스L. Fernandes가 모나자이트 광석을 녹인 용액에서 희토류 원소 화합물을 분리한 후 남은 용액의 X선 스펙트럼을 분석하여 발견하였다. 이후 이 원소의 이름을 이탈리아의 도시 '플로렌스'에서 따와 'Florentium'으로 명명하였다. 같은 해 미국 일리노이 대학(University of Illinois at Urbana-Champaign)의 홉킨스S. Hopkins와 인티마L. Yntema도 희토류 광석에서의 X선 스펙트럼 분석으로 이 원소의 발견을 주장하고, 주의 이름을 따서 'Illinium'으로 명명하였다. 그러나 그 스펙트럼이 불순물로 들어 있는 다른 원소에 의한 것임이 밝혀져 인정받지 못하였다. 1938년에 미국 오하이오 주립 대학의 로우H. B. Law 등은 핵실험을 통해 이 원소를 발견하였고, 이를 'Cyclonium'으로 명명하였지만, 이 역시 화학적 증거가 부족하여 인정받지 못하였다. 결국 이 새로운 원소는 불안정한 방사성 원소일 것이라고 결론 내렸다.

1945년에 미국 오크리지 국립 연구소(Oak Ridge National Laboratory, ORNL, 그 당시는 Clinton Laboratory)의 마린스키J. A. Marinsky, 글렌데닌L. E. Glendenin, 커리엘C. D. Coryell은 흑연 원자로에서 생긴 우라늄 핵분열 생성물을 이온 교환 크로마토그래피 방법으로 분리하고 새로운 원소임을 확인하였다. 그런데 당시는 제이 차 세계 대전 중이어서 이 사실을 발표하지 못하고 1947년에야 비로소 이 사실을 밝혔다. 연구실 이름에서 원소 이름을 따와 처음에는 'Clintonium'으로 명명하였으나, 이후 그리스 신화에서 인간에게 올림포스 산에서 훔쳐온 불을 준 '프로메테우스'와 금속을 나타내는 접미어를 합해 'Promethium'(원래는 'Prometeum')으로 바꾸었다. 원소 기호는 'Pm'이다. 방사성 동위 원소로만 존재하는 불안정한 프로메튬은 테크네튬과 같이 피치블렌드와 같은 우라늄 광석에서 우라늄의 자발적 핵분열에 의한 산물로서 얻어지며, 지각 전체에 불과 560 g이 있는 것으로 추정된다.

1934년에 리비w. Libby는 반감기가 10^{12}년인 네오디뮴이 약한 베타 붕괴를 한다는 것을 발견하였고, 20년 후에 네오디뮴 1그램당 프로메튬 10^{-20} g이 평형 상태로 존재한다고 주장하였다. 그러나 어떤 네오디뮴도 자연 상태에서는 베타 붕괴를 하지 않았기 때문에 인정되지 않았다. 이탈리아의 그란 사소 국립 연구소(Laboratori Nazionalli del Gran Sasso) 연구원들은 반감기가 5×10^{18}년인 유로퓸-151의 알파 붕괴로 프로메튬-147이 생성됨을 보여 주었으며, 이 붕괴로 생성되는 프로메튬 12 g이 지각 전체에 존재한다고 여긴다. 인공적으로 우라늄-235와 가열된 중성자의 충돌 후 핵분열 또는 네오디뮴-146과 가열된 중성자의 충돌로 얻어진 네오디뮴-147의 붕괴로 대부분의 프로메튬을 얻는다. 프로메튬은 낮은 온도에서 이중 육방 조밀 채움 구조를 가지면서 안정한 α형과 890도 이상에서 체심 입방 구조를 가지는 β형의 2가지 동소체가 존재한다.

원자 번호 61번 프로메튬은 상자성을 가진 란타넘족 원소로서 지금까지 질량수가 126~163인 38가지 동위 원소가 발견되었으며, 이 중 프로메튬-145의 반감기가 17.7년으로 가장 길다. 비교적 반응성이 커서 산성 용액으로 처리한 다음에 암모니아에 녹이면 침전물이 얻어진다. 프로메튬의 밀도는 7.26 g/cm^3, 녹는점은 1042도, 끓는점은 3000도이다. 가장 흔한 산화 상태는 +3으로 존재한다.

프로메튬-147에서 방출되는 β 입자를 전류로 바꾸는 원자력 전지는 같은 무게나 부피의 일반적인 화학 전지보다 큰 전력을 얻을 수 있기 때문에 유도 미사일 계기, 인공 위성, 심장 박동기와 같은 특수한 용도로 사용된다. 그러나 수명에 제한이 있으며, 감마선 방출을 차단시켜야 하는 단점도 가지고 있다. 프로메튬-147에서 방출되는 베타 입자를 흡수하는 인광체와 섞어 시계 또는 게이지 등에 칠하는 방사성 발광 페인트로 사용되었는데, 처음에는 라듐-226을 사용하였으나 방사능 문제로 이 원소로 대체되었다.

원자 번호 93
넵투늄

멘델레예프가 우라늄 다음에 다섯 개의 빈칸을 두어 초우라늄 원소의 존재를 예측한 이후 많은 사람들이 이 원소들을 발견하기 위해 노력하였다. 1934년에 체코슬로바키아의 코블릭O. Koblic은 피치블렌드에서 추출한 새로운 원소를 그의 고향인 'bohemia'에서 따와 'Bohemium'으로 명명하고, 원소 기호로 'Bo'를 제안하였다. 같은 해 이탈리아의 페르미E. Fermi도 우라늄에 중성자를 쪼여 만든 새로운 원소를 '남부 이탈리아'의 옛 그리스어 명 'ausonia'에서 'Ausonium'으로 명명하고, 원소 기호로 'Ao'를 제안하였다. 그러나 타케가 둘 다 잘못된 것임을 확인해 주었다. 그러나 당시에 중성자에 의한 새로운 방사성 동위 원소 존재의 확인은 대단한 업적으로 여겨졌기 때문에, 페르미는 1938년에 노벨 물리학상을 수상하였다. 1938년에 루마니아의 후루베이와 프랑스의 코시는 광물 시료에서의 새로운 스펙트럼의 관찰을 근거로 새로운 원소의 발견을 주장하고, 그 이름을 셴(Seine) 강의 라틴어 명 'sequana'에서 따와 'Sequanium'으로 명명하고, 원소 기호 'Sq'로 표기하였다. 그런데 그 당시는 이 원소가 자연에 존재하지 않는다고 여겨 인정받지 못하였다. 이후 우라늄 광석에서 극미량 존재하는 것으로 밝혀짐에 따라 그들이 이때 발견하였을 가능성도 배제할 수는 없다.

1940년에 미국 맥밀란E. McMillan과 에이벨슨P. H. Abelson은 우라늄-238에 저속 중성자를 쪼여 얻은 우라늄-239의 β 붕괴로 새로운 원소인 넵투늄-239를 얻었다. 1942년에 시보그와 월A. Wahl은 우라늄-236과 고속 중성자의 충돌로 얻은 우라늄-237의 β 붕괴로 넵투늄-237을 얻었는데, 이 원소는 반감기가 214만 년으로 가장 안정하다고 알려져 있다. 시보그는 이 원소의 방사성 붕괴와 특성으로부터 이 원소가 자연 상태에서도 존재한다고 추론하였으며, 이후 실제로 자연 상태에서도 존재하는 것으로 확인되었다.

대부분의 넵투늄은 우라늄 핵반응로 사용 후 분리해 내거나 플루토늄의 부산물로 얻는다. 원소 이름은 '해왕성(Neptune)'과 금속을 나타내는 접미어를 합해 'Neptunium'으로 명명되었으며, 원소 기호는 'Np'이다. 넵투늄은 낮은 온도에서 사방정계 구조를 가지면서 안정한 α형, 282도 이상에서 정방정계 구조를 가지는 β형, 583도 이상에서 체심 입방 구조를 가지는 γ형의 3가지 동소체로 존재한다. 우라늄보다 높은 원자 번호를 갖는 첫 번째 초우라늄 원소이자 방사성 원소인 넵투늄은 반감기가 지구의 나이보다 짧아 지구 생성 시에 만들어진 것은 모두 붕괴되어 인공적인 핵반응을 통해서만 만들어졌다고 여겨졌다. 그러나 콩고민주공화국의 피치블렌드 농축물에서 미량이나마 존재하는 것으로 밝혀졌다.

원자 번호 93번 넵투늄은 상자성을 가진 악티늄족 원소로서 지금까지 질량수 225~244의 동위 원소 20가지가 발견되었다. 비교적 반응성이 커서 산소, 수증기, 산과는 잘 반응하나 알칼리와는 반응하지 않는다. 밀도는 각 동소체에 따라 달라 α형은 20.45 g/cm³, β형은 313도에서 19.38 g/cm³, γ형은 600도에서 18 g/cm³로서 프로메튬과 유사한 성질을 가진다. 녹는점은 639(±3)도이고, 끓는점은 외삽법으로 4174도로 결정되었다. +3~+7의 산화 상태로 존재하며, 가장 안정한 상태는 +5이다.

핵연료에 들어 있는 우라늄-235는 중성자를 흡수하여 먼저 우라늄-236으로 바뀌며, 일부는 다시 중성자를 흡수하여 우라늄-237이 되나, 우라늄-238의 경우 중성자를 잃은 우라늄-237의 β 붕괴로 넵투늄-237이 얻어진다. 1000 MW 경수로 원자로에서 얻어지는 약 25톤의 사용후핵연료 중 10킬로그램의 넵투늄-237과 200킬로그램의 플루토늄이 포함되어 있다. 넵투늄은 알루미늄, 저마늄, 주석과의 합금으로도 만들어지나 그 상업적 용도는 알려져 있지 않고, 고속 중성자의 검출과 원자력 전지에 사용된다.

원자 번호 94
플루토늄

멘델레예프가 예측한 초우라늄 원소 중 하나로서, 1934년에 이탈리아의 페르미가 우라늄에 중성자를 쪼여 만든 이 원소를 이탈리아의 또 다른 이름인 'hesperia'에서 따와 'Hesperium'으로 명명하였다. 그러나 그가 얻은 원소는 실제로 핵분열로 얻은 바륨과 크립톤 및 다른 원소들의 혼합물로서, 타케가 이를 확인하였다. 플루토늄은 보통 여섯 개의 동소체(α, β, γ, δ, δ', ϵ)가 있으며, 높은 온도에서는 일곱 번째 동소체(ζ)가 존재한다. 밀도는 16 g/cm^{3}에서 19.86 g/cm^{3}까지 매우 다양하다. 영어 원소 이름은 '명왕성(Pluto)과 금속을 나타내는 접미어를 합한 'Plutonium'이며, 원소 기호는 'Pu'이다.

1940년에 미국의 시보그, 월, 케네디J. W. Kennedy, 맥밀란은 우라늄-238에 가속된 중수소를 충돌시켜 얻은 넵투늄-238의 β 붕괴로 플루토늄-238을 얻었다. 1년 후에 이들은 우라늄-238에 중성자를 쪼여 얻은 우라늄-239의 두 차례의 β 붕괴 생성물로서 원자 폭탄의 연료로 사용될 수 있는 플루토늄-239를 발견하였다. 두 번째 초우라늄 원소이자 방사성 원소인 플루토늄은 천연 상태에서 캐나다의 시가 호수(Cigar lake) 우라늄 광석 등에 미량 존재하는 것으로 밝혀졌다. 플루토늄-239 제조의 첫 실험에서는 0.5마이크로그램을 얻었지만, 맨해튼 계획이 수립되면서 수십 킬로그램이 확보되어 1945년 8월 9일 일본 나가사키에 투하한 TNT 21000톤에 해당되는 플루토늄 핵폭탄 'Fat Man'을 제조할 수 있었다.

원자 번호 94번 플루토늄은 상자성을 가진 악티늄족의 은백색의 금속 원소로서 지금까지 질량수 228~247의 20가지 동위 원소가 발견되었다. 비교적 반응성이 커서 산소, 수증기, 산과는 잘 반응하지만 알칼리와는 반응하지 않으며, 사마륨과 유사한 성질을 가진다. 녹는점은 640도이고, 끓는점은 3230도이다. +3~+6의 산화 상태가 존재하나 +7이 가끔 발견되며, 가장 안정한 상태는 +4이다.

1000 MW 경수로 원자로에서 얻어지는 약 25톤의 사용후핵연료 중 200킬로그램의 플루토늄이 포함되어 있다. 플루토늄은 갈륨, 알루미늄, 지르코늄, 세륨, 우라늄 등과의 합금이 가능하며, 우라늄보다 핵분열 특성이 좋고 값싸게 얻을 수 있어 핵무기와 핵반응 연료로 쓰인다. 플루토늄-238은 반감기가 87.7년으로서 알파 입자를 방출하고 우라늄-234로 바뀔 때 그램당 0.56와트의 열을 내놓기 때문에 우주 탐사선의 원자력 전지와 가열기로 사용되어 화성 탐사선에도 탑재되었다.

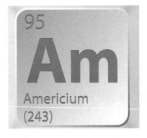

원자 번호 95
아메리슘

1944년에 미국의 시보그, 제임스R. A. James, 모건L. O. Morgan, 기오르소A. Ghiorso는 사이클로트론을 이용하여 플루토늄-239에 가속된 중성자를 쪼인 후 얻은 물질의 β 붕괴 생성물로 새로운 원소 아메리슘-241을 발견하고, 이와 동시에 알파 붕괴로 넵투늄-237이 생성되는 것을 알아냈다. 실제로 시카고의 야금 연구소(Metallurgical Laboratory, 지금의 아르곤 국립 연구소)에서 이 물질을 확인하였다. 뒤이어 아메리슘-241에 중성자를 쪼여 또 다른 아메리슘-242를 얻었는데, 이 물질은 β 붕괴로 퀴륨-242가 된다. 하지만 아메리슘-241과 퀴륨-242를 분리하는 것은 매우 힘들기 때문에 그들은 처음에 이 원소 이름을 '지옥'을 뜻하는 그리스어 'pan daimonion'에서 따와 'Pandemonium'으로 명명할 생각까지 하였다고 한다.

아메리슘-243에 중성자를 쪼이면 이 물질의 β 붕괴로 퀴륨-244를 얻을 수 있다. 세 번째 초우라늄 원소이자 방사성 원소인 아메리슘은 첫 수소 폭탄 실험의 잔해에서도 발견되었으며, 천연 상태의 농축된 우라늄 광석에서도 미량 존재한다.

핵반응로의 사용후핵연료 1톤당 아메리슘 100그램이 존재하며, 아메리슘-243이 반감기 7370년으로 가장 안정한 동위 원소이다.

사용후핵연료에 들어 있는 플루토늄-241은 시간이 지남에 따라 아메리슘-241로 되면서 축적되며, 동시에 중성자를 흡수하여 아메리슘-242가 된다. 아메리슘은 이중 육방 조밀 채움 구조를 가지면서 안정한 α형, 770도에서 면심 입방 구조를 갖는 β형, 1175도 이상에서는 사방정계 구조를 가지는 r형의 3가지 동소체가 존재한다. 네 번째 초우라늄 원소인 퀴륨보다 조금 늦게 발견되었으며, 영어 원소 이름은 미국 국가명과 금속을 나타내는 접미어를 합해 'Americium'으로 명명하였다. 원소 기호는 'Am'이다.

원자 번호 95번 아메리슘은 상자성을 가진 악티늄족의 비교적 무르고 광택이 나는 은백색의 금속 원소로서 지금까지 질량수 231~249인 19가지의 동위 원소가 발견되었다. 비교적 반응성이 커서 산소, 수증기, 산과는 잘 반응하지만 알칼리와는 반응하지 않으며, 유로퓸과 유사한 성질을 가진다. 밀도는 12 g/cm³, 녹는점은 1176도이고, 끓는점은 2607도이다. +2~+8의 산화 상태가 존재하며, 수용액에서 가장 안정한 산화 상태는 +3이나 고체에서는 +3 또는 +4가 안정하다. 아메리슘은 인공적으로 합성한 원소 중 유일하게 실생활에 이롭게 사용되는데, 아메리슘-241의 알파 붕괴로 넵투늄-237로 바뀌면서 감마선이 방출되는 성질을 이용하여 화재 경보 장치의 일종인 이온화 연기 감지기, 산업용 측정기, 휴대용 방사선 의료 진단 장비로 사용된다.

원자 번호 96
퀴륨

1944년에 미국의 시보그, 제임스, 기오르소는 사이클로트론을 이용하여 백금박 위에 입힌 플루토늄-239에 가속된 알파 입자를 충돌시켜 새로운 원소 퀴륨-242를 발견하였다. 그리고 시카고 대학(University of Chicago)의 야금 연구소에서 이 물질을 확인하였다. 아메리슘-241에 중성자를 쪼여 얻은 아메리슘-242의 β 붕괴로 퀴륨-242가 되며, 이는 알파 붕괴에 의해 플루토늄-238로 바뀐다. 하지만 아메리슘-241과 퀴륨-242를 분리하는 것은 매우 힘들기 때문에 그들은 처음에 이 원소 이름을 '미친'을 뜻하는 라틴어 'deliriare'에서 따와 'Delirium'으로 명명할 생각까지 하였다고 한다. 원소 이름은 방사능 연구를 개척한 프랑스의 퀴리 부부의 이름과 금속을 나타내는 접미어를 합해 'Curium'으로 명명하였고, 원소 기호는 'Cm'으로 나타낸다. 세 번째로 발견되었지만 네 번째 초우라늄 방사성 원소이며, 천연 상태의 농축된 우라늄 광석에서 우라늄-238의 핵변환에 의해 미량이나마 생성된다.

핵반응로의 사용후핵연료 1톤당 20그램의 퀴륨-243과 퀴륨-244로 존재하며, 퀴륨-247이 반감기 1560만 년으로 가장 안정한 동위 원소이다. 퀴륨은 이중 육방 조밀 채움 구조를 가지면서 안정한 a형, 23만 기압에서 면심 입방 구조를 갖는 β형, 43만 기압에서는 사방정계 구조를 가지는 r형의 3가지 동소체로 존재한다. 퀴륨은 상온에서는 상자성을 띠나, a형을 영하 211~221도로 낮추면 반강자성을 가지게 되며, β형을 영하 68도로 낮추면 준강자성을 가지게 된다.

원자 번호 96번 퀴륨은 상자성을 가진 악티늄족의 비교적 무르고 광택이 나는 은백색의 금속 원소로서, 지금까지 질량수 242~249의 동위 원소 21가지가 발견되었다. 비교적 반응성이 커서 산소, 수증기, 산과는 잘 반응하지만 알칼리와는 반응하지 않으며, 가돌리늄과 유사한 성질을 가진다. 밀도는 13.51 g/cm^3, 녹는점은 1340도, 끓는점은 3110도이다. +3과 +4의 산화 상태로 존재하며, 일반적으로 +3의 상태가 안정하나 고체의 경우는 +4의 상태가 안정하다.

아메리슘-243에 중성자를 쪼이면 이 물질의 β 붕괴 생성물 퀴륨-244를 얻을 수 있으며, 플루토늄-239에 알파 입자를 쪼이면 퀴륨-240이 생성된다. 플루토늄-239는 먼저 2개의 중성자를 흡수하여 플루토늄-241로, 이어진 β 붕괴로 아메리슘-241이 되며, 다시 중성자를 흡수하여 얻어진 아메리슘-242의 마지막 β 붕괴로 퀴륨-242가 생성된다. 플루토늄-239가 4개의 중성자를 흡수하여 얻은 플루토늄-243의 β 붕괴, 이어진 중성자 흡수, 마지막 β 붕괴에 의해 퀴륨-244가 된다.

알파 입자 방출원으로서 퀴륨-244와 퀴륨-242가 사용된 분광기를 알파 입자 X선 분광기(Alpha Particle X-ray Spectrometer, APXS)라고 하는데, 이 기기는 알파 입자와 X선을 시료에 쪼여 산란된 입자의 에너지와 형광을 분석함으로써 그 표면의 화학적 조성을 분석하는 기기이다. 이 분광기는 소형이고 전력 소모가 적어 우주 탐사에 주로 이용된다. 퀴륨-244는 화성 및 혜성 암석의 조성과 구조를 탐사하기 위한 탐사기(rover)-서저너(Sojourner), 오퍼튜니티(Opportunity), 스피릿(Spirit), 큐리어스티(Curosity Mars), 화성 과학 실험실(Mars Science Laboratory), 로제타(Rossetta)-에 사용되며, 퀴륨-242는 달 탐사기 서베이어 5-7(Surveyor 5-7)에 사용되었다. 퀴륨-242의 알파 붕괴로 얻은 플루토늄-238은 심장 박동기의 발전기 제조에 이용될 수 있지만, 그 자체가 인체에 노출되면 뼈와 폐, 간에 축적되어 암을 일으킨다.

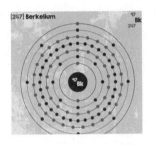

[247] Berkelium

97
Bk
247

원자 번호 97

버클륨

1949년에 미국의 시보그, 톰프슨S. G. Thompson, 기오르소는 60인치 사이클로트론을 이용하여 아메리슘-241에 가속된 알파 입자를 충돌시켜 새로운 원소인 버클륨-243을 발견하였다. 원소 이름은 방사능 연구소가 위치한 도시명과 금속을 나타내는 접미어를 합해 'Berkelium'으로, 원소 기호는 'Bk'로 나타낸다. 다섯 번째 초우라늄 원소이자 강한 방사성 원소인 버클륨은 천연 상태의 농축된 우라늄 광석에도 극미량 존재하는데, 이것은 우라늄-238 또는 플루토늄-239의 중성자 포획과 β 붕괴로 얻어진 것으로 보인다.

1958년에 미국 아르코(Arco)의 재료 시험 원자로(Material Testing

Reactor)에서 플루토늄-239에 5년간 중성자를 쪼여 버클륨-249를 얻었으며, 미국 테네시의 오크리지 국립 연구소와 러시아 디미트로프그라드의 원자로 연구소도 플루토늄-239의 수차례 중성자 흡수와 β 붕괴로 퀴륨-244를 얻고, 다시 다섯 번의 중성자 흡수와 β 붕괴로 버클륨을 발견하였다. 퀴륨-244에 고에너지 알파 입자를 충돌시켜 얻는 버클륨-247은 반감기가 1380만 년으로 가장 안정한 동위 원소이다. 버클륨에는 3가지 동소체가 있는데, 이 중 이중 육방 조밀 채움 구조를 가지는 α형이 가장 안정하며, 가열하거나 7만 기압의 압력을 가하면 면심 입방 구조를 갖는 β형으로 바뀐다. 25만 기압으로 압력을 더욱 높이면 사방정계 구조를 가지는 r형으로 전환된다.

원자 번호 97번 버클륨은 상자성을 가진 악티늄족의 무르고 광택이 나는 은백색의 금속 원소로서, 지금까지 질량수 235~254의 동위 원소 20가지가 발견되었다. 비교적 반응성이 크나 공기 중에서는 보호 피막이 만들어져 느리게 산화한다. 산소, 수증기, 산과는 잘 반응하지만 알칼리와는 반응하지 않으며, 테르븀과 유사한 성질을 가진다. 밀도는 α형은 14.78 g/cm^3, β형은 13.25 g/cm^3, β형의 녹는점은 986도 그리고 끓는점은 2627도이다. +3과 +4의 산화 상태로 존재하나 수용액에서는 +3이 안정하다.

버클륨-248은 알파 붕괴로 아메리슘-244가 되며, 버클륨-249는 중성자 포획과 β 붕괴로 캘리포늄-250으로 바뀐다. 버클륨을 상온에서 영하 203도로 냉각하면 상자성 물질과 같이 거동하지만, 영하 239도로 더 냉각하면 반강자성의 자기적 상태가 된다. 버클륨은 무거운 초우라늄 및 초악티늄 원소들의 합성에 있어서 표적 물질용 외에는 별로 용도가 없다. 2009년에 러시아의 합동핵 연구소(Joint Institute of Nuclear Research, JINR)에서는 버클륨-249를 이용하여 원자 번호 117번의 원소를 최초로 합성하였다.

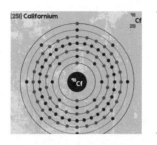

원자 번호 98

캘리포늄

1950년에 미국의 시보그, 톰프슨, 스트리트K. Street Jr, 기오르소는 사이 클로트론을 이용하여 퀴륨-242에 가속된 알파 입자를 충돌시켜 새 로운 방사성 원소 캘리포늄-245를 얻었다. 1958년에는 플루토늄-239 에 중성자를 쪼여 캘리포늄-249를 얻었으며, 미국 오크리지 국립 연 구소와 러시아 원자로 연구소에서도 버클륨과 함께 생산하고 있다. 핵반응로의 사용후핵연료에서도 1년에 약 0.3 g의 캘리포늄을 얻을 수 있다. 캘리포늄은 900도 이하에서 이중 육방 조밀 채움 구조를 가 지면서 밀도 15.1 g/cm³의 안정한 α형과 그 이상의 온도에서 면심 입 방 구조를 가지며 밀도 18.74 g/cm³의 β형의 두 동소체로 존재한다. 원소 이름으로 연구소가 위치한 주 명과 금속을 나타내는 접미어를 합해 'Californium'으로 명명되었으며, 원소 기호는 'Cf'이다. 여섯 번 째 초우라늄 원소이며, 천연 상태의 농축된 우라늄 광석에서 우라늄 의 수차례의 중성자 흡수와 β 붕괴로 극미량 존재한다.

원자 번호 98번 캘리포늄은 악티늄족의 비교적 무르고 광택이 나는 은백색의 금속 원소로서 지금까지 질량수 237~256의 동위 원소 20가지가 발견되었다. 캘리포늄-251은 반감기가 898년으로 가장 안정한 동위 원소이다. 밀도는 동소체에 따라 다르며, 녹는점은 900(±30)도이고, 끓는점은 1470도이다. +2~+4의 산화 상태가 존재하는데, 이 중 +3의 상태가 가장 안정하다. 비교적 반응성이 커서 산소, 수증기, 산과는 잘 반응하나 알칼리와는 반응하지 않으며, 원자 번호 66번의 디스프로슘과 유사한 성질을 가진다.

영하 113도에서 상자성의 캘리포늄의 온도를 영하 200도로 낮추면 강자성 또는 준강자성을 띠며, 온도를 더 낮춰 영하 207도가 되면 반강자성을 띠는 물질로 바뀐다. 캘리포늄-242는 반감기가 짧기는 하지만, 다른 원자보다 엄청나게 많은 중성자를 자발적으로 방출하기 때문에 이 성질을 이용하여 원자로 가동을 중지시킨 후, 재가동할 때 연쇄 반응의 개시를 위한 기동용 중성자원으로 쓴다. 중성자 수분 게이지, 중성자 활성 분석 장비, 밀폐된 원자로 내부 검사 및 핵연료봉 탐사기, 항공기의 부식 및 균열 등을 검출하는 방사선 탐사기와 같은 각종 비파괴 검사 장비로도 사용된다.

캘리포늄-252는 강력한 중성자를 방출하기 때문에 이를 이용하여 다른 방사선 치료로는 효과가 잘 나타나지 않는 자궁경부암과 뇌종양 치료에 쓰인다. 2006년에 러시아는 미국의 연구자와 더불어 약 10 mg의 캘리포늄-249를 포함하는 표적에 가속된 칼슘-48을 충돌시켜 원자 번호 118번의 3~4개의 원자를 합성하였다고 발표하였지만, IUPAC에서는 아직까지 이를 인증하지 않고 있다.

118
ELEMENTS
STORY

7장

인위적으로만
얻어진 원소

미국의 LBNL에서 인공적으로 새로운 원소들을 만든 이후, 세계 각국은 서로 먼저 이러한 원소를 발견하기 위해 연구에 매진하였다. 미국 내에서도 경쟁이 치열하여 1952년에 설립된 로렌스 리버모어 국립 연구소(Lawrence Livermore National Laboratory, LLNL)는 러시아의 합동핵 연구소와 공동으로 니호늄(^{113}Nh), 플레로븀(^{114}Fl), 모스코븀(^{115}Mc), 리버모륨(^{116}Lv), 테네신(^{117}Ts), 오가네손(^{118}Og)을 발견하였다.

특히 러시아 두브나에 위치한 합동핵 연구소는 제이 차 세계 대전 후 구소련의 과학자들이 스탈린 통치하에서 살아남기 위한 절박함에서 물리학자 플레로프G. Flerov가 스탈린에게 직접 원자 폭탄을 만들 것을 건의한 결과 1956년에 건립되었다. 이 연구소에서는 노벨륨(^{102}No), 러더포듐(^{104}Rf), 두브늄(^{105}Db), 시보귬(^{106}Sg), 보륨(^{107}Bh), 니호늄(^{113}Nh), 플레로븀(^{114}Fl), 모스코븀(^{115}Mc), 리버모륨(^{116}Lv), 테네신(^{117}Ts), 오가네손(^{118}Og)을 독자적으로 또는 공동으로 발견하였다. 산하 8개 연구소 중 플레로프의 이름을 딴 플레로프 핵반응 연구소(Flerov Laboratory of Nuclear Reaction, FNLR)가 있다.

독일의 중이온 연구소(Gesellschaft für Schwerionenforschung, GSI, Institute for Heavy Ion Research)는 1969년 독일 다름슈타트에 초중원소(super-heavy element)의 화학과 물리학 연구를 위히여 설립되었으며, 2008년 이후 헬름홀츠 중이온 연구 센터(GSI Helmholtz Center for Heavy Ion Research)로 이름이 바뀌었다. 이 연구소는 수소에서 우라늄까지의 이온들을 가속할 수 있는 범용 선형 가속기(universal linear accelerator, UNILAC)와 중이온과 충돌한 표적 원자에서 반동으로 튀어나오는 원자를 효과적으로 분리하는 정교한 기술(separator for heavy-ion reaction products, SHIP)을 사용하여 독립적으로 보륨(^{107}Bh), 하슘(^{108}Hs), 마이트너륨(^{109}Mt), 다름슈타튬(^{110}Ds), 뢴트게늄(^{111}Rg), 코페르니슘(^{112}Cn)을 발견하였는데, 이는 미국과 러시아가 아닌 나라에서 처음으로 발견된 원소들이다.

스웨덴의 노벨 물리학 연구소(Nobel Institute of Physics)에서는 비록 니중에 철회하기는 하였지만, 원자 번호 100번 페르뮴과 102번 노벨륨의 발견을 논문으로 발표하였다. 1917년에 설립된 일본의 이화학 연구소(Rikagaku Kenkyusho, RIKEN)와 2007년에 설립된 니시나 가속기 연구 센터(Nishina Center for Accelerator-based Science)는 자체 제작한 기체-충진 반동 이온 분리기가 연결된 위치-민감 반도체 검출기를 사용하여 아시아에서는 최초로 새로운 113번 원소 니호늄(^{113}Nh)의 합성과 발견에 대한 확고한 증거를 제시하였다.

이 외에 1957년에 중국 과학 아카데미 산하의 현대물리학 연구소를 설립한 중국, 거대 중이온 국립 가속기 센터(Grand Accélérateur National d'Ions Lourds, GANIL)를 설립한 프랑스, 폴 쉐러 연구소(Paul Scherer Institute)를 설립한 스위스 등에서도 새로운 원소의 발견을 위해 노력하고 있다.

새롭게 발견되었거나 아직 검증되지 않은 원소들, 또 아직 발견되지 않은 원소에 대해 IUPAC은 잠정적인 이름과 기호에 대한 (1)~(4) 규칙을 정하여 1997년부터 적용하고 있다. 그 규칙은 다음과 같다.

(1) 원소 이름은 각 숫자에 해당되는 라틴어와 그리스어(0=nil, 1=un, 2=bi, 3=tri, 4=quad, 5=pent, 6=hex, 7=sept, 8=oct, 9=enn) 어간을 조합하고 끝에 'ium'을 붙여 만든다.

(2) 원소 기호는 각 숫자의 어간의 첫 글자를 따서 만든다.

(3) 어간이 'i'로 끝나는 'bi'와 'tri' 끝에 'ium'을 붙여 만들 때 반복되는 'i'를 생략한다.

(4) 9 다음에 0이 있는 경우 'enn'의 마지막 'n'을 생략한다.

이러한 규칙에 근거하면, 원자 번호 112의 원소 이름은 'Ununbium우눈븀'으로, 원소 기호는 'Uub'로, 원자 번호 133은 'Untritrium(운트리트륨)과 'Utt'로, 원자 번호 190은 'Unennilium(우넨닐륨)'과 'Uen'으로 나타낼 수 있다.

여기에서는 자연계에서는 발견되지 않았고 오로지 인위적으로만 만들어졌고, IUPAC도 인정한 원자 번호 99번의 아인슈타이늄부터 118번의 오가네손까지의 20개 원소를 소개하며 아울러 원소 발견의 미래에 대해서도 알아보자.

원자 번호 99
아인슈타이늄

1952년에 태평양의 작은 섬 엘루겔라브에서 실시된 첫 수소 폭탄 실험의 잔해에서 원자 번호 100번의 페르뮴과 함께 이 원소가 발견되었다. 아르곤 국립 연구소(Argonne National Laboratory)와 로스 알라모스 국립 연구소(Los Alamos National Laboratory)는 버클리 연구소의 기오르소의 주도하에 하비, 쇼핀, 톰프슨과 함께 이 연구에 참여하였으며, 처음에는 그 존재를 비밀에 부쳤다가 1855년에야 비로소 외부에 알렸다.

이들은 폭발 구름의 낙진을 흡착한 여과지를 용액에 녹이고 이를 양이온 교환 크로마토그래피로 분리하여 200개 미만의 새로운 원소를 얻었다. 이 원자를 우라늄-238의 6번의 β 붕괴와 15번의 중성자 흡수로 생성된 캘리포늄-253의 β 붕괴에 의하여 생성된 것으로 그들은 파악하였다. 이어 독립적으로 플루토늄 또는 캘리포늄에 중이온 가속기를 이용하여 고속 중성자를 쪼여 얻은 아인슈타이늄의 연구 결과를 1954년에 발표하였다. 미국은 독일의 물리학자 아인슈타인을 기리기 위해 원소 이름을 'Einsteinium'으로 하고, 원소 기호로 'E'를 제안하였는데, 1957년에 IUPAC은 그 기호로 'Es'를 확정하였다.

미국의 오크리지 국립 연구소 역시 85 MW의 고선속 동위 원소 원자로를 이용하여 1킬로그램의 플루토늄-239에 중성자를 4년간 쪼여 3밀리그램의 아인슈타이늄을 얻었다. 그 생성 과정은 먼저 플루토늄-239가 중성자를 흡수하여 플루토늄-241로, 다시 β 붕괴와 중성자 흡수로 아메리슘-242로, 계속된 β 붕괴와 중성자 흡수로 퀴륨-249로 바뀌며, 이는 다시 β 붕괴와 중성자 흡수로 버클륨-250으로, 다시 β 붕괴와 중성자 흡수로 캘리포늄-253으로, 마지막으로 β 붕괴로 아인슈타이늄이 되는 것으로 이해된다.

원자 번호 99번 아인슈타이늄은 상자성을 가진 악티늄족 원소로서, 밀도는 8.84 g/cm³으로 원자 번호 67번의 홀뮴과 유사하며 면심 입방 구조를 가진다. 녹는점은 860도이나 끓는점은 996도로 추정한다. 지금까지 질량수가 240~258인 19가지 동위 원소가 발견되었으며, 아인슈타이늄-252가 가장 안정한 동위 원소로서 반감기는 471.7일이다. 아인슈타이늄은 반감기가 매우 짧고, 자연 상태의 우라늄과 토륨의 수많은 중성자 흡수로 생성되기도 대단히 어렵기 때문에 인공적으로만 만들어지는 것으로 알려져 있다.

비교적 반응성이 커서 산소, 수증기, 산과는 잘 반응하지만 알칼리와는 반응하지 않는다. 자체가 1000와트의 방열하는 열로 쉽게 증발하는 것으로 알려져 있으며, 주된 산화 상태 +3으로 존재하는 악티늄족 원소들과 달리 산화 상태는 +2로 알려져 있다. 과학적 연구 외에 실용적으로 응용된 예는 없으며, 아인슈타이늄-253에 가속된 알파 입자를 쪼이면 멘델레븀-256과 중성자를 얻을 수 있다. 아인슈타이늄-253은 알파 붕괴로 버클륨-249, 이어진 β 붕괴로 캘리포늄-249로 바뀌기 때문에 대부분의 아인슈타이늄은 오염되어 있다고 볼 수 있다.

원자 번호 100
페르뮴

이 원소는 아인슈타이늄과 함께 1952년 수소 폭탄 'Ivy Mike'의 낙진에서 발견되었다. 기오르소의 주도 하에 발견된 이 새로운 원소는 실제로 우라늄-238에서 생성된 것은 아닌데, 그 이유는 반감기가 20.07시간으로 짧기 때문에 폭발 시에 해당 원소의 검출이 불가능하기 때문이다. 따라서 오히려 상대적으로 안정한 아인슈타이늄-253의 두 차례 중성자 흡수와 β 붕괴의 산물로 이 원소가 발견되었다고 볼 수 있다. 이들이 아인슈타이늄과 새로운 원소 페르뮴-255를 발견하게 된 동기는 수소 폭탄의 잔해에서 발견한 플루토늄-244가 우라늄의 2번의 β 붕괴와 6차례의 중성자 흡수로 얻어졌다는 사실 때문이다. 이를 통해 그들은 더욱 많은 β 붕괴와 중성자 흡수로 더 큰 원자 번호를 갖는 새로운 원소들도 발견할 수 있을 것이라고 생각하였다.

　　페르뮴은 플루토늄-239 또는 캘리포늄-252에 중이온 가속기에서 고속 중성자를 쪼여 생산한다. 스웨덴의 노벨 물리학 연구소에서는 우라늄-238 표적에 산소-16을 충돌시켜 페르뮴-250을 독립적으로 얻었으며, 이 결과를 1952년에 발표하였다. 미국의 핵물리학자이자 베타 붕괴 이론으로 유명한 페르미를 기리기 위해 'Fermium'로 명명하였으며 원소 기호로 'Fm'으로 제안하였고, 1957년에 IUPAC이 이를 확정하였다.

원자 번호 100번 페르뮴은 악티늄족 원소로, 지금까지 질량수 242~260의 동위 원소 19가지가 발견되었다. 페르뮴-257이 가장 안정한 동위 원소로서 반감기는 100.5일이다. 페르뮴은 극미량으로 만들어지고 반감기도 짧으며, 밀도는 9.7 g/cm³, 녹는점은 1500도로 추정되며, 끓는점은 알려져 있지 않다. 주된 산화 상태는 +3으로 존재하나 +2도 알려져 있다. 오크리지 국립 연구소는 수킬로그램의 플루토늄-239에 중성자를 쪼여 마이크로그램 단위의 페르뮴을 얻었다. 페르뮴 역시 반감기가 매우 짧아 아인슈타이늄과 마찬가지로 인공적으로만 얻어지는 것으로 알려져 있다.

원자 번호 101

멘델레븀

1955년에 미국의 기오르소, 시보그, 하비, 쇼핀, 톰프슨은 새로운 원소를 만들기 위해 이전까지 원자로에서 중성자를 쪼는 방법이 아닌 다른 방법을 시도하였다. 플루토늄-239 표적에 중성자를 1년간 쪼여 얻은 10억 개의 아인슈타이늄-253에 초당 10^{14}개를 방출할 수 있는 알파 입자를 충돌시켜 생성된 16개의 원자들을 이온 교환 흡착-용출 방법으로 분리하고 일일이 확인한 끝에(그들의 공동 연구 일화는 매우 유명하다), 드디어 새로운 원소 멘델레븀-256을 발견하였다. 미국은 주기율표를 만들어 화학을 예측 가능한 학문으로 발전하게 한 러시아의 멘델레예프를 기리기 위해, 1955년에 원소 이름을 'Mendelevium'으로 명명하고, 원소 기호로 'Mv'를 제안하였다. IUPAC은 1957년에 기호를 'Md'로 바꾸어 이를 채택하였다.

원자 번호 101번 멘델레븀은 악티늄족 원소로서, 지금까지 질량수 245~260의 동위 원소 16가지가 발견되었으며, 툴륨과 유사한 성질을 가지는 것으로 알려져 있다. 원자 번호 100번 페르뮴보다 높은 초페르뮴 원소 중 하나인 멘델레븀-258이 가장 안정한 동위 원소로, 반감기는 51일이다. 극미량 만들어지는 멘델레븀은 반감기가 짧으며 밀도는 10.3 g/cm³ 그리고 녹는점은 830도로 추정된다. 끓는점은 알려져 있지 않으며 면심 입방 구조로 예측된다. 주된 산화 상태는 +3이나 +2도 알려져 있다. 아메리슘-243 표적에 탄소-12 또는 탄소-13을 충돌시키면 질량수 250~253의 멘델레븀을 얻을 수 있으며, 캘리포늄-252 표적에 붕소-11을 충돌시켜 멘델레븀-257을, 아인슈타이늄-255의 알파 붕괴로 멘델레븀-258을 얻을 수 있다.

원자 번호 102
노벨륨

1966년 러시아의 합동핵 연구소 산하 플레로프 핵반응 연구소에서는 입자 가속기를 이용하여 아메리슘-244 표적에 질소-15를 충돌시켜 새로운 원소 노벨륨-254 원자 12개의 생성을 확인하고, 계속된 연구에서 이 원소가 알파 입자를 방출하며 반감기가 51초인 페르뮴-250으로 전환된다는 사실을 발표하였다. 실제로 이 연구소는 1964년에 우라늄-238과 네온-22의 충돌 실험에서 페르뮴-252와 페르뮴-250을 검출하여, 이들이 노벨륨-256과 노벨륨-254의 알파 붕괴에서 얻어진 것임을 이미 발표한 적이 있었다.

이전부터 노벨륨을 발견하고자 하는 여러 시도가 있었는데, 1957년에 스웨덴의 노벨 물리학 연구소에서는 질량수 244~247의 퀴륨 혼합물 표적에 탄소-13 이온을 충돌시켜 얻은 물질의 알파 붕괴 생성물로 노벨륨-251 또는 노벨륨-253을 발견하였다고 주장하였다. 1958년에 미국 LBNL의 기오르소 연구팀 역시 중이온 선형 가속기를 이용하여 질량수 244~246의 퀴륨 혼합물 표적에 탄소-12 이온을 충돌시켜 페르뮴-250을 얻었는데, 이것이 노벨륨-254의 알파 붕괴 생성물이라고 보았다. 이어 계속된 실험 끝에 1959년에 퀴륨-244 표적에 탄소-12 이온의 충돌에서 드디어 노벨륨-252를 확인하였다고 주장하였다. 하지만 스웨덴과 미국의 연구팀은 확실한 증거를 제시하지 못하였다. 이에 IUPAC에서는 1992년에 러시아의 연구소가 이 원소를 최초로 발견하고 확인하였음을 인정하였다. 러시아는 다이너마이트 발명자 노벨A. Nobel을 기리는 동시에 이 원소를 처음으로 발견하고 그 이름을 제안한 스웨덴과 미국의 노고를 고려하여, 영어 원소 이름으로 'Nobelium'을, 원소 기호로 'No'를 택하였다. IUPAC은 1997년에 이를 확정하였다.

원자 번호 102번 노벨륨은 악티늄족 원소로서 지금까지 질량수가 250~262인 12가지 동위 원소가 발견되었으며, 이테르븀과 유사한 성질을 가지고 있다. 노벨륨-259가 가장 안정한 동위 원소로, 반감기는 58분이다. 노벨륨은 만들기가 매우 어렵고 반감기도 짧으며 밀도는 9.9 g/cm^3 그리고 녹는점은 827도로 예측된다. 끓는점은 알려져 있지 않은 방사성 고체 금속으로서, 주된 산화 상태는 +3으로 존재하나 +2도 알려져 있다.

질량수 204~208의 납을 질량수 44~48의 칼슘과 충돌시켜 질량수 250~255의 노벨륨, 질량수 235~238 우라늄 표적에 네온-22를 쪼여 질량수 252~256의 노벨륨, 또는 토륨-232와 마그네슘-26의 충돌로부터 질량수 254~252의 노벨륨이 생성된다. 아울러 질량수 241~243의 아메리슘과 질소-15의 충돌로 질량수 252~254의 노벨륨 또는 질량수 241~248 퀴륨 표적에 탄소-22 또는 탄소-13을 쪼여 질량수 253~257의 노벨륨을 얻는다. 토륨-232와 마그네슘-26의 충돌로부터 질량수 254~252의 노벨륨, 러더포듐-257의 알파 붕괴로 노벨륨-253을 얻기도 한다.

원자 번호 103

로렌슘

1961년에 미국은 중이온 선형 가속기를 이용하여 3밀리그램의 질량 수 249~252의 캘리포늄 혼합물 표적에 붕소-10과 붕소-11 이온을 충돌시켜 새로운 원소 로렌슘-258(처음에는 257로 발표)을 발견하였다고 발표하였다. 그러나 1967년에 러시아는 아메리슘-243 표적에 산소-18 이온을 충돌시켜 로렌슘-256을 확인하고, 미국 연구소 실험의 오류를 지적하였다. 많은 논란이 있었지만 IUPAC은 미국과 러시아 두 연구소를 공동 발견자로 인정하였다. 미국은 사이클로트론을 처음 만들고 인공 원소의 발견에 지대한 업적을 남긴 미국의 로렌스를 기리기 위해 원소 이름을 'Lawrencium'으로 하고, 원소 기호로 'Lw'를 러시아는 그 이름을 '러더포듐'으로 제안하였지만, IUPAC은 1997년에 미국이 제안한 원소 이름과 기호를 'Lr'로 최종 확정하였다.

원자 번호 103번 로렌슘은 악티늄족 원소로서 지금까지 질량 수가 252~266의 동위 원소 12가지가 발견되었으며, 원자 번호 71번의 루테튬과 유사한 성질을 가지고 있다. 초페르뮴 원소 중 하나로서 로렌슘-262가 가장 안정한 동위 원소이며 반감기는 3.6시간이다. 로렌슘은 원자 단위로 만들어지고 반감기도 짧으며 밀도는 15.6~16.6 g/cm³ 그리고 녹는점은 1627도 추정된다. 끓는점은 알려져 있지 않는 방사성 고체 금속으로서, 산화 상태는 +3으로 존재한다. 하지만 공기, 산, 수증기와의 반응은 잘 이루어질 것으로 예측된다. 로렌슘-256은 염소와 반응하여 휘발성의 삼염화 로렌슘(LrCl₃)이 얻어지기 때문에 전형적인 악티늄족 원소의 하나로 확인되었다.

질량수 249~252의 캘리포늄과 다양한 질량수 10~11의 붕소, 질소-15, 또는 탄소-12와 충돌시켜 질량수 256~258의 로렌슘을 얻고, 퀴륨-248 표적에 질소-15 또는 산소-18을 쪼여 질량수 258~262의 로렌슘을 얻는다. 아울러 탈륨-205와 타이타늄-253의 충돌로부터 로렌슘-253, 납-208과 타이타늄-248의 충돌로부터 로렌슘-254, 비스무트-209와 칼슘-48의 충돌로부터 로렌슘-255, 캘리포늄-250과 질소-15의 충돌로부터 로렌슘-257, 버클륨-249와 산소-18의 충돌로부터 로렌슘-260이 각각 발견되었다.

원자 번호 104
러더포듐

1964년에 러시아는 플루토늄-242 표적에 네온-22를 충돌시켜 새로운 원소 러더포듐-259의 생성을 확인하고, 1966년에 실험을 통해 그 존재를 다시 확인하였다. 이후 1969년에 미국 역시 캘리포늄-249와 탄소-12 이온의 충돌로 러더포듐-257을 얻고, 이와 동시에 알파 붕괴 생성물 노벨륨-253의 존재를 확인하였다. 이어 캘리포늄-249와 탄소-13 이온의 충돌로 러더포듐-258과 퀴륨-248과 산소-16 이온의 충돌로 러더포듐-260이 발견되었다. 최초 발견자와 원소 이름에 많은 논란이 있어 심지어 초페르뮴 전쟁(transfermium war)이라고도 불렸지만, IUPAC은 미국과 러시아 두 연구소를 공동 발견자로 인정하였다. 러시아는 구소련의 핵 연구소 소장 쿠르차토프I. Kurchatov를 기리기 위해 원소 이름으로 'Kurchatovium'을, 원소 기호로 'Ku'를 주장하였으며, 미국은 원자핵의 발견에 지대한 업적을 남긴 뉴질랜드 출신의 물리학자 러더포드를 기리기 위해 'Rutherfordium'과 'Rf'를 제안하였다. IUPAC은 이전에 러시아가 원자 번호 103번을 '러더포듐'으로 고려하였다는 사실을 부각시켜, 1997년에 미국의 의견을 채택하였다.

원자 번호 104번 러더포듐은 4족 원소로서 하프늄과 비슷한 성질을 가질 것으로 예측되며, 지금까지 질량수 253~268의 동위 원소 15가지가 발견되었다. 초페르뮴 원소이자 원자 번호 103번 로렌슘보다 번호가 높은 첫 번째 초악티늄 원소 중 하나인 러더포듐-267이 가장 안정한 동위 원소이며 반감기는 1.3시간이다. 러더포듐은 원자 몇 개가 한번에 얻어질 정도이며 육방 조밀 채움 구조의 고체로 예측된다. 반감기는 짧으나 밀도는 대단히 무거운 23 g/cm^3, 녹는점은 2100도, 끓는점은 5500도, 주된 산화 상태는 +4이나 +3의 상태도 가질 것으로 예측된다. 또 할로젠, 산, 물과 반응할 것으로 예측된다.

러더포듐 원소와 지르코늄 사염화물(ZrCl$_4$)과의 반응으로 얻은 휘발성의 사염화 러더포듐(RfCl$_4$)은 정사면체 구조를 가진다. 질량수 204~208의 납을 타이타늄-50과 충돌시켜 질량수 253~257의 러더포듐, 질량수 242~244의 플루토늄 표적에 네온-22를 쪼여 질량수 259~262의 러더포듐, 퀴륨-248과 산소-16 또는 산소-18의 충돌로 질량수 260~263의 러더포듐을 얻을 수 있다. 아울러 버클륨-249와 질소-14의 충돌로 러더포듐-260, 캘리포늄-249와 탄소-12의 충돌로 러더포듐-257, 우라늄-238과 마그네슘-26의 충돌로부터 다양한 질량수 261~258의 러더포듐을 얻을 수 있다.

원자 번호 105

두브늄

1968년 러시아는 아메리슘-243 표적에 네온-22를 충돌시켜 새로운 원소 두브늄-260과 두브늄-261의 생성을 확인하였고, 1970년 실험에서 그 존재를 확인하고 분리하였다. 1970년에 미국 역시 캘리포늄-249와 질소-15 이온의 충돌로 얻은 물질의 알파 붕괴 생성물로 이 원소를 발견하였다. 이전과 마찬가지로 처음 발견자에 대해 많은 논란이 있었고, 원소 이름으로 러시아는 덴마크의 물리학자 보어를 기리고자 'Nielsbohrium'을, 미국은 독일의 핵물리학자 한O. Hahn을 기리고자 'Hahnium'을 제안하여 치열한 논쟁이 있었다. IUPAC은 미국과 러시아 두 연구소를 공동 발견자로 인정하고, 설득한 끝에 원자핵의 발견에 지대한 공헌을 한 러시아 합동핵 연구소가 위치한 두브나와 금속을 나타내는 접미어를 합해 원소 이름으로 'Dubnium'을, 원소 기호로 'Db'를 제안하여 1997년에 확정하였다.

원자 번호 105번 두브늄은 5족 원소로서 탄탈럼과 비슷한 성질을 가질 것으로 예측되며, 지금까지 질량수가 255~270인 13가지 동위 원소가 발견되었다. 초페르뮴 원소이자 초악티늄 원소 중 하나인 두브늄-268이 가장 안정한 동위 원소로 반감기는 28시간이다. 러더포듐과 마찬가지로 두브늄도 원자 몇 개가 한번에 얻어질 정도이며, 밀도는 29.3 g/cm³으로 예측된다. 녹는점과 끓는점은 알려져 있지 않지만 높을 것으로 추정되는 방사성 고체로서 주된 산화 상태는 +5이지만 +4와 +3의 상태도 가질 것으로 예측된다. 공기, 수증기, 산, 할로젠과 반응할 것으로 여겨진다.

두브늄과 오염화 나이오븀($NbCl_5$)과의 반응으로 휘발성의 오염화 두브늄($DbCl_5$)을 얻었다. 비스무트-209를 질량수 48~50의 타이타늄과 충돌시켜 질량수 256~258의 두브늄, 납-207과 납-208 표적에 바나듐-51을 충돌시켜 질량수 255~258의 두브늄, 탈륨-205과 크로뮴-54의 충돌로 두브늄-258이 생성된다. 우라늄-236 및 우라늄-238과 알루미늄-27의 반응으로 질량수 257~261의 두브늄과 아메리슘-241 및 아메리슘-243과 네온-22의 반응으로 질량수 258~261의 두브늄을 얻는다. 아울러 캘리포늄-249 및 캘리포늄-250과 질소-15의 충돌로 두브늄-260 및 두브늄-261, 토륨-232과 인-31의 충돌로 두브늄-258, 캘리포늄-248과 플루오린-19의 충돌로 두브늄-262, 버클륨-249과 산소-18의 충돌로부터 두브늄-262/-263을 각각 얻는다.

원자 번호 106
시보귬

1974년에 러시아는 납-208 표적에 크로뮴-54 이온을 충돌시켜 새로운 원소 시보귬-260을 발견하였다고 발표하였는데, 실제로는 시보귬-259 또는 그 알파 붕괴 생성물인 러더포듐-255를 발견한 것으로 여겨진다. 10년 후 납-207과 크로뮴-54 이온의 충돌로 시보귬-260을 얻었고, 이어진 알파 붕괴 생성물 러더포듐-256을 확인하였다. 1974년에 미국은 초중이온 선형 가속기를 이용하여 캘리포늄-249와 산소-16 이온을 충돌시켜 얻은 시보귬-263과 그 원소의 알파 붕괴로 러더포듐-259와 또 한번의 알파 붕괴로 노벨륨-255를 얻었다고 발표하였다. 1994년에 독일의 중이온 연구소는 비스무트-209와 가속된 바나듐-51의 충돌로 시보귬-258을 발견하였고, 2005년에 미국의 LBNL은 납-208과 가속된 크로뮴-52의 충돌로 시보귬-258과 시보귬-259를 얻었다.

지금까지 생존해 있는 사람의 이름으로는 원소명을 짓지 않는 관례를 깨고(이전 아인슈타인의 이름에서 명명된 아인슈타이늄이 있었으나, 비록 생존 시에 원소 이름이 정해지긴 하였지만 공식적으로는 아인슈타인의 사망 후에 채택되었다), 인공 원자핵의 발견에 지대한 업적을 남긴 미국의 시보그Seaborg, G. T.를 기리기 위해 'Seaborgium'으로 명명하고 원소 기호로 'Sg'를 제안하였다. 이에 대해서도 많은 논란이 있었지만 1997년에 IUPAC은 이를 그대로 확정하였다.

원자 번호 106번 시보귬은 6족 원소로서 텅스텐과 비슷한 성질을 가질 것으로 예측되며, 지금까지 질량수 253~268의 동위 원소 15가지가 발견되었다. 초페르뮴 원소이자 로렌슘보다 원자 번호가 높은 첫 번째 초악티늄 원소이다. 시보귬-271이 가장 안정한 동위 원소이며, 그 반감기는 2.4분이다. 시보귬은 원자 몇 개가 한번에 얻어질 정도이며, 밀도는 35 g/cm³으로 대단히 무거울 것으로 예측하며, 녹는점과 끓는점은 알려져 있지 않다. 체심 입방 구조의 방사성 고체로서 주된 산화 상태는 +6이나 +5와 +3의 상태도 가질 것으로 예측된다. 할로젠, 산, 물과 반응할 것으로 여겨진다.

우라늄-238을 규소-30과 충돌시켜 질량수 262~265의 시보귬, 퀴륨-248과 네온-22의 충돌로 질량수 260~263의 시보귬, 캘리포늄-249와 산소-18의 충돌로 시보귬-263을 얻는다. 아울러 2004년 캘리포늄-248과 마그네슘-26의 충돌로 얻은 하슘-270/-271의 알파 붕괴로 시보귬-266/-267을 얻을 수 있음이 확인되었다. 2003년과 2010년에는 플루토늄-242와 칼슘-48의 충돌로부터 플레로븀-285/-287이 먼저 생성되고, 계속된 4번의 알파 붕괴로 시보귬-269/-271을 얻을 수 있다는 것이 각각 확인되었다.

1976년에 러시아에서 비스무트-209 표적에 가속된 크로뮴-54를 충
돌시켜 새로운 원소의 존재를 발표하였으나 검증되지는 않았다. 이
에 1981년에 독일은 같은 반응을 정교한 기술을 이용하여 새로운 원
소 보륨-262 원자 5개를 확인하였으며, 이를 알파 붕괴의 산물인 캘
리포늄과 페르뮴의 생성을 통해 검증하였다. 독일은 원자 구조의 이
해와 양자 역학의 확립에 기여한 덴마크의 물리학자 보어N. Bohr를 기
리기 위해 원소 이름을 'Nielsbohrium'으로, 원소 기호를 'Ns'로 제안
하였다. 이는 러시아가 105번 원소 이름으로 제안한 것과 같아 큰 문
제는 없지만, 이름과 성을 모두 붙여 지은 원소 이름이 그때까지 없
었다는 이유로, 1997년에 IUPAC은 'Bohrium'과 'Bh'을 채택하였다.

원자 번호 107번 보륨은 7족 원소로서 지금까지 질량수
260~274의 동위 원소 11가지가 발견되었으며, 레늄과 비슷한 화학
적 성질을 가질 것으로 예측된다. 보륨-270이 가장 안정한 동위 원
소로서 반감기는 61초이다. 1989년에 독일은 보륨-261을 확인하
였으며, 2003년에는 비스무트-209 대신 BiF_3 표적을 이용하여 보
륨-262를 검출하였다. 보륨 원자의 밀도는 37 g/cm³으로 예측되며,
녹는점과 끓는점은 알려져 있지 않다. 1기압에서 고체로 존재할 것

으로 예측되며, 주된 산화 상태는 +7이지만, +3~+5도 있을 것으로 여겨진다.

원자 번호 108
하슘

1978년에 러시아는 라듐-226 표적에 가속된 칼슘-48 이온 또는 납-208 표적에 가속된 철-58 이온을 충돌시키는 실험으로 새로운 원소를 발견하였다고 주장하였다. 이후 비스무트-209 표적에 가속된 망가니즈-55 이온 또는 납-207과 납-208 표적에 가속된 철-58 이온을 충돌시켜 같은 원소를 얻었다고 주장하였으나 제대로 확인되지는 못하였다. 그러던 중 1984년에 드디어 독일은 납-208 표적에 가속된 철-58 이온을 충돌시켜 반감기 1.1~4밀리초의 새로운 원소인 하슘-265 원자 3개를 확인하였다.

1993년에 독일은 중이온 가속기의 성능을 더욱 향상시켜 하슘-265 원자 75개와 하슘-264 원자 2개와 1997년에는 하슘-264 원자 20개를 추가로 확인하였다. 1994년 IUPAC은 이 108번 원소를 독일의 물리학자 한Hahn, Otto을 기려 원소 이름으로 'Hahnium'을 추천하였으나, 1997년에 독일은 연구소가 위치한 헤센 주의 라틴어 이름 'Hassia'에서 따와 'Hassium'을, 원소 기호는 'Hs'를 채택하였다.

천연 하슘을 발견하려는 노력이 있었는데, 1963년에 러시아의 체르딘세프V. Cherdyntsev는 카자흐스탄에서 채굴된 몰리브데나이트를 질산에서 끓여 오스뮴과 같은 휘발성의 산화물 특성을 보이는 질량수 267 그리고 반감기가 4~5억년인 새로운 원소를 발견하였다고 주장하였다. 원자 번호 108번인 이 원소의 이름을 그 광석이 나온 비단길의 고대 도시 세릭(Serik)에서 따와 'Sergenium'으로, 원소 기호는 'Sg'로 할 것을 제안하였지만, 반감기에 문제가 있음이 지적되어 인정받지 못하였다.

원자 번호 108번 하슘은 8족 원소로서 지금까지 질량수 263~277의 동위 원소 12가지가 발견되었다. 하슘-269가 가장 안정한 동위 원소로서 반감기는 9.7초이다. 오스뮴과 비슷한 화학적 성질을 가질 것으로 예측된다. 밀도는 40.7 g/cm³으로 예측되며, 녹는점과 끓는점은 알려져 있지 않다. 상온에서는 고체 상태로 존재하며 주된 산화 상태는 +8이나 +2~+6도 예측된다. 중이온 연구소에서는 하슘-265의 알파 붕괴로 시보급-265로 바뀌며, 다시 알파 붕괴하여 러더포듐-257이 되는 것을 보였다. 하슘-269는 산소와의 반응에서 하슘 사산화물(HsO_4)을 내놓는다.

1982년에 독일은 비스무트-209 표적에 가속된 철-58 이온을 충돌시켜 새로운 원소 마이트너튬-266 원자 1개를 확인하였다. 3년 후에 러시아에서 이 원소가 확인되었고, 이어서 1988년에 추가로 같은 원자 2개를 검출하였다. 1985년의 러시아와 2007년의 미국은 납-208 표적에 코발트-59 이온을 충돌시켜 마이트너튬 원자를 확인하였다. 독일은 1938년에 한과 함께 우라늄에서 바륨과 크립톤의 핵분열 연구를 수행하고, 프로트악티늄을 발견한 오스트리아의 여성 물리학자 마이트너를 기리기 위해 원소 이름으로 'Meitnerium'을, 원소 기호로 'Mt'를 제안하였고, 1997년에 IUPAC이 이를 채택하였다.

원자 번호 109번 마이트너튬은 9족 원소로서 지금까지 질량수가 266~278의 8가지 동위 원소가 발견되었으며, 이리듐과 비슷한 화학적 성질을 가질 것으로 예측된다. 마이트너튬-278이 가장 안정한 동위 원소이며, 반감기는 7.6초이다. 밀도는 37.4 g/cm³으로 대단히 무겁고 상온에서 고체 상태로 존재할 것으로 예측된다. 녹는점과 끓는점은 알려져 있지 않으며, 주된 산화 상태는 +1~+6으로 예측된다.

원자 번호 111번 뢴트게늄의 알파 붕괴로도 마이트너튬을 얻을 수 있다. 마이트너륨-266의 알파 붕괴로 생성된 보륨-262는 이어진 알파 붕괴로 두브늄-258로 바뀌며, 이 종은 전자 포획으로 러더포듐-258이 되는 것으로 관찰되었다. 출발 물질 테네신-294의 연속된 알파 붕괴로 모스코븀-290, 니호늄-286, 뢴트게늄-282를 거쳐 최종적으로 마이트너륨-278이 생성된다.

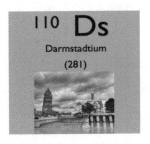

원자 번호 110

다름슈타튬

1986년에 러시아는 납-208 표적에 가속된 니켈-64 이온을, 비스무트-209 표적에 코발트-59 이온을, 토륨-232 표적에 칼슘-44 또는 칼슘-48 이온을 충돌시키는 다양한 실험을 통해 새로운 원소를 발견하려고자 노력하였다. 역시 납-208 표적에 니켈-64 이온을 충돌시키는 실험도 수행하였으나 새로운 원소의 검출에 실패하였고, 우라늄-235와 우라늄-233 표적에 아르곤-40의 충돌 실험에서도 이 원소를 얻지 못하였다. 미국은 1991년에 비스무트-209 표적에 코발트-59 이온을 충돌시켜 새로운 원소를 검출하였다고 주장하였으나, 이후 실험에 사용하였던 가속기가 사용 불능 상태가 되어 확인하지 못하였다.

드디어 1994년에 독일이 납-208 표적에 가속된 니켈-62 이온을 충돌시켜 새로운 원소 다름슈타튬-269 원자 1개를 확인하였고, 이후 3개를 추가로 얻었다. 또한 납-208 표적에 좀 더 무거운 니켈-74 이온을 충돌시켜 다름슈타튬-271 원자 9개를 얻을 수 있었다. 독일은 원소 이름을 연구소가 위치한 도시명을 따서 'Darmstadtium'으로, 원소 기호를 'Ds'로 제안하였고, 2003년에 IUPAC이 이를 확정하였다.

원자 번호 110번 다름슈타튬은 10족 원소로서 지금까지 질량수 269~281의 동위 원소 7가지가 발견되었으며, 백금과 비슷한 화학적 성질을 가질 것으로 예측된다. 다름슈타튬-281이 가장 안정한 동위 원소이며, 반감기는 약 10초이다. 밀도는 34.8 g/cm^3으로 예측되며, 녹는점과 끓는점은 알려져 있지 않고 주된 산화 상태는 0~+6으로 예측된다.

육플루오린화 백금(PtF_6)과 같이 육플루오린화 다름슈타튬(DsF_6)도 휘발성이 매우 클 것으로 여겨진다. 원자 번호 112번 코페르니슘, 114번 플레로튬, 116번 리버모튬의 알파 붕괴로 다름슈타튬을 얻을 수 있다. 아울러 다름슈타튬-269의 연속되는 알파 붕괴로 하슘-265, 시보귬-261, 러더포듐-257, 노벨륨-253이 되는 것이 관찰되었다. 독일은 납-207 표적에 가속된 니켈-64 이온을 충돌시켜 다름슈타튬-270을 얻었음을 검증하였다. 그러나 미국의 납-209 표적에 가속된 코발트-59 이온을 충돌시켜 다름슈타튬-267 원자 1개를 얻었다는 결과와 러시아의 플루토늄-244 표적에 황-34 이온을 충돌시켜 1개의 다름슈타튬-273을 얻는 데 성공하였다는 보고는 아직까지 검증되지 않았다.

원자 번호 111
뢴트게늄

1986년에 러시아는 비스무트-209 표적에 가속된 니켈-64 이온을 충돌시키는 실험을 하여 새로운 원소를 발견하고자 시도하였으나 실패하였다. 1994년에 독일은 비스무트-209 표적에 가속된 니켈-64이온을 충돌시켜 반감기 1.5밀리초의 뢴트게늄-272 원자 1개를 드디어 확인하였고, 이어서 2002년에 추가로 3개를 검출하였다. 독일은 1895년에 X선을 처음 발견하고 1901년 최초의 노벨 물리학상 수상자 뢴트겐W. C. Roentgen을 기리기 위해 원소 이름으로 'Roentgenium'을, 원소 기호로 'Rg'를 제안하였고, 2004년에 IUPAC이 이를 확정하였다.

원자 번호 111번 뢴트게늄은 11족 원소로서 지금까지 질량수 272~282의 동위 원소 7가지가 발견되었으며, 금과 비슷한 화학적 성질을 가질 것으로 예측된다. 뢴트게늄-282가 가장 안정한 동위 원소로, 반감기는 2.1분이다. 뢴트게늄 원자의 밀도는 28.7 g/cm^{3}으로 예측되며, 녹는점과 끓는점은 알려져 있지 않다. 주된 산화 상태는 -1, +3, +5이며, 가장 안정한 상태는 +3으로 예측된다.

뢴트게늄-272는 연속되는 알파 붕괴로 마이트너륨-268, 보륨-264, 두브늄-260, 로렌슘-256으로 바뀌며, 최종적으로는 멘델레븀-252가 되는 것으로 확인되었다. 원자 번호 113번 니호늄, 115번 모스코븀, 117번 테네신의 알파 붕괴로도 뢴트게늄의 존재를 검출할 수 있다. 이스라엘의 마리노브A. Marinov는 천연 뢴트게늄을 발견하기 위해 순수한 금을 진공하에서 높은 온도에서 가열하고 증발시켜 그 잔류물을 농축한 후 질량 분석기로 얻은 질량수 261의 원소를 뢴트게늄의 핵이성질체라고 주장하였으나, 아직 그 결과를 재현하지는 못하였다.

원자 번호 112

코페르니슘

1996년에 독일은 납-208 표적에 가속된 아연-70 이온을 충돌시켜 새로운 원소 코페르니슘-277 원자 1개를 확인하였으며, 2000년에 이를 추가로 얻는 데 성공하였다. 2013년에는 일본에서 같은 원자 3개를 합성하는 데 성공하였다. 독일은 지동설을 주장하고 과학 혁명의 기초를 마련한 폴란드의 코페르니쿠스N. Copernicus를 기리기 위해 원소 이름으로 'Copernicium'을, 원소 기호로 'Cn'을 제안하였고, 2010년에 IUPAC이 이를 채택하였다.

독일이 처음에 원소 기호로 'Cp'를 제안하였지만, '루테튬(lutetium)'으로 알려진 원자 번호 71번의 예전 원소 이름 'Cassiopium' 역시 'Cp'를 원소 기호로 사용하였다는 점을 들어, IUPAC은 다른 기호를 사용할 것을 권하였다. Cp는 일정 기압하의 열용량의 표시이기도 하며, 'cyclopentadienyl(C_5H_5)'의 약어이다.

1971년에 스위스의 유럽 원자핵 공동 연구소(Counceil Européen pour la Recherche Nucléaire, CERN)의 연구원 마리노브(나중에 이스라엘 히브리 대학으로 옮김)는 텅스텐-184와 텅스텐-186으로 이루어진 표적에 스트론튬-86과 스트론튬-88 이온 그리고 24 GeV 양성자를 함께 쪼여 코페르니슘-272 또는 코페르니슘-271을 얻었다고 주장하였지만, IUPAC은 추가적인 실험이 필요하다는 결론을 내렸다.

원자 번호 112번 코페르니슘은 12족 원소로서 지금까지 질량수 277~285의 동위 원소 6가지가 발견되었으며, 수은과 비슷한 화학적 성질을 가질 것으로 예측된다. 코페르니슘-289가 가장 안정한 동위 원소이며, 반감기는 8.9분이다. 밀도는 23.7 g/cm^3로 고체 상태로 존재할 것으로 예측되며, 녹는점과 끓는점은 알려져 있지 않다. 주된 산화 상태는 +2 또는 +4로 예측된다.

원자 번호 118번 오가네손-294의 연속된 알파 붕괴로 리버모륨-290, 플레로븀-286, 코페르니슘-282로 전환된다. 마찬가지의 알파 붕괴로 코페르니슘-277은 다름슈타튬-273, 하슘-269, 시보귬-265, 러더포듐-261, 노벨륨-257, 최종적으로 페르륨-253이 되는 것이 관찰되었다. 러시아는 플레로븀-289와 플레로븀-288의 알파 붕괴로 각각 코페르니슘-285와 코페르니슘-284를 얻을 수 있다는 것을 관찰하였으며, 플레로븀-285의 알파 붕괴에서도 코페르니슘-281이 검출되었다.

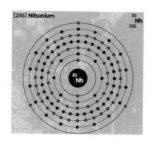

원자 번호 113

니호늄

2003년에 러시아의 합동핵 연구소와 미국의 로렌스 리버모어 국립 연구소의 공동 연구팀은 아메리슘-243 표적에 가속된 칼슘-48 이온 빔을 쏘여 원자 번호 115번의 모스코븀-288을 먼저 얻고, 이들의 알파 붕괴 생성물에서 새로운 원자 번호 113번의 니호늄-284를 얻었다고 보고하였다.

2004년에 일본의 이화학 연구소는 비스무트-209 표적에 가속된 아연-70을 충돌시킨 핵융합 반응으로 니호늄 원자 1개를 발견하였다고 보고하였으며, 이후 2005년에 1개를 추가로 얻었다. 1998년에 독일도 비스무트-209 표적에 가속된 아연-70을 충돌시켜 이 원소를 얻고자 하였으나, 검출에는 실패하였다. 2012년에 일본은 또다시 같은 실험으로 니호늄 원자 3개를 추가로 발견하였고, 니호늄-278 원자의 연속된 알파 붕괴로 뢴트게늄-274, 마이트너륨-270, 보륨-266, 두브늄-262, 로렌슘-258, 멘델레븀-254가 되는 확고한 증거를 제시하였다. 일본은 아시아에서 처음으로 원소 이름을 명명할 수 있는 자격을 얻게 되었으며, 국가명에 근거하여 원소 이름을 'Nihonium'으로, 원소 기호로 'Nh'를 제안하였고, IUPAC은 2016년 12월에 이를 확정하였다.

원자 번호 113번 니호늄은 13족 원소로서 지금까지 질량수가 278~286의 동위 원소 6가지가 2004~2009년에 발견되었으며, 탈륨과 비슷한 화학적 성질을 가질 것으로 예측된다. 니호늄-286 원자가 가장 안정한 동위 원소이며, 반감기는 20초이다. 밀도는 탈륨보다 무거워 16~18 g/cm^3, 녹는점은 430도, 끓는점은 1130도로 예측된다. 주된 산화 상태는 +1이나 +3, +5도 예측된다.

원자 번호 114

플레로븀

1998년 러시아와 미국은 플루토늄-244 표적에 가속된 칼슘-48 이온을 충돌시켜 새로운 원소 플레로븀-289 원자 1개를 얻었다고 발표하였지만, 여러 번의 실험으로도 해당 원소를 발견하지 못하였다. 그 원자는 준안정 핵이성질체 ^{292m}Fl에서 온 것으로 생각되었다. 다음 해 플레로븀-288 원자 2개를 얻었다고 보고하였는데, 이 역시 ^{289}Fl 원자로 재해석되었다.

2002년에 드디어 ^{289}Fl 원자 3개, ^{288}Fl 원자 12개, ^{287}Fl 원자 1개를 검출한 후 이를 확인하였고, 같은 반응에서 플루토늄-242 표적을 사용하여 플레로븀 동위 원소를 발견하였다. 독일의 연구소도 같은 반응에서 ^{288}Fl 원자 9개와 ^{289}Fl 원자 4개를 검증하였다. 러시아는 플레로프 핵반응 연구소의 이름을 기리기 위해 원소 이름으로 'Flerovium'을, 원소 기호로 'Fl'을 제안하였고, 2012년에 채택되었다.

원자 번호 114번 플레로븀은 14족 원소로서 지금까지 질량수 285~289의 동위 원소 5가지가 발견되었으며, 납과 비슷한 화학적 성질을 가질 것으로 예측된다. 밀도는 14 g/cm³이나 고체 상태에서는 밀도가 22 g/cm³이며, 녹는점은 70도, 끓는점은 150도로 추정된다. 상온에서는 기체 상태의 금속으로 존재할 것으로 여겨지며, 주된 산화 상태는 +2와 +4로 예측된다. 질량수 286~289의 동위 원소들은 질량수가 290~293의 리버모륨 동위 원소의 알파 붕괴 생성물로 여겨진다. 캘리포늄-248 표적에 가속된 칼슘-48 이온을 충돌시켜 얻은 원자 번호 118번의 오가네손-294, 그 알파 붕괴 생성물 리버모륨-290, 이어진 알파 붕괴로 플레로븀-286이 되는 것을 확인하였다.

원자 번호 115

모스코븀

2003년에 러시아와 미국은 아메리슘-243 표적에 칼슘-48 이온빔을 쪼여 새로운 원소 모스코븀-288 원자 4개를 얻었고, 알파 붕괴로 니호늄-284가 생성된다는 결과를 발표하였다. 2004년과 2005년에 이 원자의 다섯 차례 알파 붕괴로 얻은 두브늄-268을 분리하고 확인하였지만, IUPAC은 이들의 주장을 인정하기에는 증거가 불충분하다고 여겼다.

2012년에 미국 밴더빌트 대학의 해밀턴J. H. Hamilton, 플레로프 핵반응 연구소, 로렌스 리버모어 국립 연구소의 공동 연구팀은 같은 핵융합 반응을 시도하여 새로운 원소 모스코븀-288 원자 28개와 모스코븀-289 원자 4개를 검출하였다. 2013년에 스웨덴 룬트 대학의 루돌프D. Rudolph도 같은 실험으로 30개의 원자를 재확인하였다. IUPAC은 2016년 12월에 원자 번호 115번의 원소 발견을 공식적으로 인정하고, 그 원소 이름을 연구소가 속한 지역명 'Moscow'와 금속을 나타내는 접미어를 합해 'Moscovium'으로, 원소 기호로 'Mc'를 확정하였다.

원자 번호 115번 모스코븀은 15족 원소로서 지금까지 질량수가 287~290인 4가지 동위 원소가 발견되었으며 비스무트와 유사한 성질을 가질 것으로 예측된다. 모스코븀-290 원자가 가장 안정한 동위 원소이며, 반감기는 약 0.8초이다. 밀도는 13.5 g/cm³, 녹는점은 400도, 끓는점은 약 1100도, 주된 산화 상태는 +1, +3, +5로 예측된다. 삼플루오린화 모스코븀(McF_3)과 모스코븀 황화물(McS_3)은 물에 잘 녹지 않는 비스무트 화합물과 비슷한 성질을 가질 것으로 예측된다.

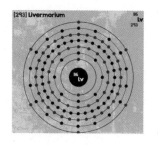

원자 번호 116

리버모륨

1997년에 미국과 독일 공동 연구팀이 퀴륨-248 표적에 칼슘-48 이온을 충돌시켜 새로운 원소를 얻고자 하였으나 실패하였다. 이후 러시아의 퀴륨-248과 퀴륨-246의 혼합물 표적에 칼슘-48 이온을 충돌시키는 실험과 독일의 납-208 표적에 셀레늄-82 이온을 충돌시키는 실험에서도 원소의 검출에 모두 실패하였다. 그러다가 2000년에 러시아와 미국이 퀴륨-248 표적에 칼슘-48 이온을 충돌시켜 드디어 새로운 원소 리버모륨-293 원자 1개를 얻는 데 성공하였고, 다음 해에 2개를 추가로 얻었다고 보고하였다. 2004~2006년에 퀴륨-245 표적을 사용한 실험에서도 10개의 리버모륨-290과 리버모륨-291을 검출하고 확인하였다. 2012년에 로렌스 리버모어 연구소가 있는 도시명에서 따와 'Livermorium'으로 명명되었고, 원소 기호는 'Lv'이다.

1998년에 폴란드의 물리학자 스몰란즈크R. Smolańczuk는 납과 크립톤의 융합으로 원자 번호 116번과 118번의 원소들을 얻을 수 있을 것이라고 예측하였다. 실제로 1999년에 미국의 로렌스 버클리 국립 연구소에서 납-208과 크립톤-86의 반응으로 오가네손-293을 얻고 이어진 알파 붕괴로 리버모륨-289를 얻었다고 보고하고 학술지에 게재하였는데, 이는 재현되지 못하였다.

원자 번호 116번 리버모륨은 15족 원소로서 지금까지 질량수 290~294의 동위 원소 5가지가 발견되었다. 리버모륨-293이 가장 안정한 동위 원소이며, 반감기는 60밀리초이다. 폴로늄과 비슷한 화학적 성질을 가질 것으로 예측된다. 밀도는 12.9 g/cm³, 녹는점은 360~510도, 끓는점은 760~860도, 상온과 1기압에서 고체로, 주된 산화 상태는 +2, +4, +6으로 예측된다. 캘리포늄-249 표적에 가속된 칼슘-48 이온을 충돌시켜 얻은 원자 번호 118번의 오가네손-294의 알파 붕괴로 리버모륨-290이 되는 것이 관찰되었다.

원자 번호 117

테네신

2010년 러시아의 합동핵 연구소와 미국의 두 국립 연구소와 밴더빌트 대학, 네바다 대학 라스베가스 캠퍼스의 공동 연구팀은 버클륨-249 표적에 252 MeV의 칼슘-48 이온빔을 쪼여 새로운 원소 테네신-293 원자 5개와 247 MeV의 칼슘-48 이온빔을 쪼여 테네신-294 원자 1개를 얻었다. 그리고 이들의 계속된 알파 붕괴로 각각 두브늄-270과 뢴트게늄-281 원자가 생성된다는 결과를 발표하였다. 2011년에 러시아는 아메리슘-243 표적에 칼슘-48 이온을 충돌시켜 얻은 모스코븀-289 원자를 검출하고, 이것이 테네신-293의 알파 붕괴에서 얻어진 딸핵임을 밝혔다. 이어 2012년에 버클륨-249 표적에 칼슘-48 이온빔을 쪼인 반복된 실험에서도 같은 결과를 얻었다. IUPAC은 2016년 12월에 지금까지 새로운 원소의 발견에 큰 기여를 한 밴더빌트 대학과 오크리지 국립 연구소가 위치한 주 'Tennessee'의 이름에 17족 원소의 공동 어미 '-ine'을 합해 원소 이름을 'Tennessine'으로 확정하였으며, 원소기호는 'Ts'이다.

원자 번호 117번 테네신은 17족 원소로서 지금까지 질량수 293과 294의 2가지 동위 원소가 발견되었으며, 아스타틴과 비슷한 화학적 성질을 가질 것으로 예측된다. 밀도는 7.1~7.3 g/cm^3, 녹는점은 350~550도, 끓는점은 610도, 1기압에서 고체로, 그리고 주된 산화 상태는 -1, +1~+5로 예측된다. 삼플루오린화 아이오딘(IF_3)은 T-자 구조를 가지고 있어 삼플루오린화 테네신(TsF_3)도 그러한 구조를 가질 것으로 여겨졌으나, 오히려 에너지면으로 안정한 삼각 평면의 구조를 가질 것으로 예측된다.

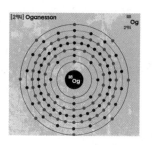

원자 번호 118

오가네손

2002년에 러시아와 미국은 원형 가속기와 기체 충진 반동 이온 분리기를 이용하여 캘리포늄-249 표적에 가속된 칼슘-48 이온빔을 쪼여 새로운 원자 1~2개를 검출하였다. 이어 2006년에도 같은 반응에서 3~4개를 검출하였다고 발표하였다. 2003년 공동 연구팀은 퀴륨-245 표적에 칼슘-48 이온빔을 쪼여 얻은 리버모륨-290 원자를 검출하여, 이것이 새로운 원소의 알파 붕괴에서 얻어진 딸핵임을 밝혔다.

미국은 2002년에 지금까지 인공 원소의 발견에 지대한 공헌을 한 기오르소의 이름을 기리고자 원소 이름을 'Ghiorsium'으로, 원소 기호를 'Gh'로 제안하였으나, 후에 미국이 발견한 이 원소는 조작되었음이 밝혀졌다. 2016년 12월에 IUPAC은 새로운 원소의 발견에 큰 공헌을 한 러시아의 오가네시안Y. Oganessian과 18족 원소의 접미어를 합해 원소 이름을 "Oganesson'으로, 원소 기호를 'Og'로 확정하였다. 오가네시안은 미국의 시보그에 이어 생존한 사람으로 원소 이름에 반영된 사례이다.

원자 번호 118번 오가네손은 18족 원소로서 지금까지 질량수 293과 294의 동위 원소 2개가 발견되었으며, 라돈과 비슷한 화학적 성질을 가질 것으로 예측된다. 밀도는 13.65 g/cm^{3}으로 예측되었고, 녹는점은 측정과 예측이 되지 않는다. 끓는점은 50~110도로 1기압에서 기체 또는 고체로 예측되며, 주된 산화 상태는 +2 또는 +4로 예측된다. 오가네손도 플루오린과 반응할 것으로 여겨진다. 구조에 있어서 사플루오린화 제논(XeF_4)은 평면 사각형 구조를 가지나, 에너지면을 고려하면 사플루오린화 오가네손(OgF_4)은 정사면체 구조를 택하여 안정할 것으로 여겨진다.

원소 발견의 미래

지금까지 그 이름이 확정된 118개 원소 이후의 원소들은 인공적으로 만들 수 없을까? 아니면 어떤 시도가 이루어지고 있을까? 최근 발견된 원소들은 모두 방사성 원소이며 반감기가 1분이 채 되지 않는다. 그러나 원자 번호 120~126의 원소들은 그 핵이 가질 '신비'한 양성자와 중성자의 수가 핵 부준위(shell)을 채우게 되어 주기율표에 안정한 '섬'을 이룰 것으로 기대되고 있다. 즉 부준위가 모두 채워진 비활성 기체들이 안정하듯이 양성자 수와 중성자 수를 동시에 가질 원자 번호 126번의 원소는 다른 원소들보다 수명이 길 것으로 예측되고 있다.

하지만 새로운 8주기 원소들로 시작하는 원자 번호 119번 원소의 발견은 아직도 보고되지 않았다. 1985년 미국의 로렌스 버클리 국립 연구소에서는 초중이온 선형 가속기를 이용하여 아인슈타이늄-254 표적에 가속된 칼슘-48 이온을 충돌시키는 실험에서 원자 번호 119번 우눈엔늄(Ununennium, Uue)을 얻고자 하였으나 실패하였다. 독일의 중이온 연구소에서도 버클륨-249 표적에 타이타늄-50

이온을 충돌시켜 이 원소를 발견하고자 노력 중이다.

2003년에 러시아의 플레로프 핵반응 연구소에서는 플루토늄-244 표적에 철-58을, 우라늄-238 표적에 니켈-64를 충돌시키는 실험에서 원자 번호 120번 운비닐륨(Unbinilium, Ubn)을 얻고자 하였으나, 이 물질이 자발적으로 핵분열하는 것을 확인하였다. 2004년과 2008년에 프랑스의 거대 중이온 연구소에서도 우라늄-238 표적에 천연 니켈-58, 니켈-60~62, 니켈-64의 혼합물과의 충돌 실험에서도 이 물질의 자발적 핵분열만을 확인하였을 뿐이다. 2007년에 독일의 헬름홀츠 중이온 연구 센터 역시 우라늄 표적에 니켈 이온을 충돌시켜 이 원소를 얻고자 하였지만 성공하지 못하였다.

2000~2004년에 러시아의 합동핵 연구소는 퀴륨-248 표적에 철-58을, 플루토늄-242 표적에 니켈-64를 충돌시키는 실험에서 원자 번호 122번 운비븀(Unbibium, Ubb)을 얻고자 하였지만, 단지 이 물질의 자발적 핵분열만을 확인하였다. 2004년에 프랑스는 우라늄-238 표적에 천연 저마늄-70, 저마늄-72~74, 저마늄-76의 혼합물과의 충돌 실험에서 역시 이 물질의 자발적 핵분열을 재확인하였다.

1971년에는 유럽 원자핵 공동 연구소에서 토륨-232 표적에 천연 크립톤-84를 충돌시켜 원자 번호 126번의 운비헥슘(Unbihexium, Ubh)을, 1978년에는 독일의 중이온 연구소에서 천연 탄탈럼-181 표적에 가속된 제논-136 이온을 충돌시켜 원자 번호 127번의 운비셉튬(Unbiseptium, Ubs)을 만들고자 노력하였으나, 성공 여부는 회의적이다. 현재와 같은 방법보다 충돌하는 핵 사이에 양성자와 중성자 교

환을 가능하게 하는 핵전달 반응(nuclear transfer reaction)이 필요하다
는 의견도 있다.

　　미국의 이론 물리학자 파인만R. Feynman은 물리학에서 전자기적
상호 작용의 세기를 결정짓는 미세-구조 상수(fine-structure constant,
a)는 중성 원자로 존재할 수 있는 원소에 있어서 그 원자 번호의 상
한값과 관련이 있다고 주장하였다. 보어에 따르면 1s 전자의 속도
$v = Z \times a \times c(Z = 원자 번호, a = 7.29735257 \times 10^{-3}, c = 3 \times 10^{8}$ m/s)로서
$Z > 1/a$이면 전자의 속도가 광속도보다 커지기 때문에, 비상대론적
인 보어 모델은 원자 번호 137번보다 큰 원자에서는 정확하지 않다.
따라서 이 번호로 존재할 수 있는 원소의 최대치로 보았다. 상대성
이론과 양자 역학을 결합한 디랙 방정식(Dirac equation)에서도 원자
번호가 137번보다 크면 전자의 에너지가 음 또는 허수가 되어 안정
한 전자 궤도가 없기 때문에 역시 이 번호가 상한값으로 해석되었다.
파인만은 이를 근거로 존재할 수 있는 마지막 중성 원자의 원자 번
호를 137번이라고 말하였는데, 이 때문에 원자 번호 137번 원소 이
름을 'Feynmanium'으로, 원소 기호를 'Fy'로 나타낸다. 그러나 원자
핵을 점전하로 보고 계산한 이들 식과는 달리 크기를 고려하면 원자
번호의 상한값이 173번까지 얻어지는 것으로 계산되기도 한다.

　　카잔A. Khazan은 알려진 원소들의 원자량과 성질의 상관 관계로
부터 원자 번호의 상한값을 155번으로 예측하였으며, 이에 근거하여
이 원소 이름을 'Khanium'로, 원소 기호를 'Kh'로 표시한다. 그라이너
W. Greiner는 존재할 수 있는 원소의 원자 번호는 상한이 없을 것이라
고 말하기도 하였으며, 핀란드의 피쾌P. Pyykkö는 원자 번호 172번까지

표시한 확장된 주기율표를 제안하기도 하였다. 새로운 원소의 존재와 그 특성을 조사하는 것은 매우 흥미로운 과제이며, 지금까지 인공적으로 2년에 1개꼴로 발견된 원소의 통계에서 보듯 새로운 원소를 발견하려는 노력은 앞으로도 계속될 것이다.

결정 구조

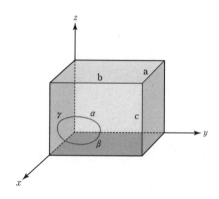

7가지 결정계

결정 계(crystal system)	단위 세포
삼사정계(triclinic)	$\alpha \neq \beta \neq \gamma \neq 90^{\circ}$ $a \neq b \neq c$
단사정계(monoclinic)	$\alpha = \gamma = 90^{\circ}$ $\beta \neq 90^{\circ}$ $a \neq b \neq c$
사방정계(orthorhombic)	$\alpha = \beta = \gamma = 90^{\circ}$ $a \neq b \neq c$
정방정계(tetragonal)	$\alpha = \beta = \gamma = 90^{\circ}$ $a = b \neq c$
마름모정계(rhombohedral)	$\alpha = \beta = \gamma \neq 90^{\circ}$ $a = b = c$
육방정계(hexagonal)	$\alpha = \beta = 90^{\circ}$ $\gamma = 120^{\circ}$ $a = b \neq c$
입방정계(cubic)	$\alpha = \beta = \gamma = 90^{\circ}$ $a = b = c$

14가지 브라베 격자(Bravais lattice)

결정계	격자[1] 유형
삼사정계	[2]P
단사정계	P, [3]C
사방정계	P, C, [4]I, [5]F
정방정계	P, I
마름모정계	[6]R
육방정계	P
입방정계	P, I, F

(1) 격자(lattice); 각 사물의 중심을 점(격자점)으로 나타내었을 때, 이 점들이 만드는 선. (2) P; 각 꼭짓점에 격자점이 있는 세포(원시, primitive), (3) C; 각 꼭짓점뿐만 아니라 서로 마주보는 한 쌍의 면(C)의 중심에도 격자점이 있는 세포(밑면심, base-centered), (4) I; 각 꼭짓점뿐만 아니라 중심에도 한 개의 격자점이 있는 세포(체심, body-centered), (5) F; 각 꼭짓점뿐만 아니라 각 6개의 면의 중심에도 격자점이 있는 세포(면심, face-centered), (6) R; 마름모정계의 원시세포(rhombohedral).

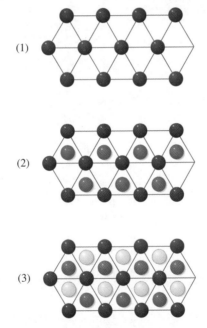

위에서 내려다 본 층 구조 (1) 1층 격자점(A, ●)의 배열, (2) 1층 격자점 빈틈에 놓인 2층 격자점(B, ●)의 배열, (3) 1층 격자점의 빈틈과 2층 격자점의 빈틈에 놓인 3층 격자점(C, ○)의 배열, (4) 육방 조밀 채움(hexagonal close packing, ABABAB…식으로 쌓아 채운 구조, hcp)과 입방 조밀 채움(cubic close packing, ABCABCABC…식으로 쌓아 채운 구조, ccp)

참고자료

화학사. 이길상 지음. 연세대학교 출판사. 1971.

물리학을 뒤흔든 30년. 조지 가모브 지음. 김정흠 옮김. 전파과학사. 1975.

자연과학개론. 김희준 지음. 자유아카데미. 1980.

처음 3분간. 스티븐 와인버그 지음. 김용채 옮김. 전파과학사. 1981.

멘델레예프와 주기율표. 로빈 맥퀸 지음. 진정일 박준우 석원경 옮김.
    2006.

주기율표. 프리모 레비 지음. 이현경 옮김. 돌베개. 2007.

사라진 스푼. 샘 킨 지음. 이충호 옮김. 해나무. 2010.

원소의 세계사. 휴 앨더시 윌리엄스 지음. 김정혜 옮김. 랜덤하우스코리아.
    2013.

Rediscovery of the Elements. James L. Marshall & Virginia R. Marshall.

http://new.kcsnet.or.kr/periodic

http://navercast.naver.com. 오늘의 과학. 화학 산책. 박준우 지음.

https://en.wikipedia.org/wiki/element

https://iupac.org/what-we-do/periodic-table-of-elements

http://www.jennymarshall.com

http://culturesciences.chimie.ens.fr/content/la-classification-periodique-de-
lavoisier-a-mendeleiev-1229

http://nuclearpoweryesplease.org/blog/2012/07/17/radioactive-tourism-a-
trip-to-the-ytterby-mine/

http://woostergeologists.scotblogs.wooster.edu/2010/08/10/the-best-
cretaceous-paleogene-boundary-yet/

http://www.bund-rvso.de/small-thorium-reactor-nuclear-power-terror-
green.html

http://www.periodictable.com/Elements/057/index.html

http://periodictable.com/Elements/044/

http://images-of-elements.com/thallium.php

http://periodictable.com/Elements/021/

http://periodictable.com/Elements/018/

http://www.daviddarling.info/encyclopedia/N/neon.html

http://periodictable.com/theelements/Elements/Curium.html

https://de.wikipedia.org/wiki/GSI_Helmholtzzentrum_f%C3%BCr_
Schwerionenforschung

https://salksperiodictable.wikispaces.com/Darmstadtium

찾아보기

^{13}C NMR   72

^{15}N NMR 분광기   88

2차 전지   45

^{31}P NMR 분광기   72, 75

3원 촉매 전환기   79, 146

4원소설   11

5원소설   12, 68

5-플루오로우라실   227

Actinium   287

alchemy   84

Alcoa   190

Aluminium   190

Aluminum   188, 190

Americium   317

Antimony   49

Argon   260

Arsenic   62

Astatine   300

azote   86

Barium   98

Berkelium   320

Beryllium   195

Bismuth   83

Bohrium   342

Boron   167

Bromine   193

BSCCO   85

Cadmium   178

Calcium   164

Californium   322

Cerium   204, 213

CFC   226

chemistry   84

Chlorine   93

Chromium   132

CIGS   223

Cobalt   100

Copernicium   349

Copper   33

Cp   349

Curium   33, 318

Darmstadtium   347

De Re Metallica   83

didymium   241

DOTA   288

DSC   223

Dubnium   338

Dysprosium   255

Einsteinium   328

Erbium   206

Europium   273

FBTR   201

Fermium   330

Feynmanium   361

Flerovium 353

Fluorine 224

Francium 298

GaAs 반도체 63

Gadolinium 248

Gallium 231

Germanium 257

Gold 37

GPS 215

Hafnium 291

Hassium 344

HEHA 288

Helium 262

Holmium 244

Hydrogen 69

Indium 222

Iodine 170

Iridium 154

Iron 54

ITO 223

IUPAC 7, 9, 23, 31, 137

Ivy Mike 330

Kalium 160

Khanium 361

Krypton 267

Lanthanum 202

Lawrencuim 335

LBNL 304, 326, 333

Lead 44

Lithium 174

Little Boy 113

Livermorium 355

Lutetium 237, 283

Magnesium 117

Manganese 95

Meitnerium 345

Mendelevium 332

Mercury 58

Molybdenum 103

Moscovium 354

MRI 36, 57

Na$^+$/K$^+$ 펌프 162

Natrium 157

Nd:YAG 253

Neodymium 252

Neon 265

Neptunium 312

NIB 253, 256

Nickel 80

Nihonium 7, 351

Niobium 139

Nitrogen 86

NMR 71

Nobelium 333

Oganesson 358

Osmium 151

Oxygen 22, 90

Palladuim 148

PDP 266

PET 37, 51

Phosphorous 73

Plutonium 314

Polonium 272

Potassium 160

Praseodymium 250

Promethium 309

Protactinium 290

quick silver 59

Radium 278

Radon 280

Rhenium 295

Rhodium 145

Roentgenium 348

Rubidium 216

Ruthenium 210

Rutherfordium 337

Samarium 242

Scandium 239

Seaborgium 340
Selenium 175
Silicon 185
Silver 41
Sodium 157
Sulfur 51
Tantalum 142
Technetium 306
Tellurium 106
Terbium 234
Thallium 219
Thorium 197
Thulium 246
Tin 47
Titanium 125
Tungsten 108
Uranium 111
Vanadium 135
Xenon 269
X선 17
YAG 131, 245, 247
YAG:Ce 131
YAG:Er 208
YAG:Nd 131
YAG:Nd 레이저 238
YAG:Yb 레이저 238
YIG 131, 245
YIG:Al 131
YIG:Ga 131
Yittrium 129
Ytterbium 236, 237
Zinc 76
Zirconium 123
가넷 131
가니어라이트 81
가돌리나이트 128, 129, 198, 207, 235, 239, 242, 244, 246, 248, 255, 276
가돌리늄 129, 232, 241, 248, 249, 319
가돌리늄 갈륨 가넷 249

가돌리늄 이트륨 가넷 249
가돌리늄-157 249
가돌린 128, 197, 234
가모 18
가바 204
가성 소다 157
가성칼리 160
가솔린 촉매 전환기 79
가압수형 원자로 293
가연성 공기 69
각은광 42
간 73, 95, 97, 136, 175
갈라이트 232
갈륨 9, 232, 233
갈륨산 소듐 232
갈린스탄 223, 233
갈망가니즈석 96
갈바니 전지 154
갈연석 135, 136
갈염석 205
감마선 16
감상샘 기능항진증 172
갑상샘 중독증 172
강수 88
강자성 55, 57, 131, 208, 235, 246, 255, 291, 323
강철 55, 56, 91
거대 중이온 국립 가속기 센터 327
거대 중이온 연구소 360
건식 공정 39
건식법 41
건포도 푸딩 모델 15
검댕 29
검은 납 44, 103
검은색 비소 62
검은색 인 74
검은색 코발트 102
게르마나이트 257
게르마늄 24

게이뤼삭 167, 170, 185
게이트 절연체 293
게터 215
겔만 17
겨자 가스 94
격막법 60
격자 364
경망가니즈석 96
경희토류 원소 130
계관석 62
고강도 저합금 141
고령토 190
고마그네슘증 118
고망가니즈강 97
고선속 원자로 308
고속 공구강 138
고속 증식로 159
고속도 강 110
고온 건식 야금법 76, 179
고온 온도계 233
고온 초전도체 36, 85, 131
고정된 기체 86
고체 수소 70
고칼륨증 163
골다공증 166
공기 11
공유 합금 85
공작석 34, 48
과레늄산 암모늄 296
과망가니즈산 포타슘 162
과붕소산염 소듐 168
과산화 리튬 175
과산화 소듐 152
과산화 수소 분해 효소 카탈레이즈 57
과산화 은 42
과산화 효소 177
과혈당증 204
관성 봉입 핵융합 253
광도 파관 258

광섬유 증폭기 208, 247
광시계 238
광증폭 관 215
광합성 69
괴링 289
구리 21, 25, 33, 38, 39, 46, 48, 97, 111
구텐베르크 34, 82
국가 연구 범용 원자로 308
국립국어원 7
국제 순수 응용 화학 연합회 7
귀족 260
규산 염 56
규소 19, 21, 22, 98, 185, 187, 258
규소화 몰리브데넘 105
규폐증 187
규화 나이오븀 141
그라이너 361
그란 사소 국립 연구소 310
그래핀 31, 105
그레고리 125
그레이 281
그렌데닌 309
그로세 290
그리냐르 시약 118
그리노카이트 179
근접 방사선 요법 247
근접 방사선 치료 156
근접 치료 215
글로코도트 101
글루타싸이온 177
금 21, 28, 37, 39, 41, 42, 77, 105, 348
금 나노 입자 40
금록석 196
금홍석 125, 126
기오르소 316, 318, 320, 328, 330, 331, 333
기이한 금 106
기젤 287
기체 확산 113
기통 드 모르보 98

길베르트 157
끌레망 170
나가사키 272
나이오븀 23, 140, 142
나트륨 21
남동석 34
남조류 87
납 19, 21, 25, 29, 38, 43, 44, 45, 48, 63, 76,
83, 353
납 유리 46
납-210 44
납땜 45
납축전지 45, 50, 53, 63
내포 화합물 270, 282
네기시 150
네바다 대학 라스베가스 캠퍼스 356
네오디뮴 241, 252, 253
네오디뮴:유리 레이저 253
네오살바르산 63
네온 19, 21, 262, 265
네온 램프 265, 265
네온 방전관 266
네온 사인 265, 266
넵투늄 305, 312, 313
노 플라니우스 195
노다크 295, 307
노란색 비소 62
노란색 인 74
노란색 코발트 101
노란색 크로뮴산 납 134
노벨 물리학 연구소 9, 326, 330, 333
노벨륨 333, 334
녹금 39
녹색 형광체 235
녹주석 190, 195, 196, 213
녹청 36
농홍은석 42
늑대의 홈 109
능아연석 75

니켈 19, 21, 211, 35, 80, 97
니켈 나이오븀 141
니켈 은 82
니켈-수소 전지 71
니켈-카드뮴 2차 전지 179
니켈카르보닐 81
니콜라이트 80
니크롬 134
니크롬 선 82
니호늄 7, 25, 351, 351, 352
닐손 236, 239, 240, 246
다름슈타튬 347
다마스커스 강 135
다빈치 89
다운 전지 94
다이아몬드 29, 31, 32, 124, 257
다이오드 레이저 233
단물 92
단사 59
단사정계 52, 74, 175, 363, 364
단위 세포 363
단일클론 항체 288
담홍은석 42
대리석 164
대폭발 18
대한화학회 7, 23
더브늄 305
데모크리토스 11
데울로아 77
데이비 93, 98, 114, 117, 124, 157, 160, 164,
167, 170, 185, 188, 306
데조름 169
델리오 135, 136
도기 가마 35
도깨비 광석 100
도른 280
도브로세르도프 297
도시 광산 39
도체 150

독약의 왕 61
돌로마이트 117, 186
돌턴 14, 17
동소체 29, 31, 49, 52, 54, 73, 74, 95, 100,
    109, 111, 114, 142, 167, 175, 185, 198,
    198, 220, 237, 242, 248, 250, 252, 255, 27,
    275, 312, 313, 317, 319, 321, 322
동위 원소 16, 20, 41, 44, 52, 69, 87
두브늄 339
두통 치료제 157
듀워 70
드 마리냑 142, 236, 248
드라곤테인 243
드루스 297
드마르세이 272, 273
드보어 124, 126, 199, 293
드비-망가니즈 294
드비에른 280, 287
드빌 189, 190
디디미아 241
디랙 방정식 361
디스프로슘 128, 231, 255, 323
디이비 163
디이차이트 171
디젤 전환기 79
디컨 공정 94, 211
띠 정제 50, 186, 232, 258
라돈 114, 281, 282, 358
라듐 15, 21, 24, 98, 277, 278
라듐 에마나티온 280
라듐 연구소 279
라미 219
라부아지에 13, 22, 29, 52, 68, 69, 73, 86,
    89, 98, 122, 185
라스코 벽화 95
라우타라이트 171
라이더 245
라이히 222
란타나 241

란타넘 25, 201, 202, 203, 241
란타넘족 원소 201
랑베이나이트 161
램지 259, 262, 265, 267, 269, 281, 294
러더퍼드 15, 16, 70, 86, 280
러더포듐 337
래늄 295, 296, 342
래늄 필라멘트 296
레니어라이트 257
레만 108, 132
레우키포스 11
레일리 259
렙톤 17
로다이트 145
로듐 145, 146
로디자이트 213
로딩 297
로란다이트 220
로렌슘 305, 335
로렌스 113, 304
로렌스 리버모어 국립 연구소 9, 326, 351
로렌스 버클리 국립 연구소 9, 304, 355,
    359
로스 알라모스 국립 연구소 328
로스코 136
로우 309
로제 139
로제 사마스카이트 241
로키어 262
로파라이트 276
론도나이트 213
롤라 308
뢰비히 193
뢴트게늄 346, 348
뢴트겐 277
루골 172
루골 아이오딘 용액 172
루비듐 216, 217
루비듐 명반 217

루비듐-스트론튬 연대 측정법 218
루비아 200
루터 83
루테늄 210, 211
루테늄-99 308
루테시아 285
루테튬 128, 201, 284, 285, 335
루테튬 알루미늄 가넷 285
루틸 127
룬트 대학 354
르뷰 195
르블랑 158
리바즈 72
리버모륨 355, 356
리브데 나이트 103
리비 310
리비히 87, 161
리빙스토나이트 50, 59
리튬 16, 18, 19, 53, 173
리튬 장석 173
리튬 코발트 산화물 102
리튬-7 18
리폭시게네이즈 57
리퍼돌리타이트 174
리히터 81, 222
린내아이트 101
마그네사이트 117
마그네슘 19, 21, 56, 91, 92, 117, 203
마그네시아 유제 118
마그누스 62
마그라프 188
마르그라프 75
마름모정계 167, 275, 363
마름모정계 364
마리 퀴리 274, 277
마리노브 349, 350
마린스키 309
마술 산 225
마스던 15

마운드 연구소 274
마운틴 패스 276
마이스너 효과 36
마이트너 290
마이트너륨 345
마인더 299
막 전위 162
망가니즈 95, 96, 97, 136
망가니즈 단괴 96, 220
망가니즈석 95
망가니즈중석 109
매트 81
맥더미드 53
맥밀란 312
맥팔랜드 263
맨체스터 대학 16
머큐로크로뮴 60
메렌스키 리프 78
메싸이오닌 52, 107, 177
메티슨 174
멕켄지 299
멘델레븀 7, 20, 332
멘델레예프 9, 14, 122, 184, 230, 231, 239,
    260, 289, 291, 297, 299, 311, 314
멜로나이트 107
면심 입방 54, 74, 95, 98, 100, 103, 109, 145,
    190, 198, 205, 237, 250, 269, 281, 288, 290,
    317, 319, 321, 322, 329, 332
명반 188
모건 316
모나자이트 129, 198, 199, 205, 207, 235,
    237, 242, 244, 246, 247, 248, 251, 252, 255,
    276, 285
모넬 82
모산데르 202, 204, 206, 234, 241, 244
모스코븀 25, 353, 354
모스코븀 황화물 354
모즐리 17, 261, 284, 291
모즐리 법칙 308

목탄 29
몬드 81
몬모릴로나이트 190
몬산토 공정 146, 172
몰리브데나이트 104, 106
몰리브데넘 19, 25, 102, 103, 105, 111, 203
몰리브데넘-99 307
몰리브데넘산 납 46
뫼스바우어 분광기 156
뫼스바우어 효과 156
무기 수은 화합물 61
무리아티쿰 93
무리아틱 산 92
무생명의 공기 90
무수 석고 163
무아상 167, 225
무정형 탄소 31
무콘도 101
문제가 있는 금속 106
물 11
물의 전기 분해 70, 90
뮐러 105, 106
뮤온 17
뮤온 뉴트리노 17
미나마타 병 60
미립자 15
미세-구조 상수 361
미시 메탈 203, 206, 251
미오글로빈 57
미오신 166
밀도 기울기 원심 분리법 215, 218
바나듐 135, 136, 137
바나듐 고탄소강 138
바나듐강 137
바다 아스파라거스 194
바데라이트 124, 292
바륨 98
바륨-141 113
바륨폐진증 100

바보의 금 52
바스트나스 202, 246
바우어 83
바이원어보 276
바틀렛 268, 270
반감기 31, 32, 90, 232, 276
반강자성 208, 235, 242, 246, 253, 255, 319,
    321, 323
반도체 150
반아르켈 124, 126, 199, 293
반자성 91, 105
발광 다이오드 63, 223
발라르 193
발레리우스 108
발레티나이트 50
밝은 납 44
방사능 붕괴 31
방사선 발광 282
방사성 동위 원소 44, 56
방사성 동위 원소 열전 발전기 113
방사성 붕괴 20, 278
방사성 치료 279
방사화학 279
방연석 45
방전 14
방전 램프 271
방청제 56
방코발트광 101
배위 화합물 57
백금 21, 39, 77, 78, 79, 347
백금 광석 145, 155
백금 스펀지 78
백금족 금속 144
백동 35, 82
백류석 217
백반 188
백색 금 40, 78
백색 주석 47
백악 164

백악기-제3기 경계층 153
백연 43
백운석 164
밴더빌트 대학 354, 356
버그만 100
버너트 299, 300
버클륨 321
버클륨-243 320
버키볼 30
범지구 위치결정 시스템 215
베르셀리우스 14, 122, 124, 136, 157, 164,
　　167, 173, 175, 185, 197, 202, 204, 209
베르크 295, 307
베르톨라이트 94
베르톨레 93
베르트랑다이트 196
베리온 17
베릴륨 16, 19
베릴륨-7 18
베릴륨-8 19
베릴륨중 197
베버트론 304
베세머 56
베이어 공정 191
베크렐 111, 274
베타 붕괴 19, 70
베트 84
벤조산 수은 60
벨스바흐 236, 250, 252, 283, 284
보라색 인 74
보라색 코발트 102
보륨 342
보일 13, 69
보일러 관석 92
보자력 256
보즈 216
보즈-아인슈타인 응축 217
보크사이트 190, 191, 232
보클랭 132, 136, 152, 195

보테 16
보호 기체 261
복염 분별 결정 방법 203
본위 화폐 40
볼로미터 221
볼타 전지 98
뵐러 130, 135, 188, 195
부루카이트 127
부아보드랑 231, 241, 242, 254
부유 선광법 45
분별 증류 90
분젠 174, 212, 214, 216
불 11
불 공기 89
불꽃 스펙트럼 212, 213, 273
불사약 59
불소 21, 22, 225
붉은색 인 74
붉은색 크로뮴산 납 134
붕사 166
붕산 166
붕소 19, 166, 167
뷔시 117
브라베 격자 364
브라우너 308
브라운리그 77
브란드 174
브란트 73, 100
브로모 과산화 효소 138
브로민 21, 193
브로민산 소듐 53
브로민화 탈륨 220
브리아타이트 257
블랙 86, 117
블루멘바흐 114
비강자성 127
비냅 147
비누 때 92
비대 전립선 적층술 247

비더뢰 304
비료 162
비브로카톨 85
비상 62
비소 28, 43, 46, 48, 49, 61, 62, 63, 64, 78
비소화 갈륨 233
비소화 인듐 223
비스무트 7, 19, 20, 83, 354
비스무트-209 275
비스무트-210 275
비자성 196
비코발트광 101
비활성 260
빙정석 189, 191, 225
빙클러 257
빛 인광 73
뼈 괴사 75
사금 38
사린 75
사마륨 231, 241, 242, 315
사마륨 플라스마 243
사마륨-149 243
사마륨-153 243
사마리아 272
사마스카이트 143, 242
사마스키 241
사메틸 납 46
사방정계 44, 52, 111, 142, 167, 170, 194, 232, 312, 317, 319, 321, 363, 364
사백금 149
사산화 루테네이트 211
사산화 루테늄 211
사산화 오스뮴 151, 153, 210, 211
사산화 우라늄 112
사산화 제논 271
사산화 코발트 101
사아이오딘화 지르코늄 124
사아이오딘화 토륨 199
사에틸 납 46

사염화 규소 186
사염화 러더포듐 337
사염화 몰리브데넘 104
사염화 우라늄 111
사염화 저마늄 258
사염화 지르코늄 124
사염화 타이타늄 126
사염화 토륨 198
사염화 프로트악티늄 291
사용후핵연료 19
사워 52
사이안화 세슘 214
사이안화 이온 57
사이안화 팔라듐 148
사이안화 포타슘 162
사이안화법 38, 41
사이클로트론 113, 275, 299, 304, 316, 318, 320, 322, 335
사이토크롬 P-450 57
사진 식각 269
사플루오린산화 제논 270
사플루오린이산화 제논 270
사플루오린화 라돈 282
사플루오린화 오가네손 358
사플루오린화 제논 270
사해 93, 193
산 22
산금 38
산란 15
산소 8, 16, 19, 21, 22, 31, 90, 93
산소중독 91
산화 53
산화 갈륨 232
산화 납 44, 45
산화 로듐 146
산화 리튬 174
산화 바나듐 138
산화 바륨 98
산화 비소 80

산화 사마륨 242
산화 세륨 204, 205
산화 소듐 158
산화 스칸듐 240
산화 아연 76
산화 인듐 223
산화 인듐 주석 223
산화 철 54
산화 카드뮴 179
산화 칼슘 45
산화 코발트 101
산화 크로뮴 132
산화 톨륨 246
산화 폴로늄 275
산화 프로트악티늄 290
산화탈륨 바륨 칼슘 구리 221
산화-환원 반응 53
살바르산 63
삼방정계 62, 242, 363, 364
삼사정계 74
삼산화 몰리브데넘 103, 104
삼산화 바나듐 138
삼산화 붕소 167
삼산화 비소 62
삼산화 안티모니 50, 51
삼산화 우라늄 112
삼산화 제논 270
삼산화 텅스텐 108, 110
삼아이오딘티로닌 173
삼아이오딘화 바나듐 137
삼아이오딘화 스칸듐 240
삼염화 규소 186
삼염화 톨륨 247
삼인조 210
삼중수소 18, 70
삼텔루륨화 이비스무트 107
삼페닐포스핀 147
삼플루오르 메테인 설폰산 225
삼플루오린화 메테인 설폰산 스칸듐 염

240
삼플루오린화 모스코븀 354
삼플루오린화 스칸듐 240
삼플루오린화 아이오딘 357
삼플루오린화 테네신 357
삼플루오린화 톨륨 247
삼플루오린화 홀뮴 245
상자성 91, 159, 208, 235, 242, 247, 253, 255,
    291, 307, 310, 313, 315, 319, 321, 323, 329
생명의 공기 89
샤를 71
샤바뉴 79
샤프탈 86
서베이어 5-7 320
석고 164
석류석 191
석유 31
석탄 31
석회 59, 163
석회석 55, 164
석회화 166
석회화 단구 165
선철 55, 56, 91
선형 가속기 200, 298, 304
설석 126
설폰산 92, 225
설폰산 소듐 92
설폰산 염 56
섬광 계수기 221
섬아연광 258
섬아연석 60, 76, 222, 231, 232
섬우라늄광 112
세그레 299, 306
세라이트 202, 205, 235, 242
세륨 205
세르반타이트 50
세리아 241, 273
세슘 57, 212
세슘 원자 시계 238

세퍼 78
세프스트룀 135, 136
센물 92
셀레늄 24, 175, 176
셀레늄화 구리 화합물 223
셀레늄화 수소 177
셀레늄화 아연 177
셀레늄화 유로퓸 277
셀레늄화 카드뮴 179
셀레늄화 탈륨 221
셀룰로플라스민 37
셀레 29, 73, 89, 92, 95, 97, 103, 108
소거 자기장 256
소금물 92
소다 115, 157
소다회 157
소듐 19, 21, 53, 92, 157, 158, 159
소듐 아말감 60
소레 243
소립자 17, 18
소석고 165
솔베이 158
솔트 레이크 93
쇠 25
쇼핀 328, 331
수산화 소듐 60, 94, 107, 111, 157, 158
수산화 스칸듐 240
수산화 알루미늄 188
수산화 칼슘 164
수산화 포타슘 160, 161
수소 15, 21, 22, 31, 69, 70
수소 연료 전지 150
수소 첨가 반응 공정 146
수소 충전 비행선 71
수소화 규소 첨가 반응 공정 146
수소화 바륨 98
수소화 비소 62
수소화 소듐 168
수소화염화플루오린화 탄소 화합물 226

수소화플루오린화 탄소 화합물 226
수은 21, 42, 59, 350
순금 39
숯 29
슈레더 62
슈미트 198
슈탈 188
슈트로마이어 178
스몰란즈크 355
스위트 52
스즈키 150
스칸듐 128, 129, 201, 236, 239, 246
스콧 292
스테인리스강 56
스트론튬 98, 115, 116
스트론튬-90 114
스트론티아나이트 115
스트론티안 114
스트론티움 114
스트리트 322
스티비코나이트 50
스티빈 51
스퍼터링 261
스펀지 철 55
스페릴라이트 78, 145
스포두맨 174
습식 공정 39
승려를 죽이는 물질 49
시가 호수 314
시니아데츠키 209
시라카와 53
시보귬 305, 341
시보그 306, 312, 314, 316, 318, 320, 322, 331, 358
시스테인 40, 52, 61, 107, 177
시스플라틴 79
시차 주사열량 측정법 223
시추 이수 99
시추액 214

식각 227
신경모세포종 289
신티그래피 307
신티그램 221, 307
신틸레이터 249
실레인 187
실리카 32, 81, 186
실리코망가니즈 97
실리콘 187
실바나이트 106, 161
싱크로사이클로트론 304
싸이메로살 60
싸이오글리콜산 53
싸이오머살 60
싸이올기 40, 53
아그리콜라 83
아기로다이트 257
아나타스 127
아래 쿼크 17
아레니우스 128
아르곤 21, 260
아르곤 국립 연구소 328
아르곤 기체 레이저 261
아르곤 레이저 238
아르곤 염료 레이저 261
아르프베드손 173
아리스토텔레스 12
아말감법 38
아메리슘 316, 317
아세트산 안티모니 51
아셀레늄산 176
아셀레늄산 소듐 176
아스타틴 9, 20, 230, 300, 304, 357
아스타틴-211 301
아연 7, 21, 35, 38, 56, 75, 76, 77
아위 132
아이오딘 21, 169, 170, 171, 173
아이오딘 팅크 172
아이오딘-131 114, 172

아이오딘산 171
아이오딘화 공정 124, 126
아이오딘화 루비듐 218
아이오딘화 소듐 221
아이오딘화 염 171
아이오딘화 은 172
아이오딘화 탈륨 220
아인슈타이늄 327, 329
아자이드화 루비듐 218
아조박테리아 87
아질산 염 56
아텔루륨산 소듐 107
아파타이트 74
아황산 가스 53
악티늄 24, 288
악티늄 에마나티온 280
악티늄족 288
안티모니 43, 48, 49, 50, 83, 105, 106
안티모니 레드 51
안티모니 블랙 51
안티모니 옐로 51
안티모니 화이트 51
안티모니화 인듐 223
알니코 82
알루미나 53, 101, 104, 189, 191, 192
알루미늄 21, 71, 97, 98, 101, 115, 188, 190, 191, 192
알루미늄산 소듐 232
알바이트 292
알베레즈 가설 153
알부민 77
알파 붕괴 297
알파 입자 15, 16, 20
알파 입자 X선 분광기 319
암모늄 육염화 백금 78
암모늄 육염화 이리듐 155
암모니아 88
암모니아 비료 71
암염 92, 93, 157

압력 순환 흡착 90
압전 성질 187
앙페르 170
애노드 14, 15
애버가드라이트 213
액체 납 103
액체 수소 70
액체 자석 57
액침 노광 285
액틴 166
야광 페인트 279
야금 연구소 316
양극 14
양극 전물 145, 211
양성자 15, 16, 17, 18
양성자 포획 19
양성자 핵자기 공명 분광기 71
양이온 교환 크로마토그래피 130, 328
양자점 180
양전자 단층 촬영 37
양전자 컴퓨터 단층 촬영기 234
양전하 15
에너지 증폭기 201
에루 189, 190
에르븀 24, 128, 129, 207
에르비아 206, 208, 234, 236, 244, 246
에르틀 79
에를리히 63
에메랄드 광석 195
에셰베리 129, 139, 142
에스마르크 197
에스트로겐 192
에어 리퀴드 265
에이벨슨 312
에치슨 32
에카-규소 257
에카-망가니즈 294, 306
에카-붕소 239
에카-세슘 297

에카-아이오딘 299
에카-알루미늄 231
에카-탄탈럼 289
에크너 71
에테르 12
에틸렌 글리콜 91
에피택시 223
엑시머 레이저 261
엑추에이터 235, 256
엘리슨 297, 299
엘야아르 형제 108
엠페도클레스 11, 12
엡솜 116
엡솜 염 116
역청우라늄광 111, 112
연금술 12, 13
연금술사 49, 59, 69, 82, 88, 97
연납땜 45
연단 43, 46
연망가니즈석 96
연성 38
연소설 9, 22
연철 55
열발광 286
열전대 146
염료-감응 태양 전지 212
염산 22, 92, 93
염소 21, 92
염소 기체 94
염소산 포타슘 162
염화 로듐 147
염화 루비듐 214, 216
염화 리튬 175
염화 마그네슘 118
염화 메틸 수은 61
염화 바나듐 136
염화 바륨 98
염화 베릴륨 195
염화 세슘 214

염화 알루미늄 188
염화 암모늄 87
염화 이테르븀 237
염화 이트륨 130
염화 제1수은 60
염화 제2수은 60
염화 칼슘 165
염화 크로뮴 133
염화 탄탈럼 142
염화 탈륨 220
염화 포타슘 161, 162
염화암민오스뮴산 151
염화플루오린화 탄소 화합물 226
옐로스톤 국립공원 165
오가네손 25, 327, 358
오가와 294
오산 209
오산화 나이오븀 140
오산화 바나듐 136, 137, 138
오산화 이우라늄 112
오산화 탄탈럼 140, 143, 144
오스람 153
오스뮴 152, 154, 344
오스뮴산 151
오스미리듐 152, 155
오스테나이트 82
오스트발트 공정 79
오쏘규산 루테튬 285
오쏘수소 72
오아이오딘화 프로트악티늄 290
오언스 280
오염화 두브늄 339
오염화 몰리브데넘 104
오염화 탄탈럼 143
오염화 프로트악티늄 291
오존 91
오커 54
오크리지 국립 연구소 309, 321, 322, 328, 331

옥살리플라틴 79
옥살산 세륨 206
옥살산 소듐 202
옥살산 암모늄 203
옥시무리아틱 산 93
옥시염화 비스무트 85
옥시오쏘규산염 249
옥시황화 가돌리늄 249
옥트레오테이트광 286
온실 효과 226
올래핀 복분해 반응 211
올리펀트 70
왕수 39, 211
왕의 독약 61
외르스테드 184, 188
요분법 38
요소 88
요오드 170
용매 추출 방법 203, 207
용접 45
우눈엔늄 359
우드 메탈 85, 179, 224
우라노토라이트 198
우라늄 9, 19, 20, 21, 45, 111, 112, 115, 129, 136, 197, 200, 239, 278
우라늄 원전 200
우라늄(토륨)-납 연대 측정법 45
우라늄-233 200
우라늄-235 112
우라늄-238 112, 113
우라닐 이온 114
우르뱅 207, 236, 237, 255, 283, 284, 291, 292
우주 선 19
우츠강 135
운모 190
운비닐륨 360
운비븀 360
운비셉튬 360

운비헥슘 360
울러스턴 145, 148
울레사이트 168
울마나이트 50
울페나이트 104
울프 108
웅황 62
원소 18
원소 기호 14, 122
원소 이름 21
원소 체계의 개요 184
원자 11, 14
원자 번호 16, 17
원자 질량 단위 31
원자량 14, 122
원자력 전지 273, 310, 315
원자로 연구소 321, 322
원자론 14, 17
원형 가속기 304
월 312, 314
웨스팅 하우스 가압 중수로 179
웨스팅 하우스 제어봉 224
웨크 공정 150
위 쿼크 17
위더라이트 98
위멘 217
위조 방지용 형광 인쇄 276
위키피디아 8
윌슨병 37
윌킨슨 촉매 147
유기 수은 화합물 61
유기 염소 화합물 94
유기 주석 화합물 48
유독한 공기 86
유럽 원자핵 공동 연구소 350, 360
유로퓸 241, 273, 317
유리섬유 168
유리솜 168
육방 조밀 채움 100, 123, 126, 129, 152,
196, 205, 210, 219, 242, 244, 246, 248,
250, 252, 255, 269, 285, 292, 295, 307,
310, 317, 318, 321, 322, 337, 364
육방정계 59, 74, 175, 363, 364
육세나이트 207, 235, 237, 239, 244, 246,
255, 285
육아종 245
육염화 몰리브데넘 104
육플루오르규산 84
육플루오르규산 납 84
육플루오린화 규소 소듐 196
육플루오린화 규소산 225
육플루오린화 다름슈타튬 347
육플루오린화 라돈 282
육플루오린화 백금 226
육플루오린화 백금산 제논 270
육플루오린화 우라늄 227
육플루오린화 제논 270
육플루오린화 포타슘 지르코늄 124
육플루오린화 황 227
융너 179
은 21, 28, 38, 38, 39, 41, 42, 43, 48, 77, 83
은 나노 입자 43
은과 납의 합금 47
은아말감 42
은피중 43
음극 14
음전하 15
이극석 75
이동 시약 249
이득 물질 245, 247, 253
이리도스민 145, 152, 155, 210
이리듐 154, 345
이리듐-타이타늄 156
이메틸 텔루륨 107
이봉소화 마그네슘 168
이산화 규소 186
이산화 납 45
이산화 루테늄 211

이산화 망가니즈 92, 97
이산화 바나듐 138
이산화 브로민 194
이산화 우라늄 112
이산화 이리듐 155
이산화 제논 271
이산화 타이타늄 127
이산화 탄소 29, 31, 86
이산화 탄탈럼 144
이산화 텔루륨 107
이산화 황 107
이색성 254
이셀레늄화 나이오븀 141
이알킬 수은 61
이염화 몰리브데넘 104
이온 교환 92
이온 교환 크로마토그래피 207, 237, 244, 246, 249, 251, 252, 255, 285, 309
이온 통로 163
이크로뮴산 소듐 133
이타이 이타이 180
이테르바이트 128
이테르븀 24, 128, 129, 237, 334
이테르븀-169 238
이테르븀-174 238
이테르비 9, 128, 230
이테르비아 283
이테리아 234
이트륨 128, 129, 130, 201
이트륨 란타넘 가넷 245
이트륨 알루미늄 가넷 131
이트륨 철 가넷 131
이트리아 128, 206, 244
이플루오린삼산화 제논 271
이플루오린화 라돈 282
이플루오린화 베릴륨 195, 196
이플루오린화 암모늄 240
이플루오린화 제논 270
이플루오린화 크립톤 268

이플루오린화 포타슘 225
이화학 연구소 7, 9, 327, 351
이황화 결합 53
이황화 셀레늄 177
이황화 탄소 53, 74
인 21, 73
인광 97
인광석 73
인다이트 222
인듐 222
인바 82
인산 74
인산 암모늄 88
인산 염 56
인산 이트륨 197
인산 칼슘 73, 165
인운모 213, 216, 217
인운모 광석 217
인코넬 82
인티마 309
인화 갈륨 233
인화 인듐 223
인회석 164
인회우라늄광 112
일산화 우라늄 112
일산화 이바나듐 138
임머바르 94
입방 조밀 채움 364
입방정계 95, 130, 275, 363, 364
입자 가속기 17, 20, 36
자곤 123
자기 공명 영상 36
자기 공명 영상 장치 48
자기 기계적 센서 256
자기 변형 235
자기 열량 효과 250
자기-광학 트랩 298
자기부상열차 36
자막 76

자속 유도기 245
자연사 195
자일렌 102
잘인다이트 222
잠수병 264
장석 190
장센 262
재료 시험 원자로 321
잿물 157
저나트륨혈증 159
저마그네슘증 118
저마나이트 232
저마늄 24, 257, 258
저망가니즈강 97
저칼륨증 163
적금 39
적동석 34
적색 거성 19
적층 세라믹 콘덴서 150
전기 분해 191
전기전도도 53
전로 매트 145
전성 15, 18, 38
전자 뉴트리노 17
전해 채취 방법 76
전해채취법 179
정류기 221
정방정계 44, 111, 167, 222, 257, 312, 363, 364
정지 전위 162
제노타임 129, 207, 235, 237, 244, 246, 255, 276, 285
제논 24, 268, 269
제논 엑시머 레이저 271
제올라이트 87, 90
제임스 236, 246, 284, 316, 318
제임스나이트 50
조납 84
조프로아 83

주기율표 8, 14
주사 59
주석 21, 33, 42, 43, 44, 46, 47, 48, 83
주석 울림 47
주석 인듐 산화물 48
주석석 47
주이트 189
주철 55
주홍색 인 74
준강자성 319, 323
줄체르 114
중간자 17
중단산 소다 157
중석 108
중성 미자 233
중성자 16, 17, 18, 200
중성자 치료 요법 249
중성자 포획 치료 요법 169
중성자원 323
중수소 18, 70, 113
중이온 연구소 9, 326, 340, 359, 360
중정석 97
중조 157
중탄산 포타슘 63
중희토류 원소 130
지르코늄 122, 124, 125, 291
지르코니아 124
지르콘 123, 198, 291, 292
지멘 공정 186
지킹겐 78
진사 59
진시황 59
질량 보존 법칙 8, 68
질량 분석기 265
질량수 16
질산 갈륨 234
질산 세슘 215
질산 암모늄 88
질산 은 43

질산 이테르븀 236
질산 토륨 199
질산 포타슘 162
질석 191
질소 19, 21, 22, 71, 86
질소 고정 효소 57
질소 고정화 87
질소화 갈륨 233
질식시키는 물질 86
질화 나이오븀 141
질화 이트륨 130
질화 지르코늄 125
찌그러진 팔면체 104
차갈산 비스무트 85
차살리실산 비스무트 85
차시트로산 비스무트 85
차질산 비스무트 85
차탄산 비스무트 85
창연 7, 83
창연자 84
채심 입방 248
천연가스 31
천청석 115
철 19, 21, 53, 54, 59, 91
철광석 55
철기 시대 54, 55
철망가니즈중석 108, 109
철중석 109
철학자의 돌 12
청금 39
청동 33
청동기 시대 33, 35
청산칼리 162
청색 안료 57
체드윅 16
체르딘세프 344
채심 입방 54, 96, 109, 111, 123, 126, 142,
    198, 205, 213, 217, 220, 237, 242, 252, 273,
    292, 310, 312, 341

체심 정방 정계 290
체적 탄성률 153
체펠린 71
초강산 225
초경합금 110, 141
초록색 코발트 102
초석 86, 87, 169
초신성 핵합성 18, 19
초우라늄 20
초유동성 263, 264
초유동체 264
초전도 전이 온도 109
초전도성 53
초전도체 36
초크랄스키 186
초페르뮴 전쟁 336
초합금 101, 141
촉매 12
촉매 전환 149
충전 14
칠드런 154
칠레 초석 87
침정석 191
칭량 화폐 40
카널라이트 93, 117, 161, 217
카드뮴 122, 178
카르노타이트 112
카보런덤 186
카보플라틴 79
카본 블랙 32
카임 95
카잔 361
카티바 공정 156
칼라만 76, 178
칼라베라이트 106
칼루트론 113
칼륨 21
칼리 162
칼리암염 93

칼리치 171
칼릭 300
칼슘 21, 91, 92, 164
칼틱 299
캐디 263
캐번디시 13, 69, 259
캐번디시 연구소 16
캐소드 14, 15
캐소드 선 14
캐소드 선 관 14
캘리포늄 322, 323
커런덤 147, 191
커리엘 309
컬럼바이트 139, 140, 142, 143
케네디 314
케네빅 148
케라틴 53
케른 306
케산병 177
케터 99
케털리 217
켄자스 263
코넬 217
코데로아이트 59
코발라민 102
코발트 39, 80, 100
코발트 블루 80
코블릭 311
코손 299
코시 297, 299, 312
코크스 32, 45, 47, 50
코페르니슘 349, 350
콜 49
콜럼바이트 307
콜레-데소틸 135
콜로이드 57
콜벡카이트 239
콜탄 140, 143
쿠르차토프 337

쿠르투아 169
쿠앵데 172
쿠퍼광 149
쿠퍼라이트 78
쿼크 17, 18
퀴륨 317, 319
퀴륨-242 318
퀴리 198
퀴리 연구소 279
큐빅 지르코니아 124
크라운 에터 217
크레틴 병 173
크렌너라이트 106
크로뮴 24, 132, 133, 136
크로뮴산 134
크로뮴산 납 46
크로뮴산 소듐 133
크로뮴산 스트론튬 116
크로뮴산 염 56
크로뮴철석 133, 134
크로퍼드 114
크론스테트 80
크롤 124
크롤 공정 124, 126
크롤-베터론 84
크롬 오커 133
크룩사이트 220
크룩스 219, 289
크룅생크 114
크리스털 유리 46
크리톨라이트 292
크립톤 268
크립톤-92 113
크세논 24
클라우스 209, 210
클라프로트 106, 123, 124, 125, 195
클레베 244, 246
클레베석 262
클로스트리듐 87

키르히호프 212, 214, 216
키타이벨 106
타베르크 136
타우 17
타우 뉴트리노 17
타이타늄 23, 126, 127, 211, 291
타이타늄산 바륨 254
타이타늄석 198
타이타늄철석 125, 126
타케 295, 307, 311, 314
탄산 루비듐 218
탄산 리튬 174
탄산 소듐 107, 157, 158
탄산 수소 소듐 157, 158
탄산 스트론튬 115
탄산 아연 178
탄산 유로퓸 276
탄산 칼슘 165
탄산 포타슘 160, 162
탄산염 31
탄소 8, 19, 21, 22, 28, 29, 31, 72, 101
탄소 나노 튜브 30
탄소 동위 원소 32
탄소 아크 등 251
탄탈라이트 139, 140, 142, 143
탄탈럼 25, 140, 142, 143, 339
탄탈산 루테튬 285
탄탈산 리튬 144
탄탈산 이트륨 144
탄화 규소 186
탄화 나이오븀 141
탄화 붕소 168
탄화 칼슘 161
탄화 탄탈럼 144
탄화 텅스텐 110
탈레스 11
탈륨 24, 57, 220, 352
탈아이오딘화 효소 177
탈플로지스톤 공기 89

탈플로지스톤화 공기 13
탐사기 320
터키석 191
터피놀-디 235
턴벌 블루 57
팅스산산 아연 110
텅스텐 21, 108, 110, 239, 341
텅스텐산 109
텅스텐산 바륨 110
테나르 167
테너드 185
테넌트 151, 154
테네신 25, 357
테레프탈산 102
테르믹 공정 140
테르븀 24, 128, 129, 234, 235, 242, 321
테르비아 206, 234, 244
테크네튬 9, 19, 295, 305, 306, 307
테크네튬-99m 발생기 307
테트라헤드라이트 50
테프론 227
텔루로메싸이오닌 107
텔루로시스테인 107
텔루륨 24, 38, 106, 107, 275
텔루륨과 수은 카드뮴 179
텔루륨화 납 107
텔루륨화 수은 카드뮴 107
텔루륨화 아연 카드뮴 180
텔루륨화 카드뮴 107
텔루륨화 카드뮴 아연 107
토라이트 198
토륨 197, 198, 200, 278
토륨 에마나티온 280
토륨 원자로 201
토륨 원전 200
토륨-232 200
토륨-233 200
토륨산 252
토르트바이타이트 239

토리아나이트 198, 294
토파즈 191
톨륨 128, 129, 246, 332
톨륨 레이저 247
톨륨-169 247
톨륨-170 247
톨륨-171 247
톰슨 14, 185, 265, 331
톰프슨 320, 322, 328
트래버스 265, 267, 269
트랜스발 37
트랜스페린 57, 77
트렌지스터 258
트로트라스트 199
티록신 173
티오레독신 177
파라-수소 72
파마 53
파묵칼레 165
파얀스 289
파우엘라이트 104
파울러 용액 63
파이로클로르 140
파인만 361
파킨슨 병 97
파트르나이트 137
팔라듐 39, 72, 79, 148, 149, 150
팔라듐-수소 전극 150
팔미에리 262
팔산화 삼우라늄 112
퍼거소나이트 143, 244
페나카이트 196
페니실린 63
페라이트 82
페러데이 184
페레 297
페로규소 186
페로나이오븀 140, 141
페로망가니즈 96

페로바나듐 137
페로붕소 168
페로브스카이트 126
페로세륨 206
페로셀레늄 177
페로크로뮴 134
페로텅스텐 110
페르난데스 308
페르뮴 330, 331
페르미 311, 314
페리고 111
페리에 306
페조타이트 213
펜틀란다이트 81
펩토비스몰 85
펫자이트 106
평면 티브이 48
폐색전증 251
포다 216
포르트악티늄-233 200
포르피린 58, 118
포스레놀 204
포스젠 94
포창연 84
포타슘 21, 111, 117, 160
포타슘 암염 161
포타슘 장석 217
폭발 3분 후 18
폰 볼턴 142
폰틴 164
폴라라이트 149
폴로늄 273, 274, 275, 277, 356
폴로늄-208 273
폴로늄-210 273
폴로늄산 275
폴루사이트 213, 214, 217
폴리늄 210
폴리바나듐산 137
폴리사플루오로에틸렌 226

폴리실레인 187
폴리실록세인 187
폴리카르보실레인 187
폴쉐러 연구소 327
폼산 세슘 214
표준 화폐 40
푸루크로아 132
푸른색 코발트 101
풀러 30
풀러렌 30, 282
퓨터 48
프라세오디뮴 241, 250, 251
프라운호프 219
프랑슘 298
프랭크랜드 262
프러시안 블루 57
프로메튬 9, 305, 310, 313
프로메튬-147 310
프로작 227
프로트악티늄 290, 345
프로트악티늄-233 290
프리스틀리 13, 89
프탈로시아닌 36
플라스마 69
플라스마 표시 패널 266
플라톤 11
플럼베인 46
플레로븀 352, 353
플레로프 326
플레로프 핵반응 연구소 326, 332, 360
플로지스톤 8, 12, 13, 68, 89, 92
플로지스톤설 8, 22, 68
플로지스톤이 빠진 무리아틱 산 공기 92
플로지스톤화 공기 13, 86
플루라늄 210
플루오르 21, 22, 225
플루오린 21, 22, 224, 225
플루오린화 붕소 168
플루오린화 소듐 226

플루오린화 이트륨 130
플루오린화 인회석 225
플루오린화 주석 226
플루오린화 크립톤 268
플루오린화 포타슘 161
플루토늄 20, 21, 115, 314, 315
플루토늄 원자폭탄 273
플루토늄-238 113
플루토늄-239 112
피셔-트로프슈 102
피에르 퀴리 274
피치블렌드 111, 274, 277, 287, 290, 306, 309
피쾌 361
픽시 더스트 211
픽업 243
필로 89
하버 94
하버-보슈 공정 88, 153
하비 328, 331
하슘 343, 344
하이드로포르밀화 공정 102, 146
하텍 70
하프논 292
하프늄 292, 293, 294, 337
한 290
한센병 49
할로젠 101
할로젠 안티모니 50
할로젠화 스트론튬 116
할로젠화 알킬 수은 61
하니켈 리모나이트 81
합금강 56
합금의 시대 35
합동핵 연구소 9, 322, 326, 351, 360
합성 다이아몬드 32
합성 방사성 동위 원소 20
합성 큐빅 124
합성 흑연 32

항상 핵합성 18
항생제 63
항암제 40
해독제 57
핵 잠수함 원자로 293
핵반응 70
핵분열 19, 114, 200, 314
핵붕괴 114
핵융합 7, 20, 69
핵합성 18, 56
허친소나이트 220
헌트 126, 189
헤르만 178
헤모글로빈 57
헤베시 291
헤어 154
헤체트 139
헤크 150
헬륨 15, 18, 19, 31, 71, 262, 263
헬륨-3 18, 19, 70
헬륨-4 18
헬륨I 264
헬륨II 264
헬륨-네온 레이저 264
헬름 103
헬름홀츠 중이온 연구 센터 326, 360
헬몬트 92
헴 57
현대물리학 연구소 327
혈색 소혈증 245
형광체 60, 276
형석 164, 224, 225
호프 114
혼입물 51, 63
혼합물 수소 기체 71
홀 189
홀뮴 128, 129, 329
홀뮴 레이저 245
홀미아 244, 254

홀-에루 공정 189
홈베르크 244
훔볼트 136
흠통법 38
홉킨스 309
홍비니켈광 80
홍연석 132, 133
홍운모 213
화학 명명법의 방법 13
화학 발광 73
화학 요론 9, 13, 122
화학 증기 증착법 32
화학 철학의 새로운 체계 14
화학 체계의 개요 9, 122
화학 혁명 9, 22
화학요론 68
화합물 606 63
환원 53
환원 전극 60
환원 효소 177
활동 전위 163
활성탄 29, 32
활액막 절제술 153
활판 인쇄용 34
황 19, 21, 51, 52, 53
황동 35, 76
황동석 34
황비철광 62
황산 45, 51, 53
황산 로듐 146
황산 마그네슘 수화물 116
황산 바나딜 139
황산 소듐 167
황산 수소 소듐 145
황산 암모늄 88
황산 유로퓸 276
황산 탈륨 220
황산 포타슘 162
황상 스트론튬 115

황철석 52
황화 몰리브데넘 105
황화 비스무트 105
황화 수소 52, 53, 59
황화 은 42
황화 카드뮴 133, 179
황화 탈륨 220
황화 텅스텐 110
회색 비소 62
회색 주석 47
회중석 108
회중석 109
후루베이 297, 299, 312
후막칩 저항 211
휘동석 34
휘수연석 103, 295
휘은석 42

휘창연 84
휘코발트광 101
흑연 29, 31, 32, 103
흑재 115
흙 11
희귀 260
희생 전극 57
희토류 129
희토류 금속 201
희토류광 129, 205, 207, 242, 244, 248, 251,
    255, 276, 285
흰색 인 73, 74
히거 53
히싱거 202, 204
히타이트 55
힌덴부르크 71

세상의 시작, 118개의 원소 이야기

1판 1쇄 펴냄 | 2017년 9월 11일
1판 3쇄 펴냄 | 2020년 10월 20일

지은이 | 석원경
발행인 | 김병준
디자인 | 김승일 · 이순연
마케팅 | 정현우
발행처 | 생각의힘

등록 | 2011. 10. 27. 제406-2011-000127호
주소 | 서울시 마포구 양화로7안길 10, 2층
전화 | 02-6925-4185(편집), 02-6925-4188(영업)
팩스 | 02-6925-4182
전자우편 | tpbook1@tpbook.co.kr
홈페이지 | www.tpbook.co.kr

ISBN 979-11-85585-40-6 93400

이 도서의 국립중앙도서관 출판예정도서목록(CIP)은
서지정보유통지원시스템 홈페이지(http://seoji.nl.go.kr)와
국가자료종합목록시스템(http://kolis-net.nl.go.kr)에서
이용하실 수 있습니다.(CIP제어번호: CIP 2017021949)